Hydrometeorological Extreme Events
水文气象极端事件

干旱 科学与政策
Drought Science and Policy

（西班牙）Ana Iglesias
（希腊）　Dionysis Assimacopoulos　编著
（荷兰）　Henny A. J. Van Lanen

卢洪健　译

U0171927

黄河水利出版社
·郑州·

图书在版编目(CIP)数据

干旱:科学与政策/(西)安娜·伊格莱西亚斯,
(希)迪奥尼索斯·阿西马科普洛斯,(荷)埃尼·A. J.
万·蓝恩编著;卢洪健译. —郑州:黄河水利出版社,
2021.11

书名原文:Drought:Science and Policy

ISBN 978-7-5509-3158-9

Ⅰ.①干… Ⅱ.①安… ②迪… ③埃… ④卢… Ⅲ.
①干旱-研究 Ⅳ.①P426.616

中国版本图书馆 CIP 数据核字(2021)第 236930 号

出 版 社:黄河水利出版社 网址:www.yrcp.com
地址:河南省郑州市顺河路黄委会综合楼14层 邮政编码:450003
发行单位:黄河水利出版社
发行部电话:0371-66026940、66020550、66028024、66022620(传真)
E-mail:hhslcbs@ 126. com
承印单位:河南新华印刷集团有限公司
开本:787 mm×1 092 mm 1/16
印张:12.75
字数:295 千字 印数:1—1 000
版次:2021 年 11 月第 1 版 印次:2021 年 11 月第 1 次印刷
定价:68.00 元

译者前言

干旱是主要的自然灾害之一,具有发生频率高、持续时间长、波及范围广等特点,并对经济、社会和环境造成广泛影响。在全球范围内,干旱每年造成的损失约为 800 亿美元,约占所有自然灾害损失的五分之一。20 世纪 90 年代初,美国每年因干旱造成的年损失为 60 亿~80 亿美元。在欧盟,每年的干旱损失约 75 亿欧元。

我国盛行季风气候,属易旱多旱区,制约着社会经济的发展。近年来,气候变化和人类活动的双重影响,加之社会经济快速发展对水资源的需求不断加大,使得我国干旱事件愈加频发,如 2007 年川渝大旱、2009 年华北冬春连旱、2010 年西南大旱等。

干旱的发生过程极为复杂,应该从只关注自然过程向综合物理系统(气候-水文)和社会系统(包括反馈)转变。干旱无法避免,因此要强调减少未来干旱风险,转向更加积极主动的防御方式,即强调备灾规划、重视适当的减缓措施、改善干旱监测与预报水平、降低社会脆弱性以及开发综合预警信息系统等。

Drought:*Science and Policy* 是"水文气象极端事件"系列丛书本之一,由西班牙、希腊和荷兰的 3 位学者编著,于 2019 年由著名出版机构 WILEY Blackwell 正式出版。全书主要以欧洲几个国家的干旱为背景,深入阐述了干旱的自然灾害属性,干旱脆弱性、风险和政策以及干旱管理经验三大方面内容,共 13 章。通过翻译出版为中文,相信能为我国干旱管理工作提供一些有益的借鉴和参考。全书由卢洪健负责翻译、校改、审核并定稿,黄河水利出版社负责编辑出版。

本书的翻译出版得到国家重点研发计划项目"大范围干旱监测预报与灾害风险防范技术与示范"课题三"多源土壤含水量融合及大范围干旱预测技术应用"(2017YFC1502403)的资助,特此感谢。

由于译者水平有限,译文中难免存在少许表述错误或不准确之处,敬请读者谅解。

译 者

2021 年 10 月

系列前言

许多研究和调查报告显示，水文气象极端事件的频率和严重程度在不断上升，这其中就包括联合国政府间气候变化专门委员会（IPCC）第五次评估报告。该报告和一些其他来源强调，这些事件在一定程度上由气候变化驱动的可能性越来越大，而其他原因则与暴露地区的社会暴露程度和脆弱性增加有关（这不仅是由于气候变化，而且还与风险管理不善和对风险的"失去记忆"有关）。目前，正在努力加强预报、预测和早期预警能力，以便改进对脆弱性和风险的评估，并制定适当的预防、减缓和备灾措施。

"水文气象极端事件"系列丛书旨在收集这方面的现有知识，评估国际研究和政策发展水平。虽然有关于特定灾害的个别出版物，但拟议的系列是首次提出扩大各种极端事件的覆盖面，这些极端事件通常由不同（不一定相互关联）研究团队进行。

该系列涉及水文气象极端事件的各个方面，主要讨论科学-政策衔接问题，并开展关于洪水、沿海风暴（包括风暴潮）、干旱、恢复力和适应能力以及治理的具体讨论。虽然这些书从整体上研究了危机管理周期，但讨论的重点一般是针对不同事件的知识库；预防和备灾，以及改进的早期预警和预测系统。

水文气象事件知识库背后国际知名科学家（来自不同领域和学科）的参与，使该系列在这方面独树一帜。整个系列将提供由不同国家作者撰写的，关于水文气象极端事件的各种科学和政策特征的多学科描述，使其成为真正的国际图书系列。

继第一卷介绍该系列和第二卷关于沿海风暴之后，《干旱》是本系列的第三本书。本书由该领域的著名专家撰写，涵盖了不同的视野和（政策和科学）观点。它向读者提供了关于干旱的科学知识概述（了解自然灾害、脆弱性、风险和政策以及管理经验）。即将出版的系列丛书将聚焦洪水、治理、气候和健康方面。

系列编者

Philippe Quevauviller

目　录

第一部分　理解干旱的自然灾害属性

第1章 干旱形成过程诊断

1.1 引 言

众所周知,降水不足导致干旱发展。在寒冷的气候(雪和冰川)中,温度异常(高和低)也可能导致干旱。深入了解,即干旱诊断,气候如何驱动降水和温度异常,以及随后这些异常如何传播到土壤水、地下水和河川径流不足(流域控制断面),是减少干旱巨大的社会经济和环境影响的先决条件(如 Stahl 等,2016)。Wilhite(2000)、Tallaksen 和 Van Lanen(2004)、Mishra 和 Singh(2010)、Sheffield 和 Wood(2011)以及 Van Loon(2015)提供了关于干旱的全面概述。本章建立在这些概述的基础上,并通过综合最近完成的欧盟项目的知识加以补充。

本章首先介绍了控制干旱发生的关键水文气候过程,即降水和温度如何驱动干旱,以及哪些贮量和通量受到影响。解释了不同的干旱类型,并简要介绍了本章中使用的主要干旱指数(第1.2节)。第1.3节概述了气象干旱的主要大气和海洋驱动因素(降水不足、温度异常),并补充了2015年欧洲夏季干旱驱动因素的详细说明,以及气候变化对欧洲气象干旱影响的讨论。第1.4节更全面地描述了气象干旱对土壤水的影响,接着是对地下水和径流的影响(第1.5节)。这两部分都侧重于水文系统中控制干旱发展的关键过程,即土壤湿度、径流和地下水干旱,以及人类影响在改变干旱信号中的作用。第1.6节阐述了这些不同的干旱是如何在水文系统中传播的,也就是说,降水不足和温度异常是如何影响雪的积累和融化,传播到土壤水、地下水和径流中的(干旱传播)。最近开发的水文干旱类型学解释了气候和流域控制如何决定干旱传播(第1.6节)。本章的重点是自然过程;然而,在每一节的末尾,都会简要地讨论人为干扰及其反馈(第1.3~1.6节)。最后,第1.7节为总结与展望。

1.2 背 景

欧洲中部和北部的气候全年受中纬度西风带的影响,带来大西洋的水汽。地中海地区处于过渡气候带,夏季受副热带高压带影响,冬季受中纬度西风带影响。因此,可以区分两个主要气候区:地中海的温带气候和夏季干旱的气候;欧洲中部和北部的温带气候和没有任何旱季的寒冷气候。在这些区域内,气候受到许多其他永久性或时变的全球、区域或局部因素的影响,例如土壤湿度、洋流和地形。阻塞形势干扰了中纬度气压系统的共同东移,即西风带。在阻塞阶段,在中纬度的东大西洋中形成了一个扩展的、持续的高压系统,该系统不向东移动或移动非常缓慢(Stahl 和 Hisdal,2004)。因此,潮湿的压力系统将水分输送到北非和北芬诺坎迪亚,导致欧洲大陆的干旱期延长(降水不足)(第1.3节)。

在干热的夏季,地表和大气之间的反馈可能会放大干旱信号。随着土壤干涸,用于蒸散的能量(潜热通量)减少,入射太阳能的分配随着用于加热空气的能量(显热通量)的增加而改变。因此,热浪经常伴随着严重的干旱,正如 Ionita 等(2017)在欧洲报告的那样。

降水量较常年水平低,通常与较高的温度和较大的潜在蒸散量(PET)相结合,导致净降水量减少(总降水量减去蒸发截留水),从而渗入植被表面的表土(见图 1-1)。在没有植被的地方,较低的总降水量直接导致较低的入渗。截留水的蒸发,特别是在森林中,以及坡地上的地表水流也较低。

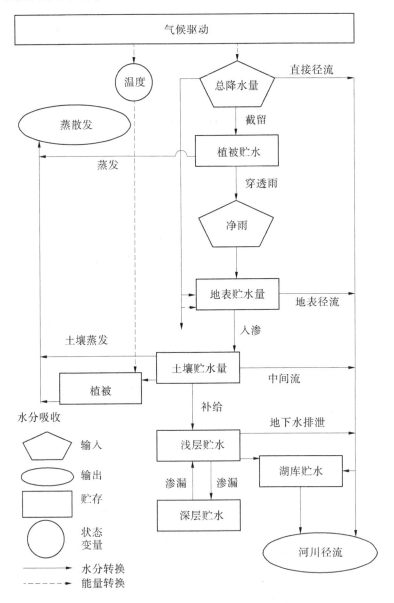

图 1-1　受干旱影响的水贮量和通量(引自 Van Lanen 等,2004a)

土壤入渗减少,再加上大气需水量增加(PET 增加),导致土壤贮水量比正常情况下消耗更大。因此,在许多情况下,降低土壤蒸发量和减少植被对土壤水分的吸收导致蒸散量减少。土壤水分贮存越枯竭的另一个重要影响是,对地下含水层的补给越少。在发生径流的流域(例如,具有相反水力传导率的土壤、斜坡),含水层接受的水也较少,这导致地下水位降低,从而减少了向溪流和湖泊的地下水排泄。更深的是,区域含水层也接受较少的水输入(较低的渗漏),这可能在大范围内产生长期影响。湖泊可以减轻下游干旱的影响,因为它们的自然作用是在湿润期贮存地表水,在干旱期释放地表水(上游-下游流量差异)。以下章节(第1.4节和第1.5节)更详细地阐述了水文过程的变化,这些变化也有不同的时间延迟(响应时间)。

在寒冷的气候条件下,无论降水量多少,低于正常温度都可能导致在寒冷季节开始时提前积雪,从而可能导致流入溪流的水量减少,这也发生在寒冷季节比正常时间长(延迟融雪高峰)的时候。在冰川覆盖地区,低温异常也会导致水流低于正常的水流。较高的冬季正常温度也可能导致夏季流量不足,这在第1.6节中有进一步阐述。

在许多地方,人们试图干预自然过程,如前文所述,以减少干旱的影响。例如,采用深耕增加土壤水分供应能力,或采用灌溉增加土壤水分含量。水库的建造是为了在干旱期间保持一定区域的水流,以提供灌溉或供水,然而,这可能会加剧下游的干旱。另外,水库也可以在干旱期间维持生态最低流量。Van Loon 等(2016a;2016b)讨论人类干预可能对流域产生的不同影响,并引入以下术语:①气候导致的干旱;②人类改变的干旱;③人类引起的干旱。气候干旱是由自然气候变化引起的,是本章的重点;人为干旱反映了人类增强或减轻气候干旱影响的情况;人为干旱完全是由人的措施引起的(干旱不应发生在自然条件下)。在第1.3~1.6节中,进一步描述了人类的影响。

干旱发生在水文循环的不同领域,区分不同干旱类型及其相关影响非常重要(例如Van Lanen 等,2016)。降水不足和温度异常引起气象干旱,土壤入渗减少导致土壤水分干旱,补给减少导致地下水干旱。降水不足对河流的综合影响(以及减少的地表流量、径流和地下水流量)是河流干旱的根源。地下水干旱和径流干旱都被称为水文干旱(Tallaksen 和 Van Lanen,2004)。

已经引入了各种指数来描述不同的干旱类型,包括它们的发生、持续时间、严重程度和强度(总亏缺除以持续时间)。通常采用两种主要方法:标准化方法和阈值方法。标准化降水指数(SPI,McKee 等,1993)和标准化降水-蒸散指数(SPEI,Vicente Serrano 等,2010)是描述气象干旱最为著名的标准化指数。SPI 是一种概率度量,它描述了干燥事件(给定时期内的累积降水量)偏离同期总降水量中值的标准差数量。可根据不同的降水累积期(如1~48个月,SPI1 至 SPI48)进行计算。SPEI 增加了 PET,反映了给定时期的气候缺水(PPET)。已经为地下水(GRI,Bloomfield 和 Marchant,2013)和径流/溪流(SRI,Shukla 和 Wood,2008)制定了类似的标准化指数。阈值方法更适合量化管理和从干旱中恢复所需的水量(体积)。它基于定义一个阈值,例如,降水量或流量低于该阈值则被视为干旱(Yevjevich,1967)。Zelenhaic 和 Salvai(1987)首次将阈值水平法引入每日时间序列中,Tallaksen 等(2009)基于两个具有不同储存特性的流域对其进行了进一步的探索。Hisdal 等(2004)使用过固定的和可变的阈值;Van Loon 等(2010)和 Van Loon(2015)描述了经常使用的每日平滑每月可变阈值的实现。Heudorfer 和 Stahl(2017)全面阐述了在使用相同时间序列(如流量)时,固定阈值和可变阈值之间的结果差异。

1.3 干旱的气候驱动因素

造成区域性干旱的大气情况的特点是:①季节性现象的时序出现异常;②气旋压力中心和路径的异常位置;③干旱天气模式的异常持续或持续重现(Stahl 和 Hisdal,2004)。在地中海地区,由于其季节性气候(第 1.2 节),严重的干旱可能是由副热带高压带的长期影响造成的。因此,干旱可能持续数周甚至数月。在西欧和北欧较潮湿的中纬度地区,"大气阻塞"是导致长期干旱天气的主要大气异常。在这里,降水量偏少的几个星期或几个月可能构成严重干旱。

1.3.1 大气和海洋驱动力

量化干旱的大规模气候驱动因素对于理解和更好地管理空间上广泛且经常延长的自然灾害,如干旱,特别是其触发机制和持续性非常重要(例如,Fleig 等,2010 和 2011)。Kingston 等(2015)探索了欧洲大陆范围的主要干旱驱动机制。干旱事件是用 $SPI6$ 和 $SPEI6$ 确定的,两者都是用 1958 ~ 2001 年网格化的水和全球变化驱动数据集(WATCHWFD)计算的。根据月干旱百分率时间序列与 500 hPa 位势高度的相关性,发现盛行西风环流的减弱与干旱的发生有关。这种情况可能与东大西洋/俄罗斯西部(EA/WR)和北大西洋涛动(NAO)大气环流模式的变化有关(见图 1-2)。Kingston 等(2015)还对欧洲最普遍的干旱进行了基于事件的综合分析。研究表明,与 $SPI6$ 相比,$SPEI6$ 识别出的干旱数量更多,$SPEI6$ 干旱事件显示出更多的地点和开始日期。他们进一步得出结论,$SPI6$(与 NAO 相关)和 $SPEI6$ 事件(与 EA/WR 相关)的大气驱动力之间的差异反映了这些指数对潜在干旱类型(降水与气候水平衡)的敏感性,以及对相关时间和地点差异的敏感度(北欧冬季 vs 欧洲冬季和全年)。

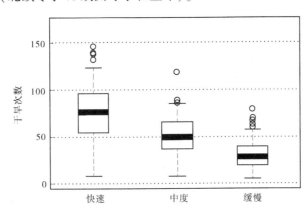

图 1-2 三个不同地下水系统水文干旱事件统计特征(方框:25,50,75 十分位数;虚线:5 和 95 十分之一;圆圈:超过 95 十分位的极端事件)(引自 Van Lanen 等,2013)

如前文所述,持续干旱条件与反气旋环流有关,但海洋因素,如海表温度(SST),也可通过与北大西洋涛动(NAO)等大尺度气候或海洋变化模式的相互作用发挥作用(Ionita等,2017;Kingston等,2013,2015;Schubert等,2014)。

Kingston等(2013)的工作说明了英国前期海表温度和大气环流模式对夏季干旱的影响。然而,将北大西洋海温与干旱发展联系起来的大气桥被认为过于复杂,不能仅仅用NAO指数来描述。Ionita等(2017)分析了2015年欧洲干旱事件的主要驱动因素,特别强调了海温和大尺度(大气)环流变化模式所起的作用,如下节所述。

1.3.2　2015年夏季干旱

2015年夏季干旱影响了欧洲大陆的大部分地区,是2003年夏季以来最严重的干旱之一,中欧和东欧许多地区的气温都创下了纪录(Ionita等,2017)。夏季遭遇4次热浪,都与持续的阻塞事件有关。高层大气环流的特征是500 hPa正位势高度异常,北部和西部(北大西洋中部延伸至芬诺坎迪亚北部)有一个大的负异常,格陵兰岛和加拿大北部有另一个正位势高度异常中心。同时,夏季海表温度的特征是北大西洋中部出现了大的负异常,地中海盆地出现了大的正异常。Ionita等(2017)得出的结论是,地中海海温与夏季干旱条件之间的滞后关系,特别是在欧洲东部,如他们的研究所确定的那样,有可能在季节到10年时间尺度上预测欧洲的干旱状况。

1.3.3　人类的影响(气候变化)

1970年之后,全球变暖最为明显(Hartmann等,2013),欧洲的升温速度快于全球平均陆地趋势(Christensen等,2013)。最明显的变暖出现在夏季,尤其是8月(Nilsen等,2016)。为了了解区域温度变化的原因,通常将导致变化的因素分为大气天气环流变化和其他因素,包括所谓的"类型内变化"。Nilsen等(2016)揭示,天气环流的变化不能解释1981~2010年期间欧洲观测到的所有变暖(强迫观测数据集eratemic,或"WFDEI")。特定月份和地区的显著变暖,如4月、6月、7月、8月和11月的大规模变暖,也一定是由其他因素引起的。这种变化可能是由地表和大气之间的正反馈、温室气体或其他潜在气候因素的强迫作用引起的。在斯堪的纳维亚半岛(Rizzi等,2017)等有季节性积雪的地区,气候变暖可能受到积雪变化相关的积雪反照率反馈的影响,特别是在春季入射辐射较高时。据文献记载,在水资源有限的地区,如南欧,夏季气候变暖受土壤湿度-温度反馈的影响(第1.4节)。气温普遍升高,因而潜在的蒸散量,无论降水量如何变化,都可能加剧干旱。

1950年以来,欧洲南部和中欧部分地区的气象干旱频率有所增加,而北欧和东欧部分地区的气象干旱频率有所降低[欧洲经济区(EEA),2017;Stagge等,2017],这与气候变化预测一致(例如Stagge等,2015)。干旱严重程度的趋势(基于多种指数,包括SPI和SPEI)也表明,地中海地区以及中欧和欧洲东南部部分地区的干旱严重程度显著上升,而北欧和东欧部分地区的干旱严重程度则有所下降(EEA,2017;Spinoni,2015,2016)。Stagge等(2017)根据观测记录(1958~2014年),使用SPI和SPEI记录欧洲干旱频率的偏差增加。值得注意的是,他们得出结论,气温和参考蒸散量的增加,在抵消北欧降水增加的同时,加剧了南欧的干旱。

基于 EUROCORDEX 社区项目的集成,Stagge 等(2015)预测未来极端气象干旱($SPI6<-2$)的频率和持续时间将比基准期(1971~2000 年)显著增加。这些预测显示,伊比利亚半岛、意大利南部和地中海东部部分地区发生极端干旱的频率增加幅度最大,特别是在 21 世纪末(Stagge 等,2015)。同样,考虑到 PET(如 $SPEI$)的干旱预测显示,受干旱影响地区的干旱增长比仅基于降水的地区(如 SPI)严重得多(EEA,2017)。

1.4　土壤水分干旱过程

本节描述了低渗透对土壤表面的影响,包括对地下含水层的蒸散和补给的影响。举例说明了过程的变化,即土壤干旱的发展。最后介绍了人为干扰对土壤水分干旱的影响。为了全面描述非饱和区与干旱有关的产流过程,读者还可参考 Van Lanen 等(2004a)、Sheffield 和 Wood(2011)。

1.4.1　过程

低渗土壤入渗(见图 1-1)通过降低土壤湿度影响实际蒸散量(ET_a)。土壤贮水量(SM)消耗比正常快,特别是因为 PET 通常较高。通常可分区为以下几种情况:

(1)湿润气候的高土壤水分供应能力($SMSC$)土壤。

(2)湿润气候中的低 $SMSC$ 土壤。

(3)干燥气候中的高 $SMSC$ 土壤。

(4)干燥气候中的低 $SMSC$ 土壤。

在第(1)种情况下,由于 $SMSC$ 较高,土壤更加贫瘠。SM 未达到临界土壤湿度(SM_c)水平,表明 $ET_a=PET$。干旱期间,由于 PET 的增加,大气中的水分亏缺比正常情况要高,至少在干旱的第一阶段是这样。Teuling 等(2013)举例说明,对于西欧和中欧的 4 个流域,由于 ET_a 增加,干旱加剧。在第(2)种情况下,在干旱的早期阶段,蒸散量可能更高[见第(1)种情况],但随之而来的是土壤湿度低于临界水平的情况($SM < SM_c$),这会导致 PET 的提前减少($ET_a<PET$),从而引起植被胁迫,造成生物量损失(如作物产量降低),从而导致土壤干旱。土壤湿度很少达到凋萎含水量,即植物完全变干的土壤条件。第(3)种情况与第(2)种类似:较高的 PET 首先导致对大气的较高损失,然后是 $ET_a<PET$ 的情况。第(4)种情况中,$ET_a<PET$ 是最终导致土壤水分更早完全耗尽的主要情况($SM = SM_w$,$SMSC$ 被全部利用)。

上述降水和蒸散异常影响土壤水分变化。在情况(1)中,较低的降水量和较高的 PET 必须由土壤水分变化(SM')完全补偿,这便导致了土壤水分干旱。后来,在雨季,当降水量高于正常水平时,SM' 必须通过减少对地下含水层的补给来充分平衡,$RCH' = SM'$。在情况(2)和情况(3)中,PET 的较早减少导致 SM' 小于降水和 PET 中距平总和的情况,发生的土壤水分干旱比情况(1)相对较小。在情况(4)中,由于 $SMSC$ 早些时候完全耗尽,对 ET_a 的影响较低,土壤水分干旱发展,但在完全枯竭时结束,下一个湿期开始时的 SM 不偏离正常条件($SM' = 0$)。这意味着,在这种情况下,补给不受影响。换句话说,气象干旱会导致暂时的土壤水分干旱,但不会导致水文干旱。

土壤水分干旱是由降水和 *PET* 异常驱动的，但受 *SMSC*（土壤水分决定降水和 *PET* 异常可以补偿到什么水平）的制约。此外，土壤水分干旱还受气候条件的制约。在潮湿的气候中，土壤比在干燥的气候中更有可能得到充分的补充。在寒冷的气候中，温度异常也起着一定的作用。积雪越早或积雪融化越晚，土壤入渗越低，这可能意味着土壤水分干旱的发展或持续。同样，季节性作为一种气候特征，有助于土壤水分干旱的发展和恢复，以及它如何影响干旱特征，如干旱持续时间（*DD*）和土壤水分干旱亏缺（*DSMD*）（Van Loon 等，2014）。对于干旱管理来说，了解干旱期间水分亏缺是否迅速增加是很重要的。长期干旱可能造成轻微或大量的水分亏缺。在模拟试验中，Van Loon 等（2014）调查了 1958~2001 年间分布在 27 个 Kóppen-Geiger 气候类型的 1 000 多个网格单元的 *DD* 和 *DSMD* 之间的关系。他们使用可变阈值方法，对每个网格单元计算了土壤水分干旱事件的 *DD* 和 *DSMD* 之间的相关性（R^2）。

在所有季节都有显著降水的气候类型（在 Kóppen-Geiger 气候类型缩写中用"f"表示）具有高度相关性，例如，没有旱季和暖夏的温带和寒冷气候，或覆盖欧洲大部分地区和美国东南部的热带雨林（如 Af、Cfb、Cfb、Cfb 和 Dfb）。土壤水分干旱是对降水异常的一种响应，其持续时间与亏缺有很强的线性关系（$R^2>0.88$）。夏季或冬季干燥的气候类型（气候类型缩写中的"s"或"w"）具有强烈的季节性，它们的 R^2 较低（<0.68）。一个典型的例子是热带稀树草原气候（Aw）。例如，在巴西南部、东南亚、澳大利亚北部和非洲赤道附近的大片地区。旱灾发生在旱季和雨季。在雨季，可变阈值较大，土壤水分达不到萎蔫点（$SM>SM_w$），使土壤水分出现较大的亏缺；相反，在干旱期，在正常条件下（可变阈值很小），*SM* 已经接近萎蔫点。在干旱期间，*SM* 达到萎蔫点，土壤水分变化很小，这意味着只有小的水分亏缺发展。因此，在像 Aw 这样的气候类型中，相同持续时间的干旱要么有一个大的水分亏缺（雨季干旱），要么有一个小的水分亏缺（旱季干旱）导致低 R^2。

1.4.2 人为影响

有几项研究调查了全球变暖对土壤水分的影响，换句话说，土壤水分干旱是否随着时间的推移而改变。该种研究需要长时间的土壤水分序列，但目前缺乏具有大陆或全球覆盖的观测序列，卫星产品的时间序列仍然很短（De Jeu 和 Dorigo，2016）。因此，土壤湿度的大尺度变化主要是通过建模和再分析数据进行研究的（例如，Dai，2012；Sheffield 等，2012）。这些基于帕默尔干旱严重程度指数（*PDSI*，Palmer，1965）的研究，报告了气候变化下干旱如何变化的明显矛盾的结果。Trenberth 等（2014）解释这些差异是由以下原因造成的：

（1）计算 *PET* 的不同方法，即更基于物理的 Penman-Monteith 概念（*PDSI_PM*）与仅由温度驱动的 Thornthwaite 方法（*PDSI_Th*）（Van der Schrier 等，2011）。

（2）全球数据集的天气数据（*PDSI_PM* 使用的天气数据比 *PSDI_Th* 多，但其中一些数据不太可靠）。

（3）全球降水数据集的差异。

他们的结论是，使用 *PDSI* 评估全球变暖对土壤干旱的影响应该谨慎对待。Orlowsky 和 Seneviratne（2013）使用了比 *PDSI* 更全面的基于阈值的土壤水分距平（*SMA*）方法来探讨全球变暖对土壤水分干旱的影响,使用了CMIP5的30个全球气候模式(GCMs)1979~2009年期间的结果,并对3套全球月降水数据集进行了测试。他们发现,全球12个主要地区在该历史时段的SMA没有显著变化。

灌溉是人类重要而直接的活动,对土壤干旱有着重要的影响。人类对水的需求70%以上用于灌溉,目的是提高生物产量。在过去的100年中,灌溉开采量从约500 km³/年增加到约4 000 km³/年(例如Oki和Kanae,2006)。在北半球,纬度20°~50°的几个国家都有广泛的灌溉区,南半球的南美洲、南非和澳大利亚也有类似的地区(FAO,2015)。在这些灌区,土壤水分干旱得到大幅度缓解甚至消除。

1.5　水文干旱过程(地下水和径流)

土壤水分补给量较低(第1.4节)会影响地下水贮存,从而影响地下水向河流补给。本节列举了一些例子来说明过程的变化,即水文干旱对补给不足的响应。最后,将人为干扰对水文干旱的影响进行了描述。为了全面描述饱和贮水层(如地下水、湖泊和湿地)中与干旱相关的产流过程,读者还可参考Van Lanen等(2004a)。

1.5.1　地下水

1.5.1.1　过程

地下水补给不足(第1.4.1部分)导致地下水位下降更快,从而导致浅层含水层地下正常蓄水量更低(见图1-1)。如果地下水位很深,即在土壤表面以下几十米或更多,地下水位对气象干旱的响应可能在几个月后发生(称为"延迟";见第1.6节)(Van Lanen,2004a)。

如果出现深层含水层,则浅层含水层最快的正常地下水位下降会被较低的渗漏或较高的渗漏抵消,这意味着地下水干旱的发展比只有浅层含水层的地区慢。然而,渗漏或渗漏的变化也会影响深层含水层的地下水贮存,从而诱发地下水干旱。在多水源系统中,地下水干旱发展缓慢,恢复时间较长。Van Lanen等(2013)探讨了地下水系统响应性对干旱的影响,在一个模拟试验中,响应性取决于含水层的性质,如含水层的厚度、导水率和蓄水性。地下水流向的河流之间的距离也起着一定的作用,距离越大,响应性越低。在一个模拟试验中,选择了1 495个分布在全球主要气候区(Köppen-Geiger)的网格单元。每个网格单元的水文特征是根据44年的气象观测数据,通过水文模型模拟地下水流量的时间序列得出的。图1-2给出了干旱次数的汇总统计。与响应缓慢的地下水系统相比,响应迅速的地下水系统的干旱次数要高得多。在主要气候(不包括极地气候)中,(半)干旱气候的干旱次数最低。然而,那里的干旱持续时间更长。

Bloomfield和Marchant(2013)也指出水文地质条件对地下水干旱发展的重要性。他们研究了英国14个不同观测井的地下水干旱指数的长时间序列,结论是,在孔隙含水层中,干旱持续时间主要取决于固有含水层性质对饱和地下水流量的影响,这可能导致长期干旱(干旱持续时间和频率通常呈负相关)。然而,在裂隙含水层中,干旱持续时间通常较短,且更与补给的时间分布有关。一般来说,裂隙含水层的反应比孔隙含水层快,这意味着这些含水层受补给模式的影响更大。第1.5.2部分将解释水文地质学的作用,即地下水干旱如何影响径流干旱发展。

1.5.1.2　人为影响

地下水抽取是人类影响地下水系统的最好例子之一。抽水通常会导致地下水自然干旱的加剧,有渗漏损失的灌溉田除外。开采对地下水干旱的影响还取决于它是永久性开采(如公共供水)还是非永久性开采(补充灌溉),以及与井田的距离。Van Lanen等(2004b)阐述了永久性开采和非永久性开采对荷兰一个低地流域地下水干旱的影响。非永久性开采的总抽水量是永久性开采抽水量的一半,仅在雨季出现。显然,永久性开采导致更严重的干旱(表示为地下水位与阈值之间的累积偏差)。然而,存在非线性效应,使得永久性开采的严重性是非永久性开采的2倍多。其主要原因是,在干旱期间,即使在自然条件下,低地地区的大部分排水系统(如沟渠、小溪)也不输水。在这些条件下,抽取的地下水不能来自流向地表水的地下水流量的减少,而是来自地下水贮量的减少,这意味着地下水位的下降比正常时期或湿润时期要大。对于永久性开采,这种部分干涸的排水网络的影响要大于非永久性开采。

Van Loon和Van Lanen(2013)研究了西班牙瓜迪亚纳河上游地下水灌溉抽取对地下水干旱的影响。他们将观测地下水位与自然地下水位(见图1-6)进行了比较。通过运行一个不抽取地下水的水文模型,获得了自然地下水位。利用灌溉扩展前的数据对模型进行了校准。此外,将2个地下水位时间序列与可变阈值(第1.2节)进行比较,以获得距平情况。这些距平被用来区分气候引起的干旱与人为引起的干旱(第1.2节)。可变阈值曲线(见图1-3)每年都是相同的,并且是根据1980年以前的地下水位月累积频率分布(几乎没有干扰)得出的。

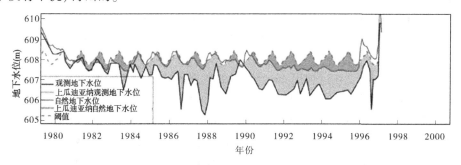

图1-3　1980~1997年期间(扰动期)上瓜迪亚纳的地下水位异常,采用每月80%的可变阈值,由观测地下水位和自然地下水位得出深灰色区域与气候有关,浅灰色区域与人类有关

(引自Van Loon和Van Lanen,2013)

气候导致的干旱发生在自然地下水位和观测地下水位大致一致且低于临界值(如1991~1993年,见图1-3)的情况下,而人为改变的干旱则发生在观测地下水位和自然地下水位均低于临界值(如1992~1995年)的情况下。人为干旱更为罕见,发生在自然地下水位高于临界值,观测地下水位低于临界值(例如1986年和1996年)时。直到1983年,观测地下水位和自然地下水位或多或少一致,这意味着几乎没有人为干扰,只有轻微的气候引起的干旱(1981~1982年)。然而,从1984年开始,特别是1986年以来,情况发生了

变化。人类影响(地下水抽取)明显增加,导致地下水干旱加剧,人为干旱发展。Van Loon 和 Van Lanen(2013)报告说,与地下水抽取相关的干旱汇集在一起,导致地下水干旱次数减少了 4 倍,而地下水干旱持续时间增加了 6 倍。

1.5.2 河川径流

1.5.2.1 过程

地下水干旱(见第 1.5.1.1 部分)导致地下水排泄低于正常水平,从而引起河流水位和河川流量低于正常水平(水文干旱)。除了地下水排泄,地表水流和径流(见图 1-1)以及其他贮水体(如湖泊和湿地),也为河流提供水源。大量的水流相互作用是相当罕见的,但在许多流域,尤其是在斜坡和渗透能力较低的土壤上,在强降水或冻土融雪之后,会出现地面水流。在气象干旱期间,地面水流低于正常值或不存在,这意味着到达河流的雨水较少。在干旱期间,河流完全依赖于地下水的排泄,以及湖泊和湿地的排泄,如果发生在一个区域内,则会逐渐低于正常水平。地面水流可以在干旱的暂时恢复中发挥作用,持续时间较长的干旱会被洪峰打断。除非地下水排泄(以及湖泊或湿地排泄)大于或等于正常水平,否则河川径流干旱不会恢复。

河流对气象干旱的响应与地下水响应有许多共同点(见第 1.5.1.1 部分),只要地表水流不起主导作用,随着径流干旱的数量减少,从快速流域到缓慢响应流域,持续时间显示相反的信号(Van Lanen 等,2004a;Tallaksen 等,2009)。

Stoelzle 等(2014)在德国西南部具有不同水文地质条件(水力传导率、贮存能力)的几个几乎自然流域,研究了补给不足与径流响应之间的关系,与 Bloomfield 和 Marchant (2013)的研究相似,他们发现岩溶和裂隙含水层的水文干旱对补给干旱的反应相当迅速,具体的补给事件可以追溯到水文干旱时期,孔隙含水层的水文干旱对补给不足的反应更为缓慢,水文干旱的模式更多地受地下特征的影响,而不是受补给中的特定事件所主导。

Van Loon 和 Laaha(2015)利用 44 个流域的数据研究了奥地利的河流干旱,这些流域覆盖了广泛的地理气候环境。干旱持续时间主要由流域的贮存(积累和释放)驱动。大量堆积和缓慢释放意味着缓慢响应,用高基流指数(BFI,河流年流量的一部分来自贮存,例如地下水)表示。显然,水流中的干旱持续时间也受干旱期(降水)或寒冷期(温度)的长度影响。径流亏缺量与积雪和冰川的季节性蓄水量有关,而在奥地利,积雪和冰川的季节性蓄水量与海拔和相关的年平均降水量有关。Haslinger 等(2014)在关于较小流域(小于 650 km²)径流干旱发展的讨论中增加一个动态部分,在相当潮湿的条件下,干旱在很大程度上是由气候强迫决定的,用一个简单的气象指标可以很好地预测。然而,当更干燥的条件发展,预测能力下降,地下水贮存变得更占主导地位。在英国,研究表明,径流干旱终止特征也与海拔和流域年降水量有关,从而缩短了湿润高海拔地区的干旱终止时间(Parry 等,2016)。

湖泊也通过在潮湿时期贮存上游地表水(水位上升),在干旱时期释放水量(水位下降)来影响下游干旱。湖泊水量变化越大,上游的干旱就越多,导致湖泊下游的干旱就越少,但在长期干旱期,干旱会变得更长(Van Lanen 等,2004a)。湿地在缓解和增强下游径流干旱方面也有类似的作用。

1.5.2.2 人类影响

在世界许多地区，人类已经影响到河流干旱（例如地表水抽取、地下水抽取、调水、土地利用变化；Van Lanen 等，2004b）。与对地下水位的影响相似（见第 1.5.1.2 部分），Van Loon 和 Van Lanen（2013）研究了地下水抽取对瓜迪亚纳河上游流域径流干旱的影响。1980 年后受到强烈影响的观测流量与自然流量和可变阈值进行了比较（类似于图 1-3），后两个是由原状期的水流导出的，由地下水抽取引起的人为改变径流干旱，似乎是自然干旱的 4 倍，即气候干旱。

在比利纳流域（捷克共和国），大规模的采矿活动触发了邻近集流域的水转移，这意味着在扰动期，观测到的流量通常高于自然条件下的流量。Van Loon 和 Van Lanen（2015）表明，径流干旱得到了实质性缓解，频率下降了 85%，平均亏缺量下降了近 90%。没有对供水流域的径流干旱进行分析，但由于那里的流量较低，干旱可能有所加剧（取决于供水与总流量的比率）。

地表水库影响大坝下游的流量。通常，高流量大幅度下降，而低流量下降幅度则更高。然而，如果直接从水库下游取水，干旱期间就无法维持低流量。López Moreno 等（2009）对阿尔坎塔拉水库的影响进行了全面的干旱分析，该水库是欧洲最大的水库之一，它影响西班牙和葡萄牙下游的河流流量。大坝建成后，在支流进入主河之前，径流干旱变得更加严重，特别是在葡萄牙部分的河流。Rangecroft 等（2016）分析了 Santa Juana 大坝（智利北部为下游供水而修建的水库）对径流干旱的影响，他们使用一套干旱识别方法，包括标准化方法和阈值方法（第 1.2 节），比较了大坝前后的上下游关系，大坝导致下游平均持续时间和亏缺量减少（分别为 −42% 和 −86%）。因此，大坝缓解了下游旱情，尽管研究也表明，其能力不足以完全缓解严重的多年干旱。

1.6 干旱演化

1.6.1 气候-水文联系

气象、土壤湿度和水文干旱不能分开考虑。它们是同一个相互关联系统的一部分，其中一种干旱类型通过改变蒸散、入渗和径流过程而影响另一种类型（见图 1-1）。干旱通过水文循环陆地部分的转移称为传播（Peters 等，2003；Van Loon，2015）。

由于流域可视为低通滤波器，当干旱信号从气象干旱传播到水文干旱时，会发生变化（见图 1-4）。土壤水分干旱或水文干旱的开始时间晚于气象干旱（"延迟"），持续时间较长（"延长"），强度较低（"衰减"）。多个气象干旱也可以一起发展成为一个水文干旱（"汇集"）。这 4 种传播过程取决于流域的特征和气候，即流域的更多贮水量和气候的更多季节性导致更多的延迟、延长、衰减和汇集。其结果是，与降水相比，流量方面的干旱更少但时间更长（Peters 等，2003，2006；Tallaksen 等，2009；Vidal 等，2010；Van Loon 和 Van Lanen，2012；Fendeková 和 Fendek，2012；Van Loon 和 Laaha，2015）。

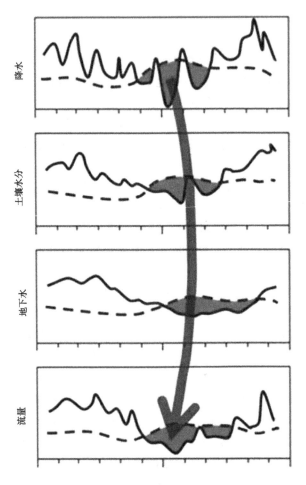

图 1-4 干旱通过陆地水循环传播,从气象干旱到土壤水分
干旱再到水文干旱,表现为汇集、延迟、延长和衰减

1.6.2 水文干旱类型

不同的气候季节性和流域蓄水量导致了具有不同成因、发展和终止过程的明显不同的水文干旱类型(Van Loon 和 Van Lanen,2012;Van Loon 等,2015)。世界各地最常见的水文干旱类型是典型的降水亏缺干旱,其中气象干旱通过水文系统传播,形成地下水干旱或径流干旱(见图 1-4)。在季节性极为明显的气候条件,在丰水季节(季节性积雪流域为夏季,季节性干旱流域为冬季)发生的这种典型的降水亏缺干旱可能会持续到枯水季节,因为所有的降水都以雪的形式落下,或因蒸发蒸散而消失。这分别导致雨-雪季节干旱和湿-干季节干旱,持续时间往往较长(Van Loon 和 Van Lanen,2012)。

在以冰雪为主的流域,除降水不足外,温度异常也在干旱发展中发挥作用(Van Loon 和 Van Lanen,2012;Haslinger 等,2014;Van Loon 等,2015)。在这些研究中,已经区分了几种干旱类型,例如冰川期干旱、融雪期干旱、暖雪期干旱和冷雪期干旱。与寒冷气候中积雪和季节性相关的水文干旱类型多样性,使得在干旱监测和管理中考虑冰雪非常重要

（例如,Staudinger 等,2014;Haslinger 等,2014;Harpold 等,2017）。

最后,综合干旱是经过极端汇集的多年水文干旱,其结果是不同季节和年份的不同干旱类型被合并为一个长期干旱事件(Van Loon 和 Van Lanen,2012)。

1.6.3 人为影响

除自然因素外,各种干旱演变特征和水文干旱类型也受人为因素的影响。人类活动有意或无意地影响流域的贮水和调水过程,从而增强或缓解干旱(Van Loon 等,2016a)。例如,水库建设导致更多的干旱汇集和减弱(如 Rangecroft 等,2016),而地下水抽取导致干旱共同发展为复合干旱(如 Van Loon 和 Van Lanen,2013;另见第 1.5.2.2 部分)。

在迄今为止的大多数干旱研究中,气候系统被视为干旱的驱动因素,而社会系统则被视为干旱的接受者[见图 1-5(a)]。实际上,这些系统是相互交织在一起的,反馈发生在气候系统和社会系统[见图 1-5(b)]。

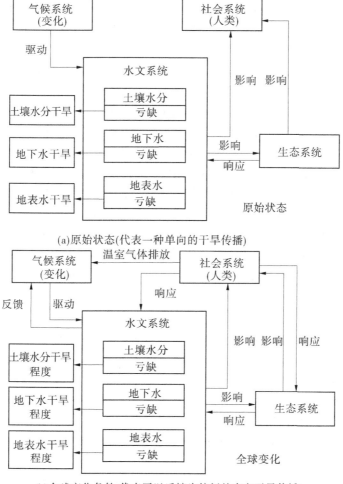

(a)原始状态(代表一种单向的干旱传播)

(b)全球变化条件(代表了以反馈为特征的多向干旱传播)

图 1-5 气候系统、水文系统、生态系统和社会系统之间的关系

例如,在澳大利亚千禧年干旱期间,河流的调节和抽取影响了干旱的传播,使河流干旱的程度几乎是自然条件下的 2 倍(Van Dijk 等,2013)。在加利福尼亚州最近的多年干旱中,水库的存在和管理使一些地区的径流干旱亏缺减少了 50%,但灌溉用水使其他地区的径流干旱亏缺增加了 50%~100%。未来,人类用水对河流干旱严重程度变化的影响预计将与世界许多地区气候变化的影响一样重要(Wanders 和 Wada,2015)。通过将这些反馈信息纳入干旱分析,我们不仅可以提高对干旱的认识,而且能够更有效地管理干旱(Van Loon 等,2016b)。

1.7　总结与展望

1.7.1　结论

在欧洲中部和北部,干扰中纬度气压系统(西风带)共同东移的阻塞形势是造成气象干旱发展的主要原因。在地中海地区,副热带高压带的长期影响可能导致严重的干旱。SSTs 还通过与大尺度气候或海洋变化模式的相互作用发挥作用。

记录的欧洲干旱趋势显示出明显的矛盾结果(干燥和湿润趋势都有报告;另见本书第 2 章,标题为"历史干旱的当前趋势")。提高对干旱发生过程诊断的认识可以揭示根本原因,例如,区域地球物理背景、干旱类型、干旱特征和干旱指数。

灌区土壤水分干旱已经消失或减少,但灌区本身及以外(下游地区)的地下水干旱和地表干旱情况基本不清楚。水文地质(如含水层特征)在地下水干旱的发展过程中起着重要的作用,因此径流干旱是通过干旱的传播来影响的。地下水系统响应慢的流域,如孔隙含水层,与响应快的流域(如裂隙或固结岩溶含水层)相比,干旱次数较少。

观测模型框架的发展使我们能够更好地区分气候干旱和人为改变/人为导致的干旱。到目前为止,该框架主要用于研究有限数量的地质气候环境下地下水抽取和水库的影响。气候季节性和流域贮水量引发各种干旱发生过程,包括终止,从而导致明显的水文干旱类型。与洪水类型相似,干旱类型可以帮助我们更好地理解干旱带来的影响。

1.7.2　展望

对干旱发生过程的研究应该从只关注自然过程转向综合物理系统(气候-水文)和社会系统(包括反馈)的研究。通过在干旱分析中把这两个系统结合起来,我们的理解得到了提高,干旱管理将从中受益。

提高对干旱发生过程诊断的认识,可以增强我们进行月度和季节性干旱预报的能力。遥相关,包括 SSTs 与干旱条件之间的滞后关系,为欧洲季节到 10 年时间尺度的干旱预报提供了可能。除进一步改进预报干旱的天气/气候模型外,还需要进一步研究利用遥相关的统计模型。

应利用对干旱潜在过程的更深入了解,更好地解释干旱趋势明显矛盾的原因,并可能有助于将这些趋势归因于潜在原因(如年代际气候变化、土地利用变化、抽水)。尽管地下水是干旱期间经常被密集开采的重要水资源,但对地下水干旱的发展还没有进行广泛的研究。需要更加重视水文地质在干旱发生中的作用。

　　水文干旱(地下水、径流)作为对灌溉用水的响应,需要在灌溉区和下游地区进行进一步调查。应用观测建模框架来区分气候诱导和人为改变/人为诱导干旱需要更多的关注,例如,更好地覆盖影响干旱发生的地理气候环境和人为干扰。已建立的一系列干旱类型(干旱类型学)应在其他地质气候环境中进一步检验。此外,类型学的稳健性需要调查,例如,干旱类型是否因人类干扰而改变,例如抽水、水库、全球变暖。

参考文献

Bloomfield, J. P. and Marchant, B. P. (2013). Analysis of groundwater drought building on the standardised precipitation index approach. Hydrology and Earth System Sciences 17:4769-4787. doi: 10. 5194/hess1747692013.

Christensen, J., Krishna Kumar, K., Aldrian, E. An S. I., Cavalcanti, I., De Castro, M., Dong, W., Goswami, P., Hall, A., Kanyanga, J., Kitoh, A., Kossin, J., Lau, N. C., Renwick, J., Stephenson, D., Xie, S. P., and Zhou, T. (2013). Climate Phenomena and Their Relevance for Future Regional Climate Change. Book section 14. Cambridge: Cambridge University Press, ISBN 9781107661820: Cambridge, UK and New York, NY, 1217-1308. doi:10. 1017/CBO9781107415324. 028.

Dai, A. (2012). Increasing drought under global warming in observations and models. Nature Climate Change 3: 52-58. doi: 10. 1038/nclimate1633.

De Jeu, R. and Dorigo, W. (2016). On the importance of satellite observed soil moisture. International Journal of Applied Earth Observation and Geoinformation 45: 107-109. doi:10. 1016/j. jag. 2015. 10. 007.

EEA (European Environmental Agency) (2017). Climate Change, Impacts and Vulnerability in Europe 2016. An Indicatorbased Report.   EEA Report No. 1/2017, European Environmental Agency, Copenhagen. doi: 10. 2800/534806.

FAO (2015). AQUASTAT Main Database, Food and Agriculture Organization of the United Nations (FAO). Available from: http://www. fao. org/nr/water/aquastat/main/index. stm, website accessed on 22/03/2018.

Fendeková, M. and Fendek, M. (2012). Groundwater drought in the Nitra River Basin-identification and classification. Journal of Hydrology and Hydromechanics 60 (3): 185-193.

Fleig, A. K., Tallaksen, L. M., Hisdal, H., Stahl, K., and Hannah, D. M. (2010). Inter comparison of weather and circulation type classifications for hydrological drought development. Physics and Chemistry of the Earth 35: 507-515. doi:10. 1016/j. pce. 2009. 11. 005, 2010.

Fleig, A. K., Tallaksen, L. M., Hisdal, H., and Hannah, D. M. (2011). Regional hydrological droughts and associations with the objective Grosswetterlagen in northwestern Europe. Hydrological Processes 25: 1163-1179. doi: 10. 1002/hyp. 7644, 2011.

Harpold, A. A., Dettinger, M., and Rajagopal, S. (2017). Defining snow drought and why it matters. Eos 98. doi: 10. 1029/2017EO068775.

Hartmann, D. L., Klein Tank, A. M. G., Rusticucci, M., Alexander, L. V., Brönnimann, S., Charabi, Y., Dentener, F. J., Dlugokencky, E. J., Easterling, D. R., Kaplan, A., Soden, B. J., Thorne, P. W., Wild, M., and Zhai, P. M. (2013). Observations: atmosphere and surface. In: Climate Change 2013: The Physical Science Basis. Contribution of Working Group I to the Fifth Assessment Report of the Intergovernmental Panel on Climate Change (ed. T. F. Stocker, D. Qin, G. K. Plattner, M. Tignor, S. K. Allen, J. Boschung, A. Nauels, Y. Xia, V. Bex, and P. M. Midgley). Cambridge, UK and New York, NY, USA: Cambridge University Press.

Haslinger, K., Koffler, D., Schöner, W., and Laaha, G. (2014). Exploring the link between meteorological drought and streamflow: effects of climate-catchment interaction. Water Resources Research 50: 2468-2487. doi: 10.1002/2013wr015051.

He, X., Wada, Y., Wanders, N., and Sheffield, J. (2017). Human water management intensifies hydrological drought in California. Geophysical Research Letters 44:1777-1785. doi:10.1002/2016GL071665.

Heudorfer, B. and Stahl, K. (2017). Comparison of different threshold level methods for drought propagation analysis in Germany. Hydrology Research 48 (5): 1311-1326. doi:10.2166/nh.2016.258.

Hisdal, H., Tallaksen, L. M., Clausen, B., Peters, E., and Gustard, A. (2004). Drought characteristics. In: Hydrological Drought: Processes and Estimation Methods for Streamflow and Groundwater; Developments in Water Science, Volume 48 (ed. L. M. Tallaksen and H. Van Lanen), 139-198. Amsterdam: Elsevier.

Ionita, M., Tallaksen, L. M., Kingston, D. G., Stagge, J. H., Laaha, G., Van Lanen, H. A. J., Chelcea, S. M., and Haslinger, K. (2017). The European 2015 drought from a climatological perspective. Hydrology and Earth System Sciences 21: 1397-1419. doi: 10.5194/hess2113972017.

Kingston, D. G., Fleig, A. K., Tallaksen, L. M., and Hannah, D. M. (2013). Ocean – atmosphere forcing of summer streamflow drought in Great Britain. Journal of Hydrometeorology 14: 331-344. doi: 10.1175/JHMD110100.1.

Kingston, D. G., Stagge, J. H., Tallaksen, L. M., and Hannah, D. M. (2015). Europeanscale drought: understanding connections between atmospheric circulation and meteorological drought indices. Journal of Climate 28: 505-516. doi: 10.1175/JCLID1400001.1.

LópezMoreno, J. I., VicenteSerrano, S. M., Beguería, S., GarcíaRuiz, J. M., Portela, M. M., and Almeida, A. B. (2009). Dam effects on droughts magnitude and duration in a transboundary basin: the Lower River Tagus, Spain and Portugal. Water Resources Research 45: W02405. doi: 10.1029/2008WR007198.

Mckee, T. B., Doesken, N. J., and Kleist, J. (1993). The relationship of drought frequency and duration to time scale. In: Proceedings of 8th Conference on Applied Climatology, Anaheim, California, 17-22 January 1993. Boston: American Meteorological Society, 179-184.

Mishra, K. K. and Singh, V. P. (2010). A review of drought concepts. Journal of Hydrology 391: 202-216.

Nilsen, I. B., Stagge, J. H., and Tallaksen, L. M. (2016). A probabilistic approach for attributing temperature changes to synoptic type frequency. International Journal of Climatology 37 (6):2990-3002. doi: 10.1002/joc.4894.

Oki, T. and Kanae, S. (2006). Global hydrological cycles and world water resources. Science 313: 1068-1072. doi: 10.1126/science.1128845.

Orlowsky, B. and Seneviratne, S. I. (2013). Elusive drought: uncertainty in observed trends and short and longterm CMIP5 projections. Hydrology and Earth System Sciences 17: 1765-1781. doi: 10.5194/hess1717652013.

Palmer, W. C. (1965). Meteorological drought, Weather Bureau, Research Paper No. 45, U. S. Department of Commerce, Washington, DC.

Parry, S., Wilby, R. L., Prudhomme, C., and Wood, P. J. (2016). A systematic assessment of drought termination in the United Kingdom. Hydrology and Earth System Sciences 20: 4265-4281. doi: 10. 5194/hess2042652016.

Peters, E. , Torfs, P. J. J. F. , Van Lanen, H. A. J. , and Bier, G. (2003). Propagation of drought through groundwater-a new approach using linear reservoir theory. Hydrological Processes 17(15): 3023-3040.

Peters, E. , Bier, G. , Van Lanen, H. A. J. , and Torfs, P. J. J. F. (2006). Propagation and spatial distribution of drought in a groundwater catchment. Journal of Hydrology 321(1): 257-275.

Rangecroft, S. , Van Loon, A. F. , Maureira, H. , Verbist, K. , and Hannah, D. M. (2016). Multi method assessment of reservoir effects on hydrological droughts in an arid region. Earth System Dynamics Discussions. doi: 10. 5194/esd201657.

Schubert, S. D. , Wang, H. , Koster, R. D. , Suarez, M. J. , and Groisman, P. (2014). Northern Eurasian heat waves and droughts. Journal of Climate 27: 3169-3207. doi:10. 1175/JCLID1300360. 1.

Rizzi, J. , Nilsen, I. B. , Stagge, J. H. , Grini, K. , and Tallaksen, L. M. (2017). Five decades of warming: impacts on snow cover in Norway. Hydrological Research (Submitted).

Sheffield, J. and Wood, E. F. (2011). Drought: Past Problems and Future Scenarios. London: Earthscan.

Sheffield, J. , Wood, E. F. , and Roderick, M. L. (2012). Little change in global drought over the past 60 years. Nature, 491: 435-438. doi: 10. 1038/nature11575.

Shukla, S. and Wood, A. W. (2008). Use of a standardized runoff index for characterizing hydrologic drought. Geophysical Research Letters 35 (2): L02,405.

Spinoni, J. , Naumann, G. , V ogt, J. , and Barbosa, P. (2015). European drought climatologies and trends based on a multiindicator approach. Global and Planetary Change 127: 50-57.

Spinoni, J. , Naumann, G. , V ogt, J. , and Barbosa, P. (2016). Meteorological Droughts in Europe. Events and Impacts Past Trends and Future Projections. Luxembourg, EUR 27748 EN: Publications Office of the European Union. doi: 10. 2788/450449.

Stagge, J. H. , Rizzi, J. , Tallaksen, L. M. , and Stahl, K. (2015). Future Meteorological Drought:Projections of Regional Climate Models for Europe. DROUGHT R&SPI Technical Report No. 25, University of Oslo, Norway.

Stagge, J. H. , Kingston, D. , Tallaksen, L. M. , and Hannah, D. (2017). Observed drought indices show increasing divergence across Europe. Proceedings of the National Academy of Sciences (Submitted).

Stahl, K. and Hisdal, H. (2004). Hydroclimatology (chapter 2). In: Hydrological Drought.

Processes and Estimation Methods for Streamflow and Groundwater; Developments in Water Science, Volume 48 (ed. L. M. Tallaksen and H. A. J. Van Lanen), 19-51. Amsterdam:Elsevier Science B. V.

Stahl, K. , Kohn, I. , Blauhut, V . , Urquijo, J. , de Stefano, L. , Acacio, V . , Dias, S. , Stagge, J. H. ,Tallaksen, L. M. , Kampragou, E. , Van Loon, A. F. , Barker, L. J. , Melsen, L. A. , Bifulco, C. ,Musolino, D. , de Carli, A. , Massarutto, A. , Assimacopoulos, D. , and Van Lanen, H. A. J. (2016). Impacts of European drought events: insights from an international database of text based reports. Natural Hazards and Earth System Sciences 16: 801-819. doi:10. 5194/nhess168012016.

Staudinger, M. , Stahl, K. , and Seibert, J. (2014). A drought index accounting for snow. Water Resources Research 50 (10): 7861-7872. doi: 10. 1002/2013WR015143.

Stoelzle, M. , Stahl, K. , Morhard, A. , and Weiler, M. (2014). Streamflow sensitivity to drought scenarios in catchments with different geology. Geophysical Research Letters 41 (17): 6174-6183. doi: 10. 1002/2014GL061344.

Tallaksen, L. M. and Van Lanen, H. A. J. (2004). Hydrological Drought: Processes and Estimation Methods for Streamflow and Groundwater. No. 48 in Development in Water Science, Amsterdam: Elsevier Science B. V.

Tallaksen, L. M., Hisdal, H., and Van Lanen, H. A. J. (2009). Space-time modelling of catchment scale drought characteristics. Journal of Hydrology 375 (3): 363-372.

Teuling, A. J., Van Loon, A. F., Seneviratne, S. I., Lehner, I., Aubinet, M., Heinesch, B., Bernhofer, C., Grünwald, T., Prasse, H., and Spank, U. (2013). Evapotranspiration amplifies European summer drought. Geophysical Research Letters 40: 2071-2075. doi:10. 1002/grl. 50495.

Trenberth, K. E., Dai, A., Van der Schrier, G., Jones, P. D., Barichivich, J., Briffa, K. R., and Sheffield, J. (2014). Global warming and changes in drought. Nature Climate Change 4: 17-22. doi: 10. 1038/nclimate2067.

Van der Schrier, G., Jones, P. D., and Briffa, K. R. (2011). The sensitivity of the PDSI to the Thornthwaite and Penman-Monteith parameterizations for potential evapotranspiration. Journal of Geophysical Research 116: D03106.

Van Dijk, A. I. J. M., Beck, H. E., Crosbie, R. S., De Jeu, R. A. M., Liu, Y. Y., Podger, G. M., Timbal, B., and Viney, N. R. (2013). (2001-2009): Natural and human causes and implications for water resources, ecosystems, economy, and society. Water Resources Research 49 (2):1040-1057. doi:10. 1002/wrcr. 20123.

Van Lanen, H. A. J., Fendeková, M., Kupczyk, E., Kasprzyk, A., and Pokojski, W. (2004a). Flow generating processes (chapter 3). In: Hydrological Drought. Processes and Estimation Methods for Streamflow and Groundwater; Developments in Water Science, Volume 48 (ed. L. M. Tallaksen and H. A. J. Van Lanen), 53-96. Amsterdam: Elsevier Science B. V.

Van Lanen, H. A. J., Kašpárek, L., N# ický, O., Querner, E. P., Fendeková, M., and Kupczyk, E. (2004b). Human influences (chapter 9). In: Hydrological Drought. Processes and Estimation Methods for Streamflow and Groundwater; Developments in Water Science, Volume 48 (ed. L. M. Tallaksen and H. A. J. Van Lanen), 347-410. Amsterdam: Elsevier Science B. V.

Van Lanen, H. A. J., Wanders, N., Tallaksen, L. M., and Van Loon, A. F. (2013). Hydrological drought across the world: impact of climate and physical catchment structure. Hydrology and Earth System Sciences 17: 1715-1732. doi: 10. 5194/hess1717152013.

Van Lanen, H. A. J., Laaha, G., Kingston, D. G., Gauster, T., Ionita, M., Vidal, J. P., Vlnas, R., Tallaksen, L. M., Stahl, K., Hannaford, J., Delus, C., Fendekova, M., Mediero, L., Prudhomme, C., Rets, E., Romanowicz, R. J., Gailliez, S., Wong, W. K., Adler, M. J., Blauhut, V., Caillouet, L., Chelcea, S., Frolova, N., Gudmundsson, L., Hanel, M., Haslinger, K., Kireeva, M., Osuch, M., Sauquet, E., Stagge, J. H. and Van Loon, A. F. (2016). Hydrology needed to manage droughts: the 2015 European case. Hydrological Processes 30: 3097-3104. doi:10. 1002/hyp. 10838.

Van Loon, A. F. (2015). Hydrological drought explained. WIREs Water. doi:10. 1002/wat2. 1085.

Van Loon, A. F. and Van Lanen, H. A. J. (2012). A processbased typology of hydrological drought. Hydrology and Earth System Sciences 16: 1915-1946. doi: 10. 5194/hess1619152012.

Van Loon, A. F. and Van Lanen, H. A. J. (2013). Making the distinction between water scarcity and drought using an observationmodeling framework. Water Resources Research 49: 1483-1502. doi: 10. 1002/wrcr. 20147.

Van Loon, A. F., and Laaha, G. (2015). Hydrological drought severity explained by climate and catchment characteristics. Journal of Hydrology 526: 3-14. doi:10. 1016/j. jhydrol. 2014. 10. 059.

Van Loon, A. F. and Van Lanen, H. A. J. (2015): Testing the observationmodelling frame work to distinguish between hydrological drought and water scarcity in case studies around Europe. European Water 49: 65-75, www. ewra. net/ew/issue_49. htm.

Van Loon, A. F. , Van Lanen, H. A. J. , Hisdal, H. , Tallaksen, L. M. , Fendeková, M. , Oosterwijk, J. ,Horvát, O. , and Machlica, A. (2010). Understanding hydrological winter drought in Europe. In:Global Change: Facing Risks and Threats to Water Resources (ed. E. Servat, S. Demuth, A. Dezetter, T. Daniell, E. Ferrari, M. Ijjaali, R. Jabrane, H. Van Lanen, and Y. Huang), 189-197. Wallingford: IAHS Publ. No. 340.

Van Loon, A. F. , Tijdeman, E. , Wanders, N. , Van Lanen, H. A. J. , Teuling, A. J. , and Uijlenhoet, R. (2014). How climate seasonality modifies drought duration and deficit. Journal of Geophysical Research-Atmospheres 119 (8): 4640-4656. doi: 10. 1002/2013JD020383.

Van Loon, A. F. , Ploum, S. W. , Parajka, J. , Fleig, A. K. , Garnier, E. , Laaha, G. , and Van Lanen,H. A. J. (2015). Hydrological drought types in cold climates: quantitative analysis of causing factors and qualitative survey of impacts. Hydrology and Earth System Sciences 19: 1993-2016. doi: 10. 5194/hess1919932015.

Van Loon, A. F. , Gleeson, T. , Clark, J. , Van Dijk, A. , Stahl, K. , Hannaford, J. , Di Baldassarre, G. , Teuling, A. , Tallaksen, L. M. , Uijlenhoet, R. , Hannah, D. M. , Sheffield, J. , Svoboda, M. ,Verbeiren, B. , Wagener, T. , Rangecroft, S. , Wanders, N. , and Van Lanen, H. A. J. (2016a). Drought in the Anthropocene. Nature Geoscience 9 (2): 89-91.

Van Loon, A. F. , Gleeson, T. , Clark, J. , Van Dijk, A. I. J. M. , Stahl, K. , Hannaford, J. , Di Baldassarre, G. , Teuling, A. J. , Tallaksen, L. M. , Uijlenhoet, R. , Hannah, D. M. , Sheffield, J. ,Svoboda, M. , Verbeiren, B. , Wagener, T. , Rangecroft, S. , Wanders, N. , and Van Lanen, H. A. J. (2016b). Drought in a humanmodified world: reframing drought definitions, understanding and analysis approaches. Hydrology and Earth System Sciences 20 (9): 3631-3650. doi:10. 5194/hess2036312016.

VicenteSerrano, S. M. , Beguería, S. , and LópezMoreno, J. I. (2010). A multiscalar drought index sensitive to global warming: the Standardized Precipitation Evapotranspiration Index-SPEI. Journal of Climate 23 (7): 1696-1718. doi: 10. 1175/2009JCLI2909. 1.

Vidal, J. P. , Martin, E. , Franchistéguy, L. , Habets, F. , Soubeyroux, J. M. , Blanchard, M. , and Baillon, M. (2010). Multilevel and multiscale drought reanalysis over France with the SafranIsba Modcou hydrometeorological suite. Hydrology and Earth System Sciences 14(3): 459-478.

Wanders, N. and Wada, Y. (2015). Human and climate impacts on the 21st century hydrological drought. Journal of Hydrology 526: 208-220.

Wilhite, D. A. (Ed.) (2000). Droughts as a natural hazard: concepts and definitions. In:Drought, A Global Assessment, Vol I and II, Routledge Hazards and Disasters Series. London: Routledge.

Yevjevich, V. (1967). An objective approach to definition and investigations of continental hydrologic droughts. Hydrology Papers 23, Colorado State University, Fort Collins, USA.

Zelenhasic, E. and Salvai, A. (1987). A method of streamflow drought analysis. Water Resources Research 23 (1): 156-168.

第2章　历史干旱的当前趋势

2.1　简　介

　　干旱是由气候异常引起的,再加上地表和地下系统的前期蓄水量较低,可能导致水文循环中的缺水,从而导致水文干旱(如 Tallaksen 和 Van Lanen,2004;Tallaksen 等,2015)。因此,水文干旱的趋势是可利用水资源量变化的重要指标,其典型特征是河川径流或地下水亏缺。对于国际范围的政策制定和水管理,这些大规模的水资源供应趋势可以提供关键信息。近年来,欧洲各地发生了多次严重干旱,这些事件促使许多国家和地区对干旱过去的趋势进行了研究,并预测了未来的变化,正如 Stahl 等(2014)总结的那样。特别值得关注的是,极低流量对水生生态和各类人群用水的影响,如供水、能源生产、水运、工业用水等(Stahl 等,2016)。在欧洲,与干旱有关的低流量加剧,将使各国更加难以履行其根据欧盟水框架指令改善水体生态状况的义务。在全球变暖和水文极端事件的发生和严重程度预期增加的时期,人们对水文干旱的潜在变化相当关注。本章的重点是径流干旱的趋势。

　　作为对气候变化的响应,对河流流量趋势(以及水文循环中的其他通量和状态变量)的任何大规模评估都提出了一些挑战。评估过去变化的常用方法包括观测记录的时间序列分析、水文模型试验或模型链试验[从全球气候模型(GCMs)、区域气候模型(RCMs)到水文模型],以模拟最近的过去。所有的研究方法都有其优缺点,而且在一系列时间和空间尺度上使用多种观测数据集、方法(见第2.2节)和模型,使研究之间的任何比较评估复杂化。

　　特别是,一些关于欧洲水文和干旱趋势的大陆规模研究的主要目的是协调以前关于欧洲区域过去河川径流变化趋势的零散知识(Stahl 等,2014)。有两项研究促成了这种协调:

　　(1)对欧洲近自然河流流量记录特别组合网络趋势的实证分析,这是迄今为止最全面的此类数据集(Stahl 等,2010)。

　　(2)根据近自然网络子样本的长时间序列,将年代际河流流量变化对趋势的影响进行深入分析(Hannaford 等,2013)。

　　在这些论文的基础上,一项研究测试了利用全球地表和水文模型的多模式集合模拟的径流来"填补欧洲地图上观测值之间的空白"(Stahl 等,2012)。下一节总结了这些关于干旱相关水文变量趋势的研究结果,最后一节对干旱趋势的多变量研究进行了展望。

2.2 趋势分析和数据

2.2.1 方法

时间趋势可以通过多种方式进行分析(如 Chandler 和 Scott,2011)。通常,在变量单调增加或单调减少的假设下,应用以时间为预测因子的简单线性回归。然后,使用与零不同的拟合斜率(时间变化)的统计测试来量化趋势的显著性,而斜率表示趋势幅度。环境变量的趋势通常通过这种回归方法的非参数、基于等级的变量进行分析:Mann-Kendall 检验(Mann,1945;Kendall,1975),以及根据 Kendall-Theil 稳健线的斜率估计趋势方向和幅度(Theil,1950)。第 2.3 节总结的研究使用了根据 Kendall-Theil 稳健线的坡度计算的趋势,包括年流量和月流量,以及夏季低流量量级和时间。

其他方法并不意味着单调或线性趋势,或者假设不同的趋势行为,或者简单地使用时间变量平滑方法来可视化非线性趋势。例如,LOESS 是一种稳健且广泛使用的平滑方法(例如 Chandler 和 Scott,2011),其跨度参数通过控制"局部"平滑窗口中使用的数据集的比例来调节平滑程度。在第 2.3 节讨论的研究中采用了这种方法。对于年代际和多年代际变化的假设,可以使用具有时间周期变化的可变"多时间"方法,并且经常分析具有假设驱动因素的协变量,例如海洋–大气变化的大尺度模式(例如北大西洋涛动,NAO)。

2.2.2 数据

观测水文数据集对站点密度有一定的限制,许多国家的测量网络覆盖范围也在缩小。此外,由于政治、行政和技术限制(Hannah 等,2011),以及经济障碍(Viglione 等,2010),数据的集中访问往往受到限制。Hannah 等(2011)认为大型河流流量档案保存了重要数据,以确定和了解不断变化的水循环,支持未来区域和全球水文的建模,并为水资源评估和决策提供信息。它们描述了国际数据集的例子,特别是那些由世界气象组织全球径流数据中心(GRDC)和联合国教科文组织 FRIENDWater 项目的欧洲水档案(EWA)保存的数据集。由于许多主权国家和更多负责流量测量和水文数据收集及归档的当局,建立这些国际数据库是一项重大挑战。因此,所面临的挑战不仅是访问数据本身,而且是确保高数据质量和定期更新。

此外,欧洲许多地区人口稠密,定居历史悠久。大多数河流,特别是较大的河流,已经被管理了一个多世纪。河流调节,特别是大坝和引水系统,以及河流整治和流域内的间接人类影响,可以改变河流流态,并可能损害河流流量信号的气候敏感性。因此,一些国家建立了所谓的"参考"或"基准"网络(Whitfield 等,2012)。来自这些网络的流量记录代表了接近自然的河流流态,并允许观察水文过程如何响应气候变化。它们被认为是更广泛区域的代表,因此为研究支配区域水文变化的主要气候和流域过程提供了基础。

Stahl 等(2010)在欧洲大陆 15 个国家 441 个小流域的近自然径流记录数据集中确定了径流趋势。为此,他们更新了欧洲水档案馆(EWA),更新包括适用于低流量分析的均匀、质量控制的日平均流量记录,关键标准选择是在低流量期间(例如通过提取、水库蓄水)对河流流量缺乏明显的直接人类影响。流域相对较小(大多小于 1 000 km²),时间序列覆盖 40 年或更长,包括至少到 2004 年的数据。考虑了 4 个时期:42 年、52 年、62 年和 72 年(分别从 1962 年、1952 年、1942 年和 1932 年开始,到 2004 年结束)。1962~2004 年期间提供了最佳的空间覆盖,但也对 3 个较长的时间段(较少的站点)进行了分析。

基于相同的档案,Hannaford 等(2013)用长时间序列(1932~2004 年)分析了来自北欧和中欧 132 个流域的水文记录趋势。在多时间方法中,对记录中的每一个可能的开始年份和结束年份的组合计算趋势。这一方法揭示了年代际变化的影响,因此,作为走向趋势归因的第一步,也研究了与 NAO 指数的协变量。

观测到的趋势模式为大陆尺度模式模拟提供了有价值的基准。然而,观测记录具有空间差异,代表了相当特定的流域类型的选择,即相对较小的近自然水源流域记录较长。Stahl 等(2012)试验了欧洲径流模型模拟得出的趋势,是否能填补变化地图上观测值之间的空白。

模拟的水文数据可从许多全球水文模型和为耦合到全球或区域气候模型而开发的许多地表方案中获得。在大尺度水文学中,模型集合的使用要么描述了由一个具有不同参数的模型导出的集合,要么描述了由不同组开发的不同模型。与提供政府间气候变化专门委员会评估报告中参考的多模式数据集的世界气候研究方案耦合模式相互比较项目(WCRP)类似,已经启动了一些水文模式相互比较项目,其中包括由欧盟资助的水与全球变化(WATCH)项目中的多模式比较支持的 WaterMIP(www. euwatch. org)。1958~2000 年期间,许多(8~12 个)大尺度水文模型在全球 0.5°网格上运行,并受 WATCH 驱动数据集的影响。本书总结的研究中包括的特定模型的细节(GWAVA、HTESSEL、JULES、LPJml、MATSIRO、MPIHM、Orchidee 和 WaterGAP)及其性能可在 Haddeland 等(2011)和 Gudmundsson 等(2012a,2012b)找到。

与基于观测数据的两种趋势研究相比,Stahl 等(2012)评估了 WATCH 项目的大规模水文模型集成模拟,以了解整个欧洲大陆类似变量的趋势。第 2.3 节总结的研究将每日总径流量用作欧洲每个网格单元(4 425 个陆地单元)模拟的快、慢分量的总和。与 Stahl 等(2010)的流域相同,用于模型验证。大多数有观测数据的小流域都是亚尺度的,或者与强迫观测数据集的网格单元具有相同的尺度,因此使用模型网格单元中最接近流域质心的值进行比较。因此,将欧洲地区 293 个网格单元的推导趋势与来自 EUROFRIEND 近自然流域的基于观测的趋势估计进行了比较。

2.3 欧洲河流流量趋势

2.3.1 观测河流流量趋势

总体来说,通过对观测到的河流流量的分析(Stahl 等,2010)得出了年度河流流量趋势的区域一致图,南部地区和东部地区为负趋势,而其他地区则普遍为正趋势。1962~

2004 年的月径流趋势阐明了这些变化的潜在原因,以及整个欧洲水文状况的变化。大多数流域在冬季出现了正的趋势。4 月出现了向负趋势的明显转变,并在 8 月逐渐蔓延到整个欧洲,达到最大程度。

然而,与评估干旱灾害的潜在趋势最相关的,是对水文状况最低值趋势的分析,即具有(平均)最低流量的月份的月平均流量;夏季半年度(AM7)的 7 d 低流量趋势;夏季(AM7)发生的时间趋势(见图 2-1,略)。结果表明,冬季低流量区的月流量增加,夏季低流量区的月流量减少。然而,夏季低流型地区的降水趋势往往较弱,空间变异性较大,特别是夏季只有二次最小流量的地区。增长趋势在波罗的海地区周围占主导地位,那里的月平均流量最低出现在夏季。

仅在夏季出现 7 d 低流量的趋势表明,出现负趋势的台站数量较多,而且这些趋势也往往表现出较大的规模(例如在英国和德国中部)。尽管挪威几个流域夏季最低流量有所减少,但在阿尔卑斯山、瑞士、德国和奥地利西部,情况并非如此。在这里,许多正的(AM7)趋势被发现。在许多这样的流域,低流量的时间已经提前。

泛欧研究很大程度上证实了国家和区域尺度对类似时间段内年度流量趋势分析的结果。然而,对于夏季低流量,许多国家尺度的研究没有证实其负趋势,有些甚至报告了夏季低流量的增加(Stahl 等,2014)。其中一个原因可能是泛欧的研究以大范围的夏季干旱结束,而国家研究则涵盖了不同的时期。自本书详细讨论的研究发表以来,还进行了其他一些国家尺度的研究,这些研究为南欧,特别是伊比利亚地区的低流量趋势的减少提供了补充。1949~2009 年期间,在西班牙近自然流域观察到低流量减少(Coch 和 Medeiro,2016)。然而,泛欧实证研究明确地补充了国家研究的内容,证实这些趋势是涵盖更大区域的连贯变化模式的一部分。尽管有近自然河流流量记录的流域之间存在着巨大的差距,但人们发现,广阔的大陆尺度变化模式似乎与气候模型预测的未来气候变化的水文响应一致。

2.3.2 模拟径流趋势

Stahl 等(2012)分析了年径流的模拟趋势,更清楚地表明了明显的大陆偶极模式——西欧和北欧的正趋势,东欧南部和部分地区的负趋势,正如观测结果中的趋势所表明的那样。总体来说,年流量的正趋势似乎反映了冬季月份明显的湿润趋势,而负趋势主要是由于春季和夏季月份的流量普遍减少,这与欧洲大部分地区夏季低流量的减少是一致的。

图 2-2(略)显示了夏季气候(温度和降水)的趋势,以及 1962~2000 年期间模拟径流产生的夏季低流量。根据模拟,南欧、中欧和东欧部分地区,丹麦、挪威南部、瑞典和英国一些地区的低流量有所减少。所有这些地区 7 月和 8 月的气温都有所上升,这表明蒸散量的增加是一个原因。一些地区夏季低流量正趋势与 6 月和 7 月降水增加的地区相吻合。

不同的模式就主要的大陆尺度趋势模式达成了一致,但在某些地区,特别是径流趋势增加和减少的地区之间的过渡带、空间变异性高的复杂地形和以雪为主的地区,在趋势的大小甚至方向上存在分歧。模型估计在再现年径流和冬季径流观测趋势方面最为可靠。夏季、春季(对于受降雪影响的地区)和秋季的模拟径流趋势以及夏季低流量趋势的变化更大,无论是在模型之间,还是在模型和观测之间的一致性空间模式上。这些趋势的总体平均值与观测值相比最好(见图2-3,略)。

综上所述,多模集合的平均值与西北欧的观测值最为吻合,那里来自北大西洋的平流雨是驱动气象的因素。该地区流量增加的结果与观测到的气象变化相符。然而,模型和观测的趋势在一些地方的一致性较差,这些地方水文特征的变化是由于不断变化的积雪过程和蓄水枯竭,或者小尺度的流域特征对事件的时间和规模有重要影响。因此,在这些情况下,模型通常不太可靠地表示水文干旱,这在很大程度上取决于这些流域水文过程。

2.3.3 十年尺度变化对长径流记录趋势的影响

众所周知,推导出的趋势对所选时期敏感。因此,在区域范围内说明这些对记录期的敏感性可以指导得出结论。Hannaford等(2013)的研究为第2.3.1部分中的趋势分析提供了这样一个长期背景。在这项研究中,记录首先聚集成5个区域,这些区域在年平均流量的年代际变化方面相对同质(见图2-4)。LOESS平滑聚类时间序列表明,各区域的年平均流量序列是相当均匀的,并且在广泛的10年尺度上表现出可变性。由于聚类是在年流量上进行的,因此,年7 d最小流量序列的均匀性稍差一些,但仍表明每个聚类内大多数流域的年代际变化。然后对聚类平均值(非光滑)进行具有不同开始日期和结束日期的多时间趋势分析。结果的趋势模式因地区而异(见图2-5)。年低流量模式的某些部分类似于年平均流量,但其他部分显示出相当大的差异。

除北部沿海地区外,在大部分地区,较短、启动时间较晚的地区,负低流量趋势似乎更为常见。在北部地区,低流量趋势特别不同于年流量趋势。在分析的最近十年结束时,北欧和中东欧减少的低流量在不同的开始年份相当稳定。对于其他地区,低流量趋势对启动期更为敏感。月流量趋势(此处未显示)为不同的开始日期和结束日期提供了更加复杂和不同的趋势模式。

Hannaford等(2013)因此提出了一个问题,即如何代表先前报告的趋势,例如,来自Stahl等(2010,2012)(第3.2节)。他们警告说,欧洲南部和东部的干燥与北部和西部的湿润的偶极子趋势模式,可能在其他时间段的趋势上发生逆转。然而,包括1990年后的记录,东部和南部的总体干燥趋势似乎相当稳定。其他地区,尤其是西欧,情况并非如此。在这里,从20世纪40年代的干旱开始,趋势就不那么明显了。此外,一些研究发现,河川径流与北大西洋涛动(NAO)的年代际变化成分有关,例如,与NAO指数的相关性高于与时间的相关性(Giuntoli等,2013)。

总体来说,多时相分析警告说,任何固定时期的趋势都不应外推。长期波动可能受到多种竞争影响的驱动。一般的气候变化信号就是其中之一,由年代际海洋-大气振荡信号叠加而成。这项工作通过NAO提供了这些驱动程序的一些初步属性,但需要更详细的工作。其他研究随后揭示了欧洲干旱的许多复杂的、相互作用的、大规模的驱动因素,既有近北大西洋的驱动因素,也有更多的全球尺度现象(例如,Ionita等,2015;Follond等,2015;Kingston等,2015)。

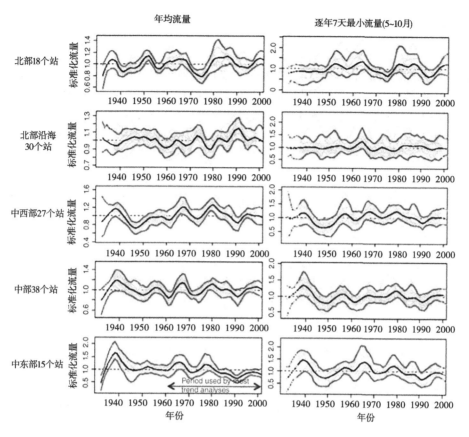

图 2-4 使用 LOESS 平滑的径流记录的年代际变化［灰色线表示单个站系列；黑线显示每个聚类（区域）的聚类平均平滑序列。深灰线显示组合集群成员系列的第 5 个百分点和第 95 个百分点］

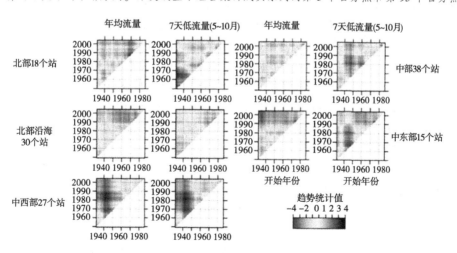

图 2-5 年平均和 7 d 最小流量的多时段趋势分析（x 轴显示开始年份，y 轴显示趋势统计期间的结束年份。Mann-Kendall 测试适用于所有开始年份和结束年份，相应的像素根据得到的 Z 统计值进行着色）

2.4 讨 论

在全球范围、欧洲范围和较小(国家或区域)范围内进行了一些趋势研究,分析了除水文干旱外的其他指数的干旱趋势,最常见的是标准化降水指数(SPI)和标准化降水-蒸散指数(SPEI)。一般来说,水文气象变量的趋势是,欧洲南部和东南部干旱的严重程度和频率增加。图2-6(略)显示了Spinoni等(2015)提出的各种指数组合中的干旱趋势,说明了这一模式,但也证明了一个巨大的空间变异性(另见Spinoni等,2017)。Gudmundsson和Seneviratne(2015)发现,北欧的干旱频率有降低的趋势,在标准化指数中,在较长的积累期内,选定的南部地区的干旱频率可能会增加,这一趋势更加明显。值得注意的是,由于气温普遍升高,潜在蒸散量增加(Stagge等,2016;Spinoni等,2017),SPEI出现了更广泛的干燥趋势。

干旱指数的趋势,包括对蒸散量的估计,如帕默尔干旱严重程度指数(PDSI),已经提供了在气候变化下干旱如何变化的明显矛盾的结果(Sheilfied等,2012;Dai等,2013)。在这些和其他全球研究中,地中海地区是一个正在发生重大变化的干旱热点(Greve等,2014;Orlowsky和Seneviratne,2013)。此外,水文干旱严重程度的增加主要归因于温度升高(例如,Vicente Serrano等,2014)。然而,即使是南欧干燥趋势的严重程度在不同的研究中也有所不同。具体原因包括,温度对蒸散量估计值的影响被夸大,大陆和全球范围内降水数据集之间存在相当大的差异,以及先前讨论的趋势分析的长期变化问题(Trenberth等,2014)。类似地,如前所述,降水与影响研究结果的大气-海洋十年变化模式有很强的联系。

如第2.3节所述,主要由个别气象变量或模拟水文造成的清晰大陆格局,与衍生指数和水文干旱指数(如夏季低流量)中观测到的趋势变化有所不同。低流量趋势的一致性要差得多,表现出减少和增加的趋势,具有罕见的统计意义。许多研究所涵盖的时期始于20世纪60年代或70年代,与许多国家水文网络广泛扩张的时间一致。Hannaford等(2013)阐述的年代际变化的影响,意味着在一些国家,低流量的正趋势是"硬编码"的,因为大多数记录始于20世纪60年代末或70年代初的干旱时期,随后随着向更显著、正的NAO的转变而增加,正如在英国(Hannaford和Marsh,2006)和爱尔兰(Murphy等,2013;Nasr和Bruen,2017)。这种网络扩展尤其适用于受调控影响较小的小流域,因此更适合用于气候敏感性研究。

解释低流量趋势变化的另一个重要因素是,低流量受干旱天气期间流域贮存和释放水的能力控制。这些贮存和释放过程的空间多样性,反过来又与景观性质的非均质性,尤其是水文地质特征密切相关,影响着河流对长期气象干旱的响应。研究结果表明,尤其是在地形、植被、土壤和地质方面高度变化的源头流域,可能不会直接遵循季节性气候趋势。在高山和北纬地区,气象驱动因素的相对影响和冰雪的作用显得尤为重要。Bard等(2015)对趋势的研究,在整个阿尔卑斯山地区的一系列河流流量指数中,通过水文状况分离趋势信号证实了这一点。冬季干旱严重程度的下降趋势主要出现在冰川期和融雪期,而融雪期和降水期的变化趋势不同。

在许多国家,河流管理的文献记录很少,因此,人类的影响对低流量评估提出了另一个挑战,包括模型和观测。此外,土地利用的逐渐变化(例如造林)可能会影响水的平衡,从而导致低流量。一些基于观测的研究使用了来自近自然参考网络的数据,但大多数模型,特别是大型河流的模型,需要纳入流量管理和调节。虽然参考网络对于识别气候信号至关重要,但对于受管理和影响的河流而言,最大的效用来自预测。水文网络和数据集在这些影响的元数据方面需要改进,因为这些影响可能会混淆气候变化的属性。

2.5 结论——未来需求

2.5.1 结论

对干旱指数,特别是水文干旱指数过去趋势的研究,揭示了欧洲干旱灾害性质的变化。特别是,它们揭示了南欧和东欧干燥趋势总体大尺度格局中相当大的局部变异性。本书回顾的研究还说明了影响趋势评估的许多方法学方面:数据和流域选择标准、考虑的季节、选择的时间段、变化的度量和所分析的指数。Stahl 等(2014)建议,在这些方面中,分析变化和趋势的方法选择,如低流量指数或趋势测试,似乎比最初的数据选择更重要,从而突出了更好的数据记录、可用性和一致的观测网络的必要性。

对于基于模型的未来变化评估,知识库正在迅速增加,但集成方法最近才开始量化误差和不确定性的不同来源。由于 GCMs 在预测的气候变化(特别是降水)方面存在相当大的差异,在模型链中进一步向上,低流量和水文干旱的变化也有相当大的差异。此外,多个水文模型的比较表明,使用不同水文模型的不确定性也可能很高,特别是对于低流量,这是流域蓄水和放水特性往往起主要控制作用的一部分,蒸散损失的估算对未来的变化有很大的影响。

2.5.2 未来需求

需要密切监测所有气候和水文变量的趋势以及与干旱有关的衍生指数。这种监测要求保持现有的具有长期气候敏感记录的量表,并在适当情况下通过数据恢复或重建方法进行理想的扩展。它们需要免费提供给科学界,以改进趋势评估方法。除迄今为止主要分析的气候敏感、近自然记录外,还应分析受管制河流的趋势,以调查人类影响对河流干旱的缓解或加剧程度。未来的研究需要解决这些方面的问题,同时需要在不同的模型类型和空间尺度上实现更好的集成。

参考文献

Bard, A., Renard, B., Lang, M., Giuntoli, I., Korck, J., Koboltschnig, G., Janza, M., D'Amico, M., and Volken, D. (2015). Trends in the hydrologic regime of Alpine rivers. Journal of Hydrology 529: 1823-1837. doi: 10.1016/j. jhydrol. 2015. 07. 052.

Chandler, R. and Scott, M. (2011). Statistical Methods for Trend Detection and Analysis in the Environmental Sciences. Chichester, UK: Wiley.

Coch, A. and Mediero, L. (2016). Trends in low flows in Spain in the period 1949-2009. Hydrological Sciences Journal 21: 568-584. doi: 10.1080/02626667.2015.1081202.

Dai, A. (2013). Increasing drought under global warming in observations and models. Nature Climate Change 3: 52-58.

EEA (European Environment Agency). (2017). Climate change, impacts and vulnerability in Europe 2016. An indicatorbased report. EEA Report No 1/2017. doi: 10.2800/534806.

Folland, C. K., Hannaford, J., Bloomfield, J. P., Kendon, M., Svensson, C., Marchant, B. P., Prior, J., and Wallace, E. (2015). Multiannual droughts in the English lowlands: a review of their characteristics and climate drivers in the winter halfyear. Hydrology and Earth System Sciences 19: 2353-2375. doi: 10.5194/hess1923532015.

Greve, P., Orlowsky, B., Mueller, B., Sheffield, J., Rechstein, M., and Seneviratne, S. I. (2014). Global assessment of trends in wetting and drying over land. Nature Geoscience 7: 716-721.

Gudmundsson, L. and Seneviratne, S. I. (2015). European drought trends. IAHS 369: 75-79.

Gudmundsson, L., Tallaksen, L. M., Stahl, K., Clark, D. B., Dumont, E., Hagemann, S., Bertrand,N., Gerten, D., Heinke, J., Hanasaki, N., V oss, F., and Koirala, S. (2012a). Comparing large scale hydrological model simulations to observed runoff percentiles in Europe. Journal of Hydrometeorology 13: 604-620. doi:10.1175/JHMD11083.1.

Gudmundsson, L., Wagener, T., Tallaksen, L. M., and Engeland, K. (2012b). Evaluation of nine largescale hydrological models with respect to the seasonal runoff climatology in Europe. Water Resources Research 48: W11504. doi:10.1029/2011WR010911.

Giuntoli, I., Renard, N., Vidal, J. P., and Bard, A. (2013). Low flows in France and their relationship to largescale climate indices. Journal of Hydrology 482: 105-118.

Haddeland, I., Clark, D. B., Franssen, W., Ludwig, F., V oss, F., Arnell, N. W., Bertrand, N., Best, M., Folwell, S., Gerten, D., Gomes, S., Gosling, S. N., Hagemann, S., Hanasaki, N.,Harding, R., Heinke, J., Kabat, P., Koirala, S., Oki, T., Polcher, J., Stacke, T., Viterbo, P.,Weedon, G. P., and Yeh, P. (2011). Multimodel estimate of the global terrestrial water balance: Setup and first results. Journal of Hydrometeorology 12 (5): 869-884. doi:10.1175/2011JHM1324.1.

Hannaford, J. and Marsh, T. J. (2006). An assessment of trends in UK runoff and low flows using a network of undisturbed catchments. International Journal of Climatology 26: 1237-1253. doi: 10.1002/JOC.1303.

Hannaford, J., Buys, G., Stahl, K., and Tallaksen, L. M. (2013). The influence of decadal scale variability on trends in long European streamflow records. Hydrology and Earth System Sciences 17: 2717-2733. doi: 10.5194/HESS1727172013.

Hannah, D. M., Demuth, S., Van Lanen, H. A. J., Looser, U., Prudhomme, C., Rees, G., Stahl, K., and Tallaksen, L. M. (2011). Largescale river flow archives: importance, current status and future needs. Hydrological Processes 25: 1191-1200.

Ionita, M., Boroneant., C., and Chelcea, S. (2015). Seasonal modes of dryness and wetness variability over Europe and their connections with large scale atmospheric circulation and global sea surface temperature. Climate Dynamics 45: 2803. doi: 10.1007/S0038201525082.

Kendall, M. G. (1975). Rank Correlation Methods. London: Griffin, 202 pp.

Kingston, D. G., Stagge, J. H., Tallaksen, L. M., and Hannah, D. M. (2015). Europeanscale drought: understanding connections between atmospheric circulation and meteorological drought indices. Journal of Climate 28: 505-516. doi: 10. 1175/JCLID1400001. 1.

Mann, H. B. (1945). Nonparametric tests against trend. Econometrica 13: 245-259.

Murphy, C. , Harrigan, S. , Hall, J. , and Wilby, R. L. (2013). Hydrodetect: The Identification and Assessment of Climate Change Indicators for an Irish Reference Network of River Flow Stations. Climate Change Research Programme (Ccrp) 2007-2013 Report Series No. 27. ISBN 9781840955071 . Technical Report. Environmental Protection Agency, Co. Wexford.

Nasr, A. and Bruen, M. (2017). Detection of trends in the 7 day sustained lowflow time series of Irish rivers. Hydrological Sciences Journal 62 (6): 947-959. doi:10. 1080/02626667. 2016. 1266361.

Orlowsky, B. and Seneviratne, S. I. (2013). Elusive drought: uncertainty in observed trends and short and longterm CMIP5 projections. Hydrology and Earth System Sciences 17: 1765-1781.

Sheffield, J. , Wood, E. F. , and Roderick, M. L. (2012). Little change in global drought over the past 60 years. Nature 491: 435-438.

Spinoni, J. , Naumann, G. , and V ogt, J. (2015). Spatial patterns of European droughts under a moderate emission scenario. Advances in Science and Research 12: 179-186.

Spinoni, J. , Naumann, G. , and V ogt, J. V . (2017). PanEuropean seasonal trends and recent changes of drought frequency and severity. Global and Planetary Change 148: 113-130. doi:10. 1016/J. GLOPLACHA. 2016. 11. 013.

Stagge, J. H. , Kingston, D. , Tallaksen, L. M. , and Hannah, D. (2016). Diverging trends between meteorological drought indices (SPI and SPEI). Geophysical Research Abstracts 18:EGU2016107031.

Stahl, K. , Hisdal, H. , Hannaford, J. , Tallaksen, L. M. , Van Lanen, H. A. J. , Sauquet, E. , Demuth,S. , Fendekova, M. , and Jodar, J. (2010). Streamflow trends in Europe: evidence from a dataset of nearnatural catchments. Hydrology and Earth System Sciences 14: 2367-2382. doi:10. 5194/hess1423672010.

Stahl, K. , Tallaksen, L. M. , Hannaford, J. , and Van Lanen, H. A. J. (2012). Filling the white space on maps of European runoff trends: estimates from a multimodel ensemble. Hydrology and Earth System Sciences 16: 2035-2047. doi:10. 5194/hess1620352012.

Stahl, K. , Vidal, J. P. , Hannaford, J. , Prudhomme, C. , Laaha, G. , and Tallaksen, L. (2014). Synthesizing changes in low flows from observations and models across scales. In: Hydrology in a Changing World: Environmental and Human Dimensions (ed. T. M. Daniell, H. A. J. Van Lanen, S. Demuth, G. Laaha, E. Servat, G. Mahe, J. F. Boyer, J. E. , Paturel, A. Dezetter, and D. Ruelland), 30-35. Wallingford: IAHS Publ. No. 363.

Stahl, K. , Kohn, I. , Blauhut, V . , Urquijo, J. , De Stefano, L. , Acácio, V . , Dias, S. , Stagge, J. H. ,Tallaksen, L. M. , Kampragou, E. , Van Loon, A. F. , Barker, L. J. , Melsen, L. A. , Bifulco, C. ,Musolino, D. , de Carli, A. , Massarutto, A. , Assimacopoulos, D. , and Van Lanen, H. A. J. (2016). Impacts of European drought events: insights from an international database of text based reports. Natural Hazards and Earth System Sciences 16: 801-819.

Tallaksen, L. M. and Van Lanen, H. A. J. (2004). Hydrological Drought: Processes and Estimation Methods for Streamflow and Groundwater. No. 48 in Development in Water Science. Amsterdam: Elsevier Science B. V.

Tallaksen, L. M. , Stagge, J. H. , Stahl, K. , Gudmundsson, L. , Orth, R. , Seneviratne, S. I. , Van Loon, A. F. , and Van Lanen, H. A. J. (2015). Characteristics and drivers of drought in Europe-a summary of the DROUGHT-R&SPI project. In: Drought: Research and Science-Policy Interfacing (ed. J. Andreu, A.

Solera, J. ParedesArquiola, D. HaroMonteagudo, and H. A. J. Van Lanen). Boca, Raton, London, New York, and Leiden: CRC/Balkema Publishers.

Theil, H. (1950). A rankinvariant method of linear and polynomial regression analysis. Indagationes Mathematicae 12: 85-91.

Trenberth, K. E. , Dai, A. , van der Schrier, G. , Jones, P. D. , Barichivich, J. , Briffa, K. R. , and Justin Sheffield, J. (2014). Global warming and changes in drought. Nature Climate Change 4:17-22. doi: 10. 1038/NCLIMATE2067.

VicenteSerrano, S. M. , LopezMoreno, J. I. , Begueria, S. , LorenzoLacruz, J. , Sanchez Lorenzo, A. , GarciaRuiz, J. M. , AzorinMolina, C. , MoranTejeda, E. , Revuelto, J. , and Trigo, R. (2014). Evidence of increasing drought severity caused by temperature rise in southern Europe. Environmental Research Letters 9: 044001. doi:10. 1088/17489326/9/4/044001.

Viglione, A. , Borga, M. , Balanbanis, P. , and Bloschl, G. (2010). Barriers to the exchange of hydrometeorological data in Europe: results from a survey and implications for data policy. Journal of Hydrology 394: 63-77. doi:10. 1016/j. jhydrol. 2010. 03. 023.

Whitfield, P. , Burn, D. , Hannaford, J. , Higgins, H. , Hodgkins, G. A. , Marsh, T. J. , and Looser, U. (2012). Hydrologic reference networks I. The status of national reference hydrologic networks for detecting trends and future directions. Hydrological Sciences Journal 57: 1562-1579.

第3章 档案中的历史干旱:超出仪器记录

3.1 引 言

在我们目前对 20 世纪下半叶的仪器记录之前,历史性的干旱由于其对社会的影响,在过去 500 年的档案中留下了多种迹象。为了记录在案,有必要提醒我们自己,总体来说,"干旱"一词涵盖了不同的概念,在最常见的意义上,这个词是雨量亏缺和极端气候事件的同义词。

因此,重要的是要了解,对于历史学家来说,干旱是通过这些极端事件的"社会特征"来看待的,这些极端事件在欧洲档案中记录了几个世纪。因此,它们可以明显不同于水文学家或气候学家所使用的定义,需要根据另一个指标(例如,HSDS)进行评估和分类,这些用于获取比较数据系列(Garnier,2015)。

在这一章中,我们将探讨如何将 16 世纪以来记录在档案中的文本和稀有仪器数据结合起来,提高我们对欧洲干旱的认识。我们将报告来自英国、法国和上莱茵河流域的几个案例,以便更好地了解过去 500 年中这些极端气候事件的变化,以及它们对欧洲古代社会的社会影响和经济影响。

3.2 方 法

3.2.1 史料

在 19 世纪中叶以前,由于这些极端事件的不可预测性质和缺乏专门的公共服务研究,历史学家必须最大限度地利用全部资料来源。我们所需要的信息,常常随机地隐藏在一些文档的空白处,如果我们希望重建长而相对可靠的年表,就不能忽视任何类型的档案(Garnier,2010a)。

特别有用的是私人(牧师、中产阶级人士、贵族)起草的日记和市政纪事,它们通常对引发灾难的极端事件非常敏感,通过结合视觉观测(桥梁上工作人员仪表的水位高度)、物候学(植被状况、火灾)、市场价格,甚至其社会表达(资源稀缺、宗教游行、暴乱),为干旱提供了一种综合的解决办法。从 17 世纪 50 年代开始,由于欧洲对气象学的新热情,一些日记成为真正的气象期刊。这些日记包括每日气象数据(见图 3-1)。

直到 18 世纪,干旱常常被认为是"上帝之怒"(拉丁语为 ira dei)的表现,因此罗马天主教会是可靠的信息来源。由于天主教会组织的宗教游行的记录,历史学家能够收集到一些关于档案和历史计划的相对同质的系列,因为它们来自同一个宗教团体或宗教机构,这些团体或机构在很长一段时间内对它们进行了登记。这些宗教仪式允许重建一般涵盖 1500~1800 年期间,有时甚至超过西班牙的历史序列。罗马天主教会或市政当局下令在西班牙举

图 3-1　托马斯·巴克的气象杂志(英国剑桥郡)摘录了 1785 年欧洲大干旱的夏季。该页面详细列出了 8 月的气温、降水量以及天空状态(资料来源:国家气象图书馆和档案馆 b1488027,英国气象局,埃克塞特)

行这些有条件的委托仪式,或在葡萄牙和法国举行游行,目的是维持而不是危及既定的秩序或社会经济平衡。在干旱的情况下,组织游行是"*pro pluvia*",字面意思是"为了下雨"。

市政档案包括市政审议和账目的登记册。这些文件通常在 15 世纪末开始。市政审议和账目构成了一个取之不尽的气候数据储存库。气象信息在这些登记册中无所不在,产生于对供应中断、疾病和骚乱风险的可理解的预期。因此,任何持续的干旱都会引发该市政府内部的讨论,这就是为什么国家或市政当局使用各种机制进行干预,如游行、价格控制、小麦征用和小麦进口。

不幸的是,必须等到 19 世纪初,才有关于雨量学或水流的第一批仪器数据。它们来自科学协会的创建,如伦敦皇家学会、巴黎皇家科学院或德国曼海姆气象协会(见图 3-2),或来自私营公司,如英国芬斯的贝德福德关卡公司或法国的"米迪运河",两家都雇用了工程师,特别是负责监测河流的工作。为此,他们还制作了早期的数据系列。

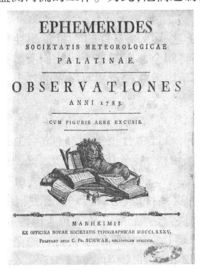

图 3-2　《普氏气象社会蜉蝣》(1783 年)封面,曼海姆(资料来源:慕尼黑巴伐利亚国家图书馆,Bl.，424 S.，(9) Bl.)

3.2.2 重建过去的干旱

为了解决 1750 年以前缺乏可靠的仪器数据的问题,档案的内容提供了两种方法来估计这些自然事件,我们只有文本描述。第一个解决方案,是使用所有的时间顺序提到干旱出现在档案中。具体地说,它注意到,例如,首先提到"祈祷降雨"的宗教游行,然后是引起公共喷泉干涸、禁止从某些地方取水、关闭小麦厂,以及在最极端的情况下,通过水道供应小麦和木材的问题的市政行为。当然,这个清单并不详尽。然而,档案中提到这些迹象的时间允许提出过去绝大多数旱灾的持续时间,以天为单位。

另一种可以完成持续时间评估的方法选择是,根据干旱的描述内容直接建立一个严重程度指数量表。自然,这是极端事件对社会造成影响的系统性调查结果。因此,历史学家可以观察事件的年表,这在档案中有很好的记录。如表 3-1 所示,HSDS 是一个介于 1~5 的指数,可以从该清单中导出。

表 3-1　HSDS 描述 (16~18 世纪)

指数值	描述
5	异常干旱:不能获得供给、短缺、公共卫生问题、高粮价、森林火灾
4	严重的低水位标志:无法航行、小麦厂裁员、寻找新泉、森林火灾、家畜死亡
3	一般低水位(航运困难)、水库蓄水少
2	局地河流水位低,首先影响植被
1	缺乏降水:祷告、祈雨、文档数据
-1	缺乏定性和定量信息,但事件在时序重建序列中有保留

在 HSDS = 1 的水平上,开始感觉到没有降水(大气干旱)。如果这种情况继续下去,农业就会受到影响,而且在记录中观察到水位下降(HSDS = 2)。当 HSDS = 3 或 HSDS = 4 时,资源限制变得很重要。由于没有降水影响社会,农产品价格高企、小麦厂停产和生态系统退化(HSDS = 4)情况恶化。当旱灾变得异常时,HSDS = 5 达到社会危机的爆发,生活条件明显恶化,以谁能获得水为中心的社会紧张局势加剧。

3.3　英　国

就英国的干旱而言,剑桥和伦敦利用了多种档案和印刷资料,特别是查理二世和詹姆斯二世统治下的英国海军大臣塞缪尔·佩皮斯(Samuel Pepys)的非凡日记(Cooper,1827;Smith,1825)。

3.3.1 英国干旱的时间变化和严重程度

现有的英国档案允许我们根据 HSDS 统计 1500~2014 年间 42 次不同严重程度的干旱。如图 3-3 所示,年表显示了从一个世纪到下一个世纪在频率和严重程度上的巨大差异。

这些极端事件在 50 年内的分布(见图 3-4),揭示了自 15 世纪以来英国历史上的大

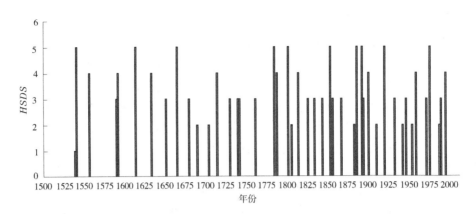

图 3-3　根据 *HSDS* 的数据,1500~2014 年英国干旱的年表和严重程度(共 42 次干旱)

干旱期,我们观察到在 1700 年之前和过去 3 个世纪之间有一个相当明显的转折。第一个时期只有 11 个事件,而我们在过去 300 年里统计了 31 个事件。1700 年以前的这个低数字可以用两种方式来解释。第一个原因是这一时期的历史文献,包括缺乏档案。第二个原因,无疑是最相关的,与这一时期的气候背景有关。事实上,16 世纪和 17 世纪在欧洲相当于小冰期(1300~1850 年)的一个非常严重的阶段,其特点是更潮湿和凉爽的季节,特别是在 1540~1640 年和 1683~1693 年间(Le Roy Ladurie,1972;Garnier,2010b)。

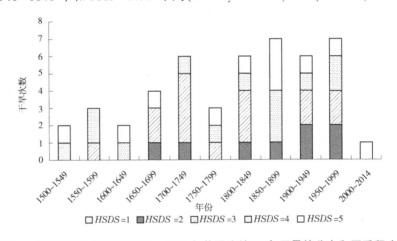

图 3-4　根据 *HSDS* 的数据,1500~2014 年英国连续 50 年干旱的分布和严重程度

　　17 世纪以后,干旱现象似乎更加频繁。第一个干旱期对应于 1700~1750 年,在此期间,欧洲大陆经历了不同的天气条件。从 1705 年到 17 世纪 30 年代末,气候变得更加炎热和干燥,尽管直到今天,1709 年仍然是欧洲“大冬天”的一年。此外,一些干旱,如 1714 年、1715 年和 1740 年的干旱,开始于非常寒冷和非常干燥的冬季。第二个转折点发生在 1800 年之后,干旱发生的频率更高,很可能是 1830~1850 年左右全球变暖的开始。从那时起,在每 50 年的时间里,可以发现 6~7 次干旱事件,尽管这种现象可能从 20 世纪 50 年代开始有所增加。

　　另外,根据 *HSDS*,干旱的年表和分布并没有证实先前的观测结果。因此,在 1700 年之前,以干旱次数少为特征的时期,出现了大多数平均严重程度的迹象(HSDS=3)。最严重的事件(HSDS=5)出现在 19 世纪下半叶,而 20 世纪似乎更温和,除了一些显著的例外(HSDS=4)。在 1950~1999 年期间,这类干旱的数量更多,但与异常干旱(HSDS=5)无关。

最后,来自牛津的 18 世纪以来的月雨量数据,使我们能够将这个系列与根据 HSDS 估计的干旱进行比较(见图 3-5)。我们观察到,档案中列出的历史事件(HSDS)和雨量学缺陷时期之间有很好的相似性。尽管如此,HSDS=5 的干旱并不都对应于降水量最低的时期。因此,1785 年和 1976 年的极端严重干旱(HSDS 均为 5)与牛津的最低降水量不一致。这种差异可以解释为当地的雨量学条件与该国其他地区不同,或者是其他气象因素,例如风,可能加剧了旱情。

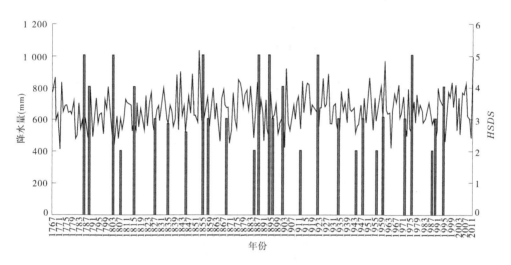

图 3-5　比较 1767~2012 年英国干旱的 HSDS 和牛津的降水数据
(源自牛津拉德克里夫天文台的气象观测)

3.3.2　500 年来最极端事件

从一开始,就必须明确指出,1800 年以前的大量干旱与流行病有系统的联系。在 1666 年的大旱之前,大部分都是英国最严重的瘟疫(如 1544~1546 年、1592~1593 年、1665~1666 年)。1666 年伦敦大火之后,干旱往往与发烧和天花的流行同时发生。因此,低水位有利于河道污染似乎是合理的,而河道污染反过来又导致了这种传染。

3.3.2.1　1634 年的干旱

塞缪尔·罗杰斯是赫特福德主教府邸的牧师,他在日记中说:考虑到我们今年经历的悲伤季节,这是一件悲伤的事情,这是一场最严重的干旱,去年夏天的前一段时间,烧毁了草地,缺雨时间总共占了一个季节,然后是一个缺衣少食的春天;这一年在前段,一团焦土,一年大旱,天灾人祸,众神哀恸,苍天哭泣,但主已经把雨变成了十字架。

古英语中的这段节选强调了干旱的严重性,但尤其揭示了人们至少在 18 世纪初之前对干旱的看法。像往常一样,极端事件被视为上帝愤怒的标志。因此,塞缪尔·罗杰斯宣称“上帝对我们这个罪大恶极的国家感到愤怒”。实际上,1634 年是一场社会和经济灾难,瘟疫、热病和天花肆虐伦敦、纽卡斯尔、埃塞克斯和英国的港口。在剑桥,人们更愿意解释干旱持续了 3 年之久,而不是上帝的愤怒,干旱是由 17 世纪初开始沼泽地带排水疏干引起的(Webster 和 Shipps,2004;Fuller,1811)。

3.3.2.2 1666 年灾难性的全国干旱

据当时的许多作者说,1666 年的干旱是伦敦大火的起因。对于历史学家来说,幸运的是,处理这一灾难性气候相关事件的文献特别丰富。这些日记有好几本,其中最著名的是塞缪尔·佩皮斯和约翰·伊夫林的日记(Bray,1901;Fraser,1905)。这些都反映了特殊的证人,因为他们都是事件的直接参与者。塞缪尔·佩皮斯(1633~1703)是英国海军部长和国会议员,后来又是伦敦皇家学会主席,而约翰·伊夫林(1620~1706)是著名科学家,也是伦敦皇家学会的创始人之一。

他们的日记对于了解 1666 年干旱和伦敦大火的历史是必不可少的。另一个引人注目的见证人是哲学家约翰·洛克,他当时在牛津(基督教堂学院)学习。除哲学著作外,他还记录了多个气象变量,如温度、湿度、气压、风向和风力。这些历史数据由 Boyle(1692)发表(见图 3-6),尽管它们可能是英国的第一批气象报告,但其价值现在却被低估了。

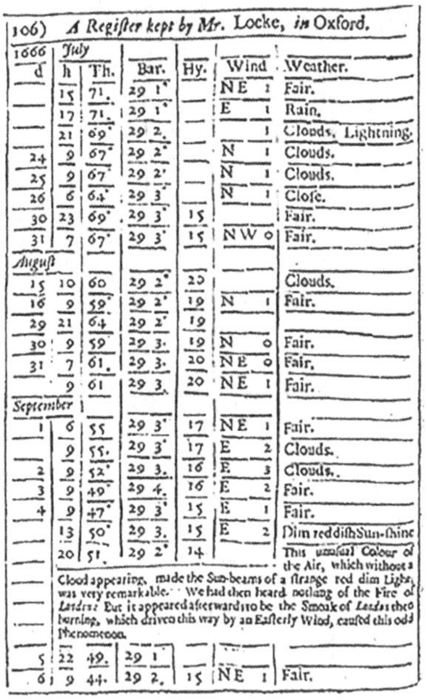
106) *A Register kept by Mr.* Locke, *in* Oxford.

1666 d	July h	Th.	Bar.	Hy.	Wind	Weather.
	15	71.	29 1		NE 1	Fair.
	17	71.	29 1		E 1	Rain.
	21	69	29 2.		1	Clouds, Lightning.
24	9	67	29 2		N 1	Clouds.
25	9	67	29 2		N 1	Clouds.
26	6	64	29 3		N 1	Close.
30	23	69	29 3	15		Fair.
31	7	67	29 3	15	NW 0	Fair.
August						
15	10	60	29 2	20		Clouds.
16	9	59	29 2	19	N 1	Fair.
29	21	64	29 2	19		
30	9	59	29 3.	19	N 0	Fair.
31	7	61.	29 3.	20	NE 0	Fair.
	9	61	29 3.	20	NE 1	Fair.
September						
1	6	55	29 3	17	NE 1	Fair.
	9	55.	29 3	17	E 2	Clouds.
2	9	52	29 3.	16	E 3	Clouds.
3	9	49	29 4.	16	E 2	Fair.
4	9	47	29 3	15	E 1	Fair.
	13	50	29 3.	15	E 2	Dim reddish Sun-shine
	20	51.	29 2	14		This unusual Colour of the Air, which without a
5	22	49.	29 1			
6	9	44.	29 2.	15	NE 1	Fair.

Cloud appearing, made the *Sun*-beams of a strange red dim *Light*, was very remarkable. We had then heard nothing of the Fire of *London*: But it appeared afterwards to be the Smoak of *London* then burning, which driven this way by an *Easterly* Wind, caused this odd Phenomenon.

图 3-6 1666 年干旱和伦敦大火期间,英国哲学家约翰·洛克在牛津所做的气象观测

(资料来源:牛津大学博德利图书馆,QC 161 B69 1692)

1666 年 10 月 21 日,约翰·伊夫林在日记中宣称,在 7~9 月漫长而异常干燥之后,这个季节是前所未有的。他解释说,干燥始于 1665 年的瘟疫,而寒冷和非常干燥的冬天之后,1666 年又是一个特别温暖的夏天,加重了干燥。1665 年 11 月至 1666 年 9 月间很少下雨。约翰·洛克的气象观测(见图 3-6)完美地揭示了当时牛津盛行的干旱。即使气温没有显示出特定的热浪,降水量的不足也是显而易见的。1666 年 6 月 24 日至 9 月 13 日,哲学家只记录了 7 d 有降水(见图 3-7)。

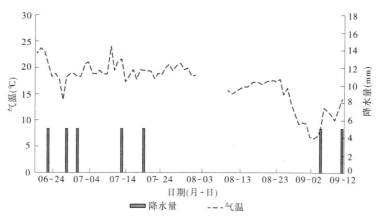

图 3-7 1666 年夏天的干旱期间,约翰·洛克记录了气温和降水量

(资料来源:牛津大学博德利图书馆,QC 161 B69 1692)

在苏格兰,《弗雷泽纪事报》(*Chronicle of Frasers*)谈到 1666 年 5 月的一场"热旱",并指出英国也普遍出现了干旱(Fraser,1905)。在牛津,切尔韦尔河和泰晤士河"几乎干涸",当时的目击者说,这引起了船夫的失业,因为水位低,他们不能再航行了。在伦敦,人们再次向上帝呼吁,要结束干燥。新鱼街的圣玛格丽特教堂的管理员向"我的市长大人"支付了 6 便士,因为他们下达了祈雨的命令。令人遗憾的是,上帝没有回应他们的祈祷,到了 9 月 2 日,伦敦已经变成了一个随时可以点燃的"火药箱"。

3.3.2.3 1785 年干旱对社会经济的影响

1785 年的夏季热浪导致了强度最大的干旱,给全国带来了灾难性的后果。正如英国博物学家 Gilbert White(1720~1793)所报告的那样,这是一场严重的"干涸耗尽的干旱",英国不过是"尘土"。在另一本日记中,一位诺维奇磨坊主在 1785 年 7 月解释说,自 6 月23 日以来,没有足够的水来转动磨坊的轮子,因此,研磨小麦是不可能的。这导致面包价格大幅上涨。干旱还影响到其他依赖水力发挥作用的行业(纺织业、染色业)。环境也没有逃脱事件的负面影响,因为罗斯堡森林(靠近纽卡斯特鲁庞蒂纳)、东汉普斯特德和伯克希尔都发生了森林火灾。罗斯堡森林大火导致 1 000 多英亩(405 hm²)的绵羊牧场和荒野完全荒废。

在芬斯(剑桥郡),夏季干旱使河流完全干涸,大量牲畜因缺水而萎靡不振和死亡,情况非常危急,居民们要求芬斯高级保护公司的总裁减少他们的税收(见图 3-8),因为他们再也付不起了。

3.3.2.4 "干旱的危险":1921 年英国的干旱

1921 年的极端事件,可以追溯到相当干燥的 1920 年 8 月,亚速尔群岛的高压系统几乎整整一年都处于停滞状态,10 月、11 月和 12 月的降水量显示出相当大的不足。2 月初,旱情就开始了。整个威尔士、英格兰大部分地区以及中东部、苏格兰和爱尔兰大面积地区的平均降水量不足常年的 1/4,而英格兰北部和西南部以及威尔士的大部分地区的平均降水量不足 10%。3 月的干旱天气出现了暂时的中断,当时全国降水量略高于平均水平。1921 年接下来的几个月,除了 8 月,都明显干燥。1921 年连续 3 个最干燥的月份

图 3-8　居民和土地所有者向芬斯高级保护公司(贝德福德级别)的总裁关于 1785 年干旱的影响的请愿书(资料来源:剑桥郡档案馆 S/B/SP 742)

是 4~6 月,当时英国的降水量基本为平均降水量的 58%(布鲁克斯和格拉斯普尔,1928年)。据英国环境署称,毫无疑问,1921 年是自 1785 年以来最干燥的一年(EA,2006)。

在 1921 年 7 月 28 日放映的一个节目中,电影新闻片制作商佩特新闻很好地介绍了1921 年干旱的社会后果。很可能是在欧洲第一次,干旱成为一个国家的原因和威胁,并以此向整个英国提出。在暗示性的标题"干旱的危险"下,加上一个没有歧义的副标题("燃烧的庄稼和烟囱威胁着我们冬季的粮食供应"),佩特新闻节目公开申明了这场干旱给英国民众带来的危险(见图 3-9)。英国人在一战中精疲力尽,仍然实行粮食配给,他们面临着在即将到来的冬天失去收成的危险。事实上,在新闻短片中,我们看了火场和树木变成了火把,消防员试图通过从阿尔莫斯特里厄普河抽水来灭火。

图 3-9　关于 1921 年干旱的佩特新闻节目的开场白

(资料来源: http://www.britishpathe.com/video/theperilofthedrought/query/menace)

3.3.2.5　小结

历史记录清楚地表明,干旱一直是英国气候一个反复出现的特征,近期的干旱事件无论在强度还是持续时间上都不例外。事实上,根据我们的研究,记录显示,在整个英国历史上,干旱年份有一种不断聚集的趋势,这导致了多年干旱,干旱期更短、更严重(例如1700~1740 年、1806~1860 年、1887~1901 年)。

3.4 法国:巴黎大区

由于其长期的行政和科学传统,法国提供了研究干旱历史的特殊档案。伊莱德弗伦斯地区(巴黎及其周围地区)被选为我们的观察地点,因为除位于英国(第3.3节)和莱茵河谷(第3.5节)之间的中间位置外,它还得益于丰富的文献资料。

3.4.1 法国干旱的时间变化和严重程度

现有的文件使我们列出了68次干旱。它们在1500~2014年间的时间分布非常不均匀,严重程度也有很大差异(见图3-10)。与英国一样,在研究的5个世纪里,这种变化非常强烈。

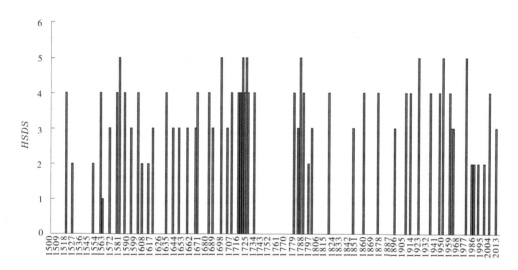

图 3-10　根据 *HSDS*(68 次干旱),1500~2014 年期间法国干旱的年表和严重程度

当这些事件被分配到50年的时期时,这些差异更加显著(见图3-11)。16世纪以来,可以看出三大趋势:第一次是在1500~1700年间,干旱频率稳定,平均每8年干旱一次;18世纪发生了一个明显的变化,干旱的次数大大增加,这一时期共发生21次旱灾,上半世纪最严重的旱灾为14次,即每3.5年发生一次旱灾,与其他500年的研究相比,这是无与伦比的;在1700年之前和1800年之后,没有观察到可比的频率。

这一系列的干旱在巴黎皇家科学院的档案和回忆录中都有详细记载。巴黎天文台的科学家们特别担心这一漫长、干燥和非常炎热的事件。

与英国的干旱历史相反,以法国为例,19世纪和20世纪的干旱并不多见,而且从19世纪50年代开始,随着冰河时代的到来,干旱开始减少。然而,从1950年开始,20世纪的数据显示干旱的数量确实增加了,尽管没有任何明显的转折点。即便如此,这一增长仅在2000年的框架内是显著的,而且仍然明显低于18世纪干旱数据中所见的频率。

就严重程度而言,也很难区分历史变化中的显著差异或趋势(见图3-11)。在1700年之前,低度干旱和中度干旱(*HSDS* = 1~3)都没有出现任何明显的演变,这也适用于最

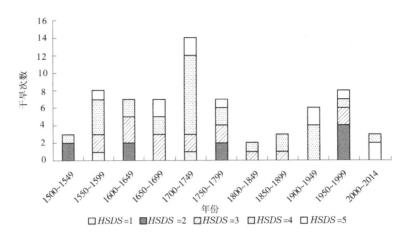

图 3-11 根据 HSDS 的数据,1500~2014 年,法国干旱的分布和严重程度以 50 年为周期

极端的干旱(HSDS=4 和 HSDS=5)。1700~1750 年这一时期再次明显突出,在总共 21 次干旱中,有 10 次 HSDS=4 和 HSDS=5。因此,18 世纪上半叶同时受到异常干旱次数和严重程度增加的影响。

18 世纪相当均匀,因为该世纪罕见的干旱在 HSDS=3 和 HSDS=4 之间分开。如果说在当代有一个转折点,那就是矛盾地处于 20 世纪之交,而不是 1950 年的中点。上半个世纪加起来只有 6 个极端事件,HSDS=4~5。在最近一个时期,我们观察到更多的低强度干旱(HSDS=2),而高强度干旱则很少发生。

多亏了巴黎天文台的科学家(Cassini,La Hire,Réaumur)和蒙特苏里斯气象站的气象学家,他们定期记录巴黎的降水量,为法国提供的数据是欧洲最长的气象系列之一,从 1676 年到今天或多或少是连续的。年降水量与干旱严重程度的比较(见图 3-12)显示出相当好的相似性。后者证实了 HSDS 估计仪器前干旱严重程度的可靠性。

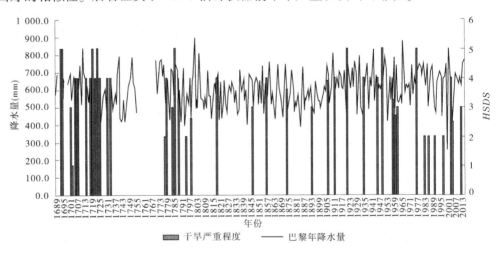

图 3-12 1689~2013 年法国干旱的 HSDS 与巴黎年降水量比较

3.4.2 非常严重干旱的两个例子

下文描述了两次严重的干旱,即1578年的干旱及18世纪的干旱和热浪。

3.4.2.1 1578年的干旱

1578年的干旱很可能是法国过去5个世纪历史上最严重的干旱之一。尽管当时缺乏工具数据,但由于其严重性,档案中有大量书面证词(见图3-13)。档案馆首次提到1577年冬天是一个"相当干燥"的季节,随后是一个非常热的温泉。降水持续偏少,1578年4月,档案唤起人们对收成情况的普遍关注。他们谈到了大麦和大麻,但它们并不生长,巴黎市政当局组织了"祈雨"游行。

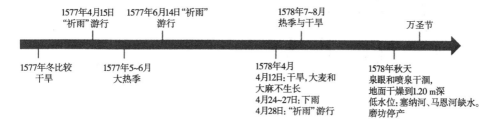

图3-13　1577~1578年大旱的进展(资料来源:在IledeFrance根据书面档案)

1578年秋,随着泉水和喷泉的枯竭,环境危机达到了顶峰。在农村,农民们说土地很难犁,因为它完全干燥到1.20 m深。整个塞纳河流域的水文受到影响。低水位影响了塞纳河、延河和马恩河,6月,甚至有可能在巴黎徒步穿越塞纳河。低水位带来了灾难性的社会经济后果。冬季前夕,木材和小麦供应无法通过水路到达巴黎,导致工厂裁员。小麦在市场上很少见,不可能磨碎,所以面包价格猛涨。由于缺乏食物,疾病逐渐增多。档案馆报告,1577年和1578年共有565 d干燥,只有15个雨天(Garnier,2010b)。

3.4.2.2 18世纪的干旱和热浪

正如我们已经描述的,由于干旱的异常数量,18世纪的数据似乎完全不典型(见图3-11)。图3-14突出显示了1700~1740年间的一段干旱,这一点很重要,因为干旱持续时间长,而且非常严重($HSDS=4~5$)。其中一个例子是1719年的大插曲,它具有全国性的维度,同时创造了干旱日(220 d)和低雨量的纪录。

从1719年5月开始气温升高,整个夏季气温都在升高。在Varrèdes村(巴黎附近的Seineet Marne),当农民们注意到由于8月"非常干燥和温暖"而导致的低收成时,他们变得害怕起来。巴黎天文台的科学家对这一事件进行了非常密切的监测,并指出年平均降水量仅为366 mm。这个数字促使他们说"没有这么干燥的一年……这3年(1717~1719年)是30多年来最干燥的"(Anonymous,1720)。

异常的热浪也没有逃过他们的注意,学者们非常密切地关注着气温的快速上升。高潮发生在1719年7月16日。当天下午3点,这位名叫拉希尔的科学家记录到,佛罗伦萨的气温超过了82 ℉,换句话说,至少达到了36.1 ℃。炎热和缺水最终导致了痢疾的流行(也与其他感染有关)。这对法国来说是一场全国性的悲剧,1719年,在2 100万人口中,有45万人死亡。

1719年的极端干旱和热浪略低于2003年的极端干旱和热浪,这可能为我们提供了

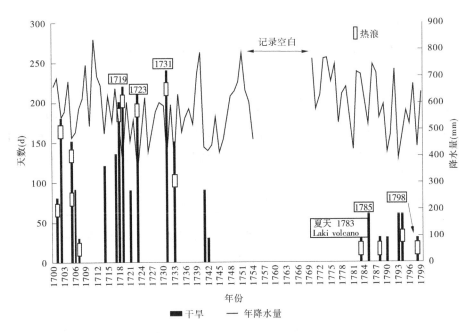

图 3-14　18 世纪法国的干旱、热浪和年降水量

有关全球变暖未来情况的信息。

3.5　上莱茵河谷(德国、瑞士、法国)

莱茵河谷地区(南莱茵河、巴登符腾堡、瑞士和阿尔萨斯)的宗教纪事、气象期刊和市政档案都有详细的记录(Hegel,1869;Dietler,1994;Mercklen,1864;Dostal,2005;Glaser,1991;Muller,1997;Pfister 等,2006)。这个丰富的语料库能够可靠地重建年代。

3.5.1　莱茵旱灾的年际变化和严重程度

与法国相比,莱茵河流域自 20 世纪 50 年代以来爆发的极端事件更令人费解。与英国和法国的情况相比,莱茵河流域(阿尔萨斯、巴登符腾堡、巴塞尔地区)的干旱次数更少,在 1500~2013 年间,共有 37 次干旱,而英国 42 次,法国巴黎大区 68 次(第 3.3.1 部分和第 3.4.1 部分)。在变化方面,我们观察到在过去的 500 年中,大约有 5 次干旱化时期(见图 3-15):

1500~1540 年(五旱);
1630~1670 年(八旱);
1715~1750 年(四旱);
1820~1890 年(九旱);
1940~1980 年(五旱)。

第一次激烈的事件发生在 16 世纪上半叶,由于总体上有利的天气条件,历史学家矛盾地称之为"美丽的 16 世纪"。在小冰河时期,大约 40 年的中断导致了欧洲这一地区农业和人口的繁荣。第二次显然更具挑战性,因为气候历史学家将其归类为"蒙德极小期"

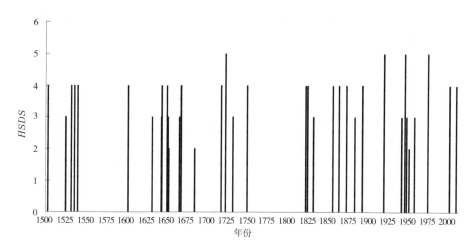

图 3-15　根据 *HSDS* 的数据,1500~2013 年莱茵干旱的年表和严重程度

(Le Roy Ladurie,2004;Luterbacher 等,2004)造成的寒冷和潮湿时期。

　　这些莱茵旱灾在 19 世纪上半叶的分布结果是非常令人惊讶的,因为我们观察到,在 19 世纪下半叶达到高峰(6 次旱灾)之后,旱灾的数量有规律显著地减少(见图 3-16)。20 世纪是一个文献丰富且易于查阅的时代,干旱并没有停止减少,特别是在 1950~2000 年间。20 世纪下半叶只发生了 3 次干旱。另外,1500~1850 年间的干燥趋势明显,特别是在 17 世纪和 1850~1900 年间。

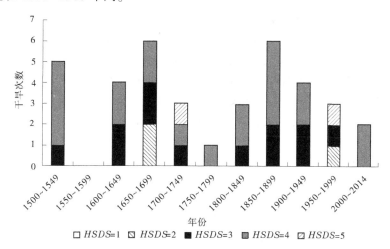

图 3-16　根据 *HSDS* 的数据,莱茵干旱的分布和严重程度(1500~2014 年的 50 年)

　　另一个重要的观察结果是,与旱灾数量相似,莱茵旱灾的严重程度也没有停止下降(见图 3-16)。虽然 1500~1900 年期间普遍存在非常严重的干旱(*HSDS*=4 和 *HSDS*=5),在 1500~1549 年和 1850~1899 年期间达到高潮,但从 1900 年开始,这种干旱强烈减少。在 1950~2000 年所列的 3 次干旱中,只有 1 次是异常的(*HSDS*=5),另外 2 次是不太严重的(*HSDS*=2 和 *HSDS*=3)。

　　由于缺乏降水数据系列,根据 *HSDS*,对 1808~1944 年期间巴塞尔莱茵河的流量与干旱的严重程度进行了比较。图 3-17 显示了这些流程也构成了相关的工具信息。大多数低流量与极端干旱有很好的相关性,除了1830年,当时低流量对社会经济的影响很小。应当指出的是,*HSDS*是基于干旱造成的经济和社会后果,而不是根据物理数据得出的统计指标(第3.2.2部分)。

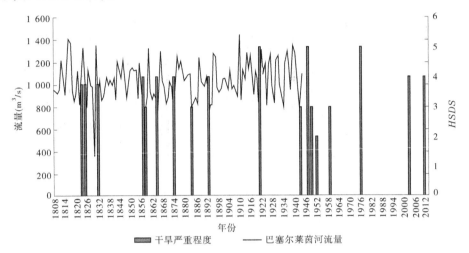

图3-17 巴塞尔1808~2013年莱茵河干旱的*HSDS*与年流量比较(资料来源:Oesterhaus,1947)

3.5.2 干旱,一个集体记忆的主题,劳芬斯坦

以下文字描述了劳芬斯坦的干旱历史,以及1540~1541年的干旱。

3.5.2.1 刻在石头上的记忆:"劳芬斯坦"

莱茵河流域的干旱孕育了一个非常早期的文化记忆,并代代相传。这种记忆的原型符号是一种叫作"劳芬斯坦"的石头,在德语中字面意思是"下沉的石头"。更确切地说,它是由一块岩石构成的,位于劳芬堡老桥以西100 m处(见图3-18)。这座德国小镇位于巴登-符腾堡州,位于巴塞尔以东约40 km处,就在莱茵河和阿尔河交汇处的下游(Pfister等,2006年)。当水位下降时,石头会在河里显露出来,作为几个世纪以来当地居民低水位的标志,当地人在这块石头上凿出当年年份来纪念这样的时刻。1909年,当局决定炸掉这块石头,以便在附近修建一座水力发电厂,这一标记不幸地消失了。

图3-18 该照片拍摄于1891年1月,显示了位于劳芬堡老桥附近的"劳芬斯坦"(白色圆圈)

低水位标志,BadenWürttemberg(源自Walter,1901)

幸运的是,一位德国水文工程师在石头被毁前成功地从石头上抢救出了凿好的数据(Walter,1901,第27页,表四)。1891年2月18日,他利用低水位对它进行了仔细研究,事先询问了居民关于它的功能。他注意到石头上刻着16世纪以来9次干旱的日期。其中,有些是完全可以识别的,即1541年、1750年、1823年、1858年和1891年的极端事件(见图3-19)。Walter(1901)很谨慎,只提出1692年、1764年、1797年和1848年。在最后一种情况下(1848年),档案和相应年份的年河流流量(884 m³/s)均未显示特别严重的干旱。1823年在石头上刻下的最低水位也是如此,这一年与巴塞尔站的低流量(1 098 m³/s)不符。

图3-19　Walter(1901)在1909年劳芬斯坦被毁之前的素描
(1541年、1750年、1823年、1858年和1891年干旱的历史痕迹清晰可见,源自Walter,1901)

3.5.2.2　1540~1541年的干旱

　　在刻在"劳芬斯坦"的9个干旱年份中(见第3.5.2.1部分),1541年值得特别注意,因为干旱确实覆盖了上莱茵河的整个地区。因此,它被完美地保存在当时的书面记忆中。对于气候学家来说,1540年夏天是中欧历史上最温暖和最干燥的夏天之一(Luterbacher等,2002),从3月中旬到9月底,一股反气旋阻止大气水分向欧洲中心流动。1540~1541年冬天,康斯坦斯湖的水位很低,康斯坦斯市得以开始修建新的防御工事。

　　在阿尔萨斯和巴塞尔州,1540年6月干旱,7月更是干旱,以至于城镇和农村普遍缺水。巴塞尔和斯特拉斯堡的资产阶级在他们的编年史和日记中描述了瓶装水是如何以和瓶装酒一样的价格出售的。8月,饥饿加剧了口渴,因为莱茵河及其支流上的磨坊因缺水而无法再磨碎小麦。

　　在丹恩和格布维尔周围的乡村(豪特林和奥斯日),水果在树上晒干。科尔马、格布维尔和塔恩的宗教纪事都提到从树上掉下来的苹果、梨和核桃。葡萄也不能幸免,因为葡萄藤是干的,不结果子。更严重的是,在这个树木茂密的地区,森林火灾成倍增加,档案馆甚至提到了"自发"点燃的森林。作为与干旱间接相关的终极诅咒,瘟疫再次出现,并迅速在巴塞尔、穆尔豪斯和科尔马市蔓延(Vischer 和 Stern,1872;科尔马市图书馆;Wunderbuch aus Colmar, T. CH. 60 Mss; Jahrbücher der Dominker zu Colmar, I. CH. 60Mss;Chronik von Sigmund Billing, I. CH. 64 Mss)。

3.6 结 论

干旱的长期历史重建对气候学家和水文学家非常有用。历史可以是一个很好的来评估和提高气候模型的可靠性的工具,方法是根据包括干旱等水文极端的长期历史时间序列来测试这些模型。尽管政府间气候变化专门委员会(IPCC)的各种设想预测,包括地中海在内的世界多个地区极端事件的数量将有所增加(IPCC,2014;另见第 4 章),但有必要将其置于历史背景下。从仪器记录中获得的、涵盖相对较短时期的趋势也是如此(见第 2章),历史分析提供的知识有助于区分气候波动和气候变化。

这项研究根据一系列水文气象证据和每一事件影响的文件证据,成功地确定了 1500年以来欧洲的主要干旱事件。它检查了相当零碎的文件证据,发现了这 5 个世纪中欧洲的几个干旱集群年。最后,报告强调了在历史背景下审视欧洲干旱及其影响的挑战。这项基于历史数据的研究证明了长期数据系列的重要性,因为很明显,当代数据集(1950 年后)可能不代表整个历史系列,因此干旱风险(特别是长期事件)可能被低估。这些历史记录揭示了英格兰、法国和上莱茵河的规律性变化,并且没有显示出自 16 世纪以来干旱发生的频率有任何增加。

本章所述的历史方法也值得仔细解释。一个地区在 18 世纪易受干旱影响的程度可能低于随后两个世纪,因为它经常变化,例如取决于供水基础设施、用户对供水系统的需求以及各种其他因素(Brooks 等,2005;Cardona 等,2012;Pulwarty 和 Verdin,2013;Blauhut等,2016;Carrão 等,2016;González Tánago 等,2016)。更重要的是,在 16~19 世纪,干旱直接影响到人们的生活和水供应,而今天欧洲的影响主要是经济或环境(例如,Stahl 等,2016)。

参考文献

Anonymous (1720). Histoire de l'Académie royale des sciences. Avec les mémoires de Mathematiques et de Physique, Imprimerie royale, Paris.

Blauhut, V., Stahl, K., Stagge, J. H., Tallaksen, L. M., De Stefano, L., and V ogt, J. (2016). Estimating drought risk across Europe from reported drought impacts, drought indices, and vulnerability factors. Hydrology and Earth System Sciences 20: 2779-2800.

Boyle, R. (1692). The General History of the Air. London: Awnsham & John Churchill, pp. 1-259.

Bray, W. (1901). The Diary of John Evelyn. Vol. 2. Washington, D. C.: Walter Dunne, pp. 1-436.

Brooks, C. E. P. and Glasspoole, J. (1928). British Floods and Droughts. London: Ernest Benn Limited, pp. 1-199.

Brooks, N., Adger, W. N., and Kelly, P. M. (2005). The determinants of vulnerability and adaptive capacity at the national level and the implications for adaptation. Global Environmental Change 15: 151-163.

Cardona, O., Van Aalst, M., Birkmann, J., Fordham, M., Mcgregor, G., Perez, R., Pulwarty, R., Schipper, E., and Sinh, B. (2012). Determinants of risk: exposure and vulnerability. In: Managing the Risks of Extreme Events and Disasters to Advance Climate Change Adaptation (ed. C. Field, V. Barros, T.

Stocker, D. Qin, D. J. Dokken, K. L. Ebi, M. D. Mastrandrea, K. J. Mach, G. K. Plattner, S. K. Allen, M. Tignor, and P. M. Midgley), A Special Report of Working Groups I and II of the Intergovernmental Panel on Climate Change (IPCC). Cambridge, UK, and New York, NY, USA: Cambridge University Press, pp. 65-108.

Carrão, H., Naumann, G., and Barbosa, P. (2016). Mapping global patterns of drought risk: An empirical framework based on subnational estimates of hazard, exposure and vulnerability. Global Environmental Change 39: 108-124.

Cooper, C. H. (1827). Annals of Cambridge, Vol. III. Cambridge: Warwick, pp. 1-504.

Dietler, S. (1994). Chronique des Dominicains de Guebwiller. Société d'Histoire et du Musée du Florival, Guebwiller, pp. 1-359.

Dostal, P. (2005). Klimarekonstruktion der Regio TriRhena mit Hilfe von direkten und indirekten Daten vor der Instrumentenbeobachtung. Berichte des Meteorologischen Institutes der Universität Freiburg, Freiburg.

EA (Environmental Agency) (2006). The Impact of Climate Change on Severe Droughts. Major Droughts in England and Wales from 1800 and Evidence of Impact. Environment Agency Science Report SC40068/SR1.

Fraser, J. (1905). Chronicles of the Frasers. Edinburgh: T. and A. Constable, pp. 1-626.

French National Agency of Research (2009). Available from: http://www. gisclimat. fr/en/project/renasec; http://www. agencenationalerecherche. fr/fileadmin/user_upload/documents/aap/2009 /finance/cepfinancement2009. pdf (last accessed 8 March 2017).

Fuller, T. (1811). The History of the University of Cambridge. Cambridge: Cambridge University Press, pp. 1-743.

Garnier, E. (2010a). Climat et Histoire, XVIeXIXe siècles, numéro thématique 573. Revue d'Histoire Moderne et Contemporaine, Belin, Paris, pp. 1-159.

Garnier, E. (2010b). Les dérangements du temps, 500 ans de chaud et froids en Europe. Plon, Paris, pp. 1-244. https://www. asmp. fr/prix_fondations/fiches_prix/gustave_chaix. htm.

Garnier, E. (2015). A historic experience for a strengthened resilience. European societies in front of hydrometeors 16th–20th centuries. In: Prevention of Hydrometeorological Extreme Events-Interfacing Sciences and Policies (ed. P. Quevauviller), 3-26. Chichester: John Wiley & Sons.

Glaser, R. (1991). Klimarekonstruktion für Mainfranken, Bauland und Odenwald anhand direkter und indirekter Witterungsdaten. Paläoklimaforschung 5, Publisher, Stuttgart, New York, pp. 1-138.

Gonzalez Tanago, I. G., Urquijo, J., Blauhut, V., Villarroya, F., and De Stefano, L. (2016). Learning from experience: a systematic review of assessments of vulnerability to drought. Natural Hazards 80: 951-973.

Hegel (1869). Die Chronik der Stadt Straßburg. Leipzig: Verlag Hirzel, pp. 1-1169.

IPCC (Intergovernmental Panel on Climate Change) (2014). Climate Change 2014: Synthesis Report. Contribution of Working Groups I, II and III to the Fifth Assessment Report of the Intergovernmental Panel on Climate Change (Core Writing Team, ed. R. K. Pachauri and L. A. Meyer), pp. 1-151. Geneva, Switzerland: IPCC.

Le Roy Ladurie, E. (1972). Times of Feast, Times of Famine: A History of Climate Since the Year 1000. London: Georges Allen & Unwin, pp. 1-428.

Le Roy Ladurie, E. (2004). Histoire humaine et comparée du climat, Vol. 1. Paris: Fayard, pp. 1-748.

Luterbacher, J., Xoplaki, E., Dietrich, D., Rickli, R., Jacobeit, J., Beck, C., Gyalistras, D.,

Schmutz, C. , and Wanner, H. (2002). Reconstruction of sea level pressure fields over the Eastern North Atlantic and Europe back to 1500. Climate Dynamics 18: 545-561.

Luterbacher, J. , Dietrich, D. , Xoplaki, E. , Grosjean. , M. , and Wanner, H. (2004). European seasonal and annual temperature variability, trends since 1500. Science 303(5663): 1499-1503.

Mercklen, F. J. (1864). Annales oder Jahrs Gesachichten der Baarfüseren oder Minderen Brüdern S. Franc. Ord. Insgeneim Conventualen gennant, zu Than durch Malachias Tschamser, Colmar, pp. 1-148.

Muller, C. (1997). Chronique de la viticulture alsacienne au X VIIe siècle, J. D. Reber,Riquewihr, pp. 1-254.

Oesterhaus, M. (1947). Mehrjährige periodische Schwankungen der Abflussmengen des Rheins bei Basel. Thesis, University of Basel.

Pfister, C. , Weingartner, R. , and Luterbacher, J. (2006). Hydrological winter droughts over the last 450 years in the Upper Rhine basin: a methodological approach. Hydrological Sciences Journaldes Sciences Hydrologiques 51(5): 966-985.

Pulwarty, R. and Verdin, J. (2013). Crafting early warning systems. In: Measuring Vulnerability to Natural Hazards: Towards Disaster Resilient Societies (ed. J. Birkmann), pp. 14-21. Tokyo: UNU Press.

Smith, J. (1825). Memoirs of Samuel Pepys, Esq. F. R. S. , Secretary to the Admiralty in the Reigns of Charles II and James II , Comprising His Diary from 1659 to 1669. London: Henry Colburn, pp. 1-618.

Stahl, K. , Kohn, I. , Blauhut, V. , Urquijo, J. , De Stefano, L. , Acacio, V. , Dias, S. , Stagge, J. H. ,Tallaksen, L. M. , Kampragou, E. , Van Loon, A. F. , Barker, L. J. , Melsen, L. A. , Bifulco, C. ,Musolino, D. , De Carli, A. , Massarutto, A. , Assimacopoulos, D. , and Van Lanen, H. A. J. (2016). Impacts of European drought events: insights from an international database of text based reports. Natural Hazards and Earth System Sciences 16: 801-819. doi:10. 5194/nhess168012016.

Vischer, W. and Stern, A. (1872). Basel Chroniken herausgeberen von der historischen gesellschaft in Basel. Leipzig, Verlag von S. Hirzel.

Walter, H. (1901). Uber die Stromschnelle von Laufenburg. Diss. Phil. II , University of Zürich,pp. 1-31.

Webster, T. and Shipps, K. (2004). The Diary of Samuel Rogers, 1634-1638. Woodbridge:The Boydell Press, pp. 1-287.

第4章 未来干旱

4.1 引 言

干旱是最严重的自然灾害之一,对环境和社会经济有着巨大的影响,它需要得到重视,以保障未来的水、粮食和能源安全(Tallaksen 和 Van Lanen,2004;Sheffield 和 Wood,2011)。Seneviratne 等(2012)报告说,有中等信心认为,自20世纪50年代以来,世界上一些地区经历了更长时间和更严重的干旱(如南欧),而且由于气候变化,21世纪某些季节和地区的干旱将加剧。几项大规模趋势研究表明,干旱在许多欧洲地区变得更加严重。例如,Spinoni 等(2016,2017)综述了欧洲气象干旱的趋势,它们呈现出3个不同时期的趋势:1951~1970年、1971~1990年和1991~2010年。第一个时期的干旱趋势(干旱严重程度、干旱持续时间)主要出现在东欧、巴尔干半岛和斯堪的纳维亚半岛中部,而最后一个时期的干旱趋势主要出现在南欧,包括巴尔干半岛。气象干旱影响地下水和河川径流干旱(见第1章),其结果是,通过传播,水文干旱趋势的模式相似。一般来说,不受人为措施干扰的流域趋势表明,南欧的年流量较低,而北欧则相反(见第2章)。一个紧迫的问题是,这些趋势今后是否会继续下去。Spinoni 等(2016,2017)还探讨了气象干旱将如何发展。他们报告说,地中海、中欧和东欧降水表征的干旱频率(SPI12、SRES、A1B 情景)预计会更高。当考虑到气候-水分平衡(SPEI12)时,预计更大的地区将面临更高的干旱频率,包括北欧更多的地区(如法国北部、比荷卢、德国)。Stagge 等(2015)使用了更新的政府间气候变化专门委员会(IPCC)排放情景(典型浓度路径,RCP2.6~RCP8.5),大部分证实了他们的发现(南欧、法国、比荷卢,中欧除外,预计干旱频率不会增加)。

本章阐述了全球变化对水文干旱的影响,即气象干旱的变化对径流的影响。了解预计的河流流量变化(水文干旱)对水资源管理(水安全)极为重要。本章首先概述了选定的大规模研究,这些研究在全球或泛欧范围内预估了气候变化对水文干旱的影响。然后阐述了人为因素(大坝、用水、水文情势的逐渐变化)对水文干旱的影响。最后描述了未来水文干旱评估中固有的不确定性。

4.2 研究概述

全球变暖对年径流量的影响及其可能的变化一直是许多研究的主题(例如,Milly 等,2005)。然而,水、粮食和能源安全,对水文极值的影响同样重要。Arnell(2003)进行了第一次大规模研究,利用21世纪早期的排放情景(IPPC 的 SRES)来研究未来的干旱特征。先前的工作是基于20世纪90年代的气候情景(如 Nijssen 等,2001),主要集中在年流量上。Arnell(2003)应用了一个单一的水文模型,该模型由几个气候模型和排放情景的输出驱动,一个重要的发现是,预计年径流变化系数将增加,这将导致 2050 年干旱径流的频率更高,特别是在欧洲部分地区和南部非洲。

几年后,WaterMIP 项目引入了多全球水文模型,利用多气候模型和多排放情景(SRES)的输出,探讨全球变暖对水文极值的影响(Harding 等,2011;Corzo Perez 等,2011)。在 WaterMIP 框架下,通过仅包括过去合理运行的模型,探讨了未来水文干旱的不确定性(Van Huijgevoort 等,2014;第 4.5.1 部分)。单一的大尺度模型仍然被用来研究特定的干旱方面,例如,Van Lanen 等(2013)、Wanders 和 Van Lanen(2015)基于干旱持续时间和亏缺量的二元概率分布引入了相似性指数。第 4.3.1 部分介绍了基于该方法的未来干旱事件。单一水文模型也用于说明欧洲河网将如何受到未来干旱的影响(Forzieri 等,2014;第 4.3.2 部分),该模型还用于探讨人类活动对未来干旱的影响(第 4.4.2 部分)。

作为 WaterMIP 的后续工作,介绍了跨部门影响模型相互比较项目(ISIMIP)。在 ISIMIP 中,使用了最新的排放情景 RCP(Meinshausen 等,2011),除自然灾害外,还评估了部门间的影响(Warszawski 等,2014)。Prudhome 等(2014)全面概述未来干旱(多 RCP、多气候模型、多水文模型),包括不确定性度量,以及大尺度模型和气候模型的影响(第 4.3.3 部分和第 4.5 节)。单一水文模型被应用于研究人类活动对未来干旱的影响。例如,水库的影响(Wanders 和 Wada,2015),或对逐渐变化的水文状况的适应(Wanders 等,2015)。

前面文本中的时间线表明,对未来水文干旱变化信号的有力评估取决于多种因素:

(1)未来大气温室气体排放的合理途径,因为这些途径影响太阳辐射如何到达地球表面。

(2)理解和表示海洋-大气对温室气体排放的复杂耦合响应,以及这将如何影响气候模式。

(3)理解和表示不同地理气候环境中的陆地-大气反馈。

科学界通过引入一组温室气体大气浓度(RCP)的时间演变来应对这些挑战,每一个时间演变都基于对比鲜明但现实的政治经济哲学的演变(Meinshausen 等,2011)。此外,已经建立了多模式集合(MME),以涵盖陆地-大气-海洋系统物理过程的复杂性(Haddeland 等,2011;Warszawski 等,2014)。

4.3 未来水文干旱评估

4.3.1 气候区域未来干旱

一些研究试图量化全球干旱危害(第 4.2 节),不同研究中获得的干旱危害相互比较,受到流域特征和气候类型之间相互作用建模方式的阻碍(Van Lanen 等,2013)。在一项详细的归因研究中,Wanders 和 Van Lanen(2015)表明,流域和气候特征对未来干旱有重大影响。这项工作是 Van Lanen 等(2013)早期工作的后续,作者试图量化 1958~2010 年期间气候和流域特性的影响。他们使用综合全球水文模型(GHM)来量化气候变化对全球干旱特征的影响。对于模型模拟未来降水、温度和蒸发的水文响应的每个位置,合成模型假设相同的地表特征(流域属性)。气象强迫是从 3 个大气环流模式(ECHAM、CNRM 和 IPSL)中获得的,这 3 个模式在欧盟 WATCH 项目中被降尺度和偏差矫正:①干旱通过使用可变 Q_{80} 阈值方法;②确定平均干旱持续时间和亏缺量(见第 1 章)。为了能够在不同的水文气候之间进行比较(Kóppen-Geiger 气候类型;Peel 等,2007),他们使用标准化亏缺量,通过平均流量使亏缺量正常化。通过改变流域性质和气候情景,能够量化并将其影响归因于 SRES A2 排放情景(Nakicenovic 和 Swart,2000)未来干旱特征的变化,SRES A2 排放情景是最极端的排放情景。

Wanders 和 Van Lanen(2015)的主要发现之一是,尽管全球范围内的干旱频率预计会减少,但其严重程度和持续时间预计会增加(见表 4-1),预计近期和远期平均干旱持续时间分别增长 180% 和 230%。在干旱的沙漠气候(B)和寒冷、以雪为主的气候(D 和 E)中,可以发现这些变化可能造成最严重影响的地区,未来气候的变化对这些地区的水资源供应影响最大。对于沙漠气候,由于年降水量的减少,干旱严重程度明显增加,导致缺水加剧。在寒冷、以雪为主的气候条件下,他们预计,流量峰值将从初夏融雪转为春季融雪,导致秋季可用水量大幅减少。这些强烈的变化表明,人类的水资源管理和自然不得不适应水资源的季节性变化。

表 4-1　近未来(2021~2050 年)和远未来(2071~2100 年)气候类型(A)、干旱(B)、暖温带(C)、降雪(D)和极地(E)的干旱特征中位数(相对于控制期的百分率,1971~2000 年,包括标准差)的变化

干旱特征	气候	2021~2050 年			2071~2100 年		
		ECHAM	CNRM	IPSL	ECHAM	CNRM	IPSL
持续时间(d)	A	142±4	138±4	131±12	175±7	169±5	181±15
	B	142±4	133±3	144±6	175±6	160±4	181±12
	C	133±4	123±3	115±5	150±7	162±6	162±7
	D	107±7	93±15	100±11	129±8	121±29	114±12
	E	100±4	108±16	108±8	123±6	138±23	131±7
	All	115±3	114±6	121±5	146±3	143±9	157±6
标准化亏缺量(d)	A	193±7	194±7	182±25	301±18	317±13	327±40
	B	206±9	179±7	218±16	305±15	268±12	310±64
	C	164±10	145±7	134±9	217±21	220±20	247±22
	D	131±8	103±18	117±11	144±12	152±36	126±25
	E	115±7	128±20	115±8	147±14	170±35	167±18
	All	155±4	139±7	146±8	206±7	214±12	222±22

Wanders 和 Van Lanen(2015)得出的最重要结论是,总体而言,干旱事件的数量将减少,也就是说,由于事件的汇集,频率将降低。然而,随着干旱严重程度的增加,个别干旱事件预计将变得更加漫长。这将导致严重的干旱事件,需要采取更积极主动的措施,确保

水资源管理人员能够处理这些未来的干旱事件,特别是在热带和沙漠地区。

4.3.2　欧洲未来的径流干旱

利用一个水文模型对欧洲地区的长时间径流序列(1961~2100年)进行了模拟,该水文模型采用了一组双向气候模拟(IPPC 的 SRES)(Forzieri 等,2014)。嵌套 GCMRCMs,每日输出,空间分辨率为 25 km。选择了 SRES A1B 方案,除其他外,该方案反映了快速的经济增长和新的、更有效的技术的快速引进(Nakicenovic 和 Swart,2000)。利用水文模型 LISFLOOD(Van der Knijff 等,2010)模拟了 140 年的日径流,使用了 12 种不同的气候情景。LISFLOOD 是一个基于 GIS、基于物理的分布式模型,用于大规模研究(例如,一个应用于欧洲的 GHM)。它模拟了土壤水分入渗、实际蒸散量、土壤蓄水量、融雪量、地下水蓄水量和地表水径流在 5 km 网格水平上的时空分布。在欧洲河网中,使用数字地形模型对网格化径流进行汇流,以获得任意 5 km 像素点的日流量时间序列。这允许使用分布在欧洲的 250 多个流域的历史河流流量校准 LISFLOOD。

亏缺量(*Def*)来自 30 年时间段[基准期(1961~1990年)、2020 年(2011~2040年)和 2080 年(2071~2100年)]的流量时间序列(流量低于临界流量期间的累积亏缺)。最后,应用极值分析法,在每个河流像素中,获得不同重现期(2~100年)所选 30 年期的 *Def*。

到 20 世纪 20 年代,气候变化导致的最小流量减少(7 d 最小流量减少 10%~20%),尤其是在欧洲西南部和东南部(Forzieri 等,2014)。随着时间的推移,这种减少正在进一步推进,预计到 21 世纪末,包括英国和比荷卢三国在内的大部分南欧和西欧国家的最低流量将减少。较低的降水量加上较高的潜在蒸散量会导致最小流量减少,尽管地下蓄水量决定了实际蒸散量是否等于潜在蒸散量。地下蓄水量低的地区,最小流量不会受到潜在蒸散率增加的影响(见第 1 章)。

图 4-1 显示了上游流域面积大于 1 000 km² 的河流像素,在 20 年一遇的流量亏缺量(*Def*)变化。与基准期相比,亏缺量增加(河流中的水量减少),这意味着低于阈值的流量低于基准期和/或低于阈值的时间更长。这些地图显示了气候变化对河流流量亏缺的重要影响,预计随着时间的推移,这种影响将在 21 世纪明显加剧,到 21 世纪末,超过一半的欧洲地区将比以前更加缺水。早到 21 世纪 20 年代,预计南欧大部分地区将遭受更大的流量亏缺。在伊比利亚半岛和巴尔干半岛的一些河流中,20 年的亏缺量增加了 20%。到 21 世纪末,这些亏缺增加了近 80%(相对于 20 世纪的基准期)。Forzieri 等(2014)的模拟还显示,西欧和西北欧,包括法国、荷兰、比利时、英国和阿尔卑斯山区的大部分地区,预计在 21 世纪 80 年代将遭受更大的河流流量亏缺(增长高达 50%)。

包括波罗的海国家在内的东北欧大部分河流,预计在非霜冻季节流量亏缺较低,这意味着河流中有更多的水(见图 4-1),亏缺额可能比基准期减少 50%,甚至更多。该地区 20 年亏缺变化的时空变异性高于欧洲其他大多数地区,这通常是由于降水量的增加。此外,融雪量的减少会影响干旱事件的发生时间和相关特征识别(例如,Van Huijgevort 等,2014)。根据未来气候中这些过程的相对大小,河流流量的不足在空间和时间上可能有不同的严重性。

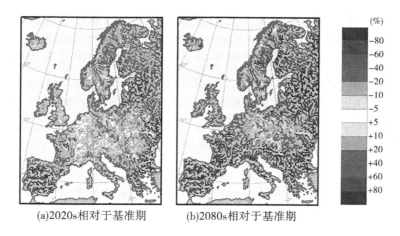

(a)2020s相对于基准期 (b)2080s相对于基准期

图 4-1 气候变化导致的 20 年重现期亏缺量的集合平均变化

（源自 Forzieri 等，2014）

4.3.3 未来干旱热点

以下证据表明，全球影响模型（GIMs）在表示水文极端事件时空演变方面具有不同的技能（例如，Haddeland 等，2011；Prudhome 等，2011），根据 ISIMIP（Warszawski 等，2014）数据集全球气候模型（GCMs）的输出，从全球气候监测系统的 MME 中研究了未来的干旱灾害和全球热点。使用的 GIMs 集合包括 7 个水文模型：H08（Hanasaki 等，2008）；MacPDM0.9（Gosling 等，2011）；MATSIRO（Takata 等，2003）；MPIHM（Stacke 和 Hagemann，2012）；PCRGLOBWB（Wada 等，2010）；VIC（Liang 等，1994）；WaterGAP（Dóll 等，2003），一个陆面模型（LSM）JULES（Best 等，2008，2011）和一个动态植被模型 LPJmL（Bondeau 等，2007），提供了一系列可能的地表相互作用表示（Schewe，2014）。强迫数据集来自气候模式相互比较项目第 5 阶段（CMIP5；Taylor 等，2011）5 个全球气候模式的气候预测，以尽可能地涵盖全球平均温度变化和相对降水变化的空间（Warszawski 等，2014）。在用作 GIMs 输入之前，使用趋势保持算法（Hempel 等，2013），将降水和温度日时间序列向基于观测的数据集（Weedon 等，2011）偏移。集合包括 4 个 RCP 情景的运行（Meinshausen 等，2011），包括最低（RCP2.6）浓度情景和最高（RCP8.5）浓度情景，变化的信号被评估为 21 世纪末（2071~2100 年）的未来模拟。

干旱点是根据阈值法（见第 1 章）确定的，该方法于 20 世纪 60 年代末引入（Yevjevich，1967），现在被视为标准方法（Tallaksen 和 Van Lanen，2004）。遵循 Prudhome 等（2011）使用了一个时变阈值 T_d，定义为在 30 d 窗口内估计的第 90 百分位流量（Q_{90}），以便能够解释流量状况的季节性。该方法应用于网格尺度下的模拟径流时间序列，使用每个[GCM；GIM]组合的控制周期（1976~2005 年）定义的阈值，以保持多模态一致性，并避免模拟中可能出现的偏差影响结果。采用两种措施来确定干旱危害的变化，即干旱发生率，径流量低于 T_d 的天数；干旱严重程度（也称为全球干旱指数），径流量低于 T_d 的土地面积百分比。这两个指标的变化被计算为每个 MME 成员 30 年基准期和未来期间的百分比差异，并总结为 MME 平均值。

最大的平均变化出现在 RCP8.5 之下,在北部夏季(6~8 月),覆盖大部分土地的 MME 干旱发生率普遍增加。12 月至翌年 2 月,增长集中在南半球和北半球的中低纬度地区(见图 4-2)。在年度时间尺度上,除加拿大北部、俄罗斯东北部、非洲之角和印度尼西亚部分地区外,其他地区的干旱发生率都在增加(Prudhome 等,2014)。与更强的辐射力相关的区域合作伙伴关系的增加在系统上更大,这表明旨在控制温室气体排放的缓解措施可能在抑制干旱危害增加方面是有效的。在地中海盆地、中美洲、墨西哥、委内瑞拉北部、圭亚那、苏里南和法属圭亚那、阿根廷西南部和智利周围的热点地区,根据 RCP 8.5,预计旱日比现在所有季节多 30%。

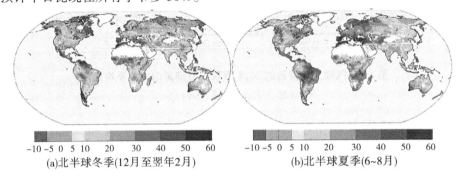

(a)北半球冬季(12月至翌年2月)   (b)北半球夏季(6~8月)

图 4-2 RCP8.5 胁迫下,北半球冬季(12 月至翌年 2 月)和夏季(6~8 月)在对照(1976~2005 年)和
未来(2070~2099 年)的 MME 平均发生率(%)变化

在 RCP8.5 的全球范围内,MME 平均干旱严重度预计将增加 13%,6~8 月将达到 17%。即使在最乐观的 RCP2.6 下,全球干旱的严重程度预计也将增加约 4%,这表明未来粮食和水安全可能面临风险。

利用来自 CMIP5 的 28 个 GCM 集合的气候变化信号和 Wilby(2006)提出的"信号出现"概念,并考虑到重新组合 4 个不同 RCP 的模拟,Orlowsky 和 Seneviratne(2013)没有发现降水和温度出现信号。然而他们发现,地中海、南非和中美洲/墨西哥地区[Prudhome 等(2014)也将这些地区确定为水文干旱热点地区]的干旱频率会因土壤水分异常而增加。

4.3.4 未来低流量

在全球 41 个气候和流域特征对比鲜明的流域,Van Huijgevort 等(2014)研究了气候变化对干旱和低流量的影响。使用 5 个全球水文模型(JULES、LPJml、MPIHM、WaterGAP 和 ranchiee)的结果,在两个时段[基准期(1971~2000 年)和未来时段(2071~2100 年)]使用 3 个全球水文模型(SRES A2 方案)(ECHAM5/MPIOM、CNRMCM3 和 IPSLCM4)的数据进行多模态分析。Prudhome 等(2014,第 4.3.3 部分)也使用了这些 GHM,以及 Wanders 和 Van Lanen(2015,第 4.3.1 部分)的 GCMs。根据选定流域的模拟日流量(地表径流量和地下径流量之和)序列确定了低流量和干旱。每月第 80 百分位流量(Q_{80})被用作低流量的测量。为了关注距平而不是绝对值,所有的 Q_{80} 月值都用年平均值进行了归一化。采用可变阈值水平法(Hisdal 等,2004;Yevjevich,1967;见第 1 章)确定干旱特征,使用 Q_{80} 作为阈值。该阈值基于基准期,并在未来一段时间内应用相同的阈值来识别干旱特征的变化。

气候变化并未导致所有选定流域的低流量(Q_{80})出现总体一致的干湿趋势。然而,在同一主要气候带内的流域,Q_{80} 出现了类似的变化。图 4-3 显示了主要气候带代表性河流流域 Q_{80} 的变化(Kóppen-Geiger 分类;Peel 等,2007)。干旱气候和这种气候(B 气候)边界上的河流预计未来会变得更加干燥[Q_{80} 中的负平均变化;见图 4-3(a)]。在热带气候(A 气候)中,Q_{80} 的变化是负的还是正的,这取决于模型[见图 4-3(b)、(c)],尽管模式也取决于地理位置。对非洲热带地区(A 气候)和亚马孙地区河流低流量变化的预测是不确定的[见图 4-3(b)]。在其他潮湿地区(如亚洲部分地区)的河流中,未来的低流量减少[见图 4-3(c)]。在温带地区(C 气候),河流流域的代表性不足;然而,Meuse 河显示出季节循环的增加,导致夏季低流量的减少[见图 4-3(d)]。寒冷气候(D 气候和 E 气候)中河流的低流量主要由于水文状况的变化而增加[见图 4-3(e)]。这种转变的特点是积雪融化高峰提前,降雪量减少。并非所有河流的融雪峰都有变化,但大多数情况下,融雪峰出现在 1 个月前。

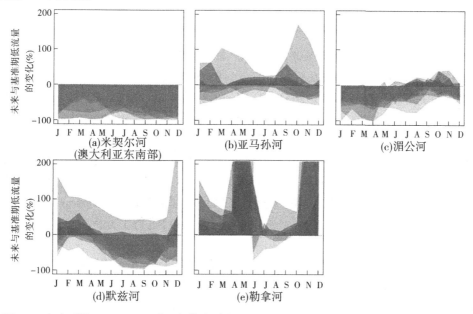

图 4-3　未来时段(2071~2100 年)与基准时段(1971~2000 年)之间的低流量相对变化(Q_{80})

(以代表性流域基准时段低流量的百分比表示。大于 0 的区域表示未来时段 Q_{80} 下降,小于 0 的区域表示 Q_{80} 上升。颜色的透明度表明模型的一致性)

由于缺乏其他全球低流量研究,所选流域的低流量变化与其他主要关注平均流量变化的研究进行了比较。干旱河流流域中发现的干燥趋势与其他研究(Milly 等,2005;Nohara 等,2006;Sperna Weiland 等,2012;Tang 和 Lettenmaier,2012)吻合得很好。热带地区河流低流量的变化是不确定的;然而,其他研究也没有显示出明显的趋势。Arnell(2003)、Arnell 和 Gosling(2013)以及 Arora 和 Boer(2001)报告了亚马孙地区流量或径流量的减少,而 Manabe 等(2004)发现了年平均流量的增加,Nijssen 等(2001)和 Nohara 等(2006)对于 Meuse De Wit 等(2007)给出了类似的流量变化。在寒冷的气候条件下,一些研究一致认为,融雪峰值会发生移动,以及低流量会增加,例如,Arnell 和 Gosling(2013),Milly 等(2005),Nohara 等(2006)和 Sperna Weiland 等(2012)。

所有流域的干旱特征(持续时间和严重程度)的变化并没有反映出低流量的变化。51%的流域低流量减少,而干旱特征增加了65%。一些流域,主要是热带地区,没有显示出明显的低流量变化信号,但干旱特征有所增加。在其他地区,季节性的变化导致夏季干旱加剧,尽管平均 Q_{80} 没有下降。干旱识别方法也在一定程度上造成了差异,因为当使用基准期的阈值时,水文状况的变化会导致干旱事件。

总体来说,需要考虑到低流量和干旱特征,以便量化未来的可利用水资源量。

4.4 人类对未来干旱的影响

前一节描述了人类通过全球变暖(温室气体排放)对干旱的影响。在本节中,将解释人类其他重要影响对未来干旱(水库和用水)的影响。

4.4.1 水库对全球未来干旱的影响

人类用水和水库管理可对未来干旱特征产生重大影响(Van Dijk 等,2013;Wanders 和 Wada,2015;Van Loon 等,2016a,2016b)。一般而言,农业用水、家庭用水和工业用水对下游水资源的可利用性有不利影响(Wada 等,2013)。另外,水库管理可以通过减轻或加重干旱对当地和下游的影响来改变干旱状况(Wanders 和 Wada,2015;Rangecoft 等,2016)。水库的影响在很大程度上取决于其管理、位置和政策。

Wanders 和 Wada(2015)量化了水库对 21 世纪干旱严重程度变化的影响。他们使用单一的全球水文模型(PCRGLOBWB;Van Beek 等,2011)和来自 5 个全球气候模型的强迫数据集,这些数据集已经在 ISI-MIP 中进行了降尺度和偏差校正(Warszawski 等,2014),对 4 个 RCPs(Van Vuuren 等,2011;Meinshausen 等,2011)进行了分析,以量化气候变化的影响(第 4.3.3 部分)。

Wanders 和 Wada(2015)报告说,到 21 世纪末,人类用水和水库管理对世界许多地区的影响将是重大的(见图 4-4)。他们发现,流域持水能力的提高,导致对严重干旱事件的应对能力增强,从而导致干旱严重程度降低。这会对丰水季节的水资源利用率产生不利影响,因为大多数水库都会随着过量径流或融雪而增加蓄水量。由于大多数地区全年供水量相对较高,水库的这种缓解影响甚至能够缓解多年干旱的影响。这项研究还发现,在降水量偏少的地区(如沙漠和干旱地区,见图 4-4),水库的缓解作用受到严重阻碍。Rangecroft 等(2016)证实了这一点,经过多年干旱,水库蓄水量显著下降,有效增加了干旱影响。

水库类型对未来的干旱有重大影响,因为用于水力发电的水库通常提供抗旱措施,用于灌溉的水库加剧了下游的干旱影响。后者旨在贮存旱季用水,从而耗尽下游的可用水量。Wanders 和 Wada(2015)清楚地表明,灌溉用水高的地区在预测的干旱严重程度上表现出强劲的增长。水库不仅影响到当地干旱的严重程度,而且在整个流域都能感受到增加的影响。

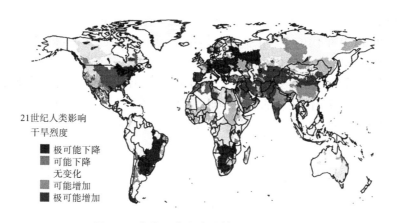

21世纪人类影响
干旱烈度
■ 极可能下降
■ 可能下降
无变化
■ 可能增加
■ 极可能增加

图 4-4　人类用水和水库管理对 21 世纪
（相对于 1971～2000 年、2070～2099 年）干旱严重程度的影响

在大多数流域，人类对流域的改变比 21 世纪的气候变化更具支配性和影响性，这一点在过去也得到了证明（Van Loon 和 Van Lanen，2013；Wada 等，2013）。这清楚地表明，对于全球水文干旱评估而言，除人类对水循环的重大影响外，人们还应意识到当前水文气候的变化性质。

4.4.2　欧洲用水对径流干旱的影响

前一节描述了水库和用水对世界各地未来干旱的影响。在本节中，利用 Forzieri 等（2014）提出的模型，解释了欧洲用水对径流干旱的影响。他们使用了一个单一的水文模型（LISFLOOD），该模型利用 12 个不同气候模型的日输出，模拟了 1961～2100 年间整个欧洲的网格日流量。模拟流量用作所谓阈值法（见第 1 章）的输入，以获得过去和未来的径流干旱，即 30 年内 20 年重现期的流量亏缺量。结果被用于调查气候变化的影响，如 IPCC SRES A1B 排放情景（第 4.3.2 部分）所定义。Forzieri 等（2014）还研究了特定用水情景（经济优先，EcF）的影响，经济合作框架的设想是根据对驱动因素（如总人口、国内生产总值、农业生产、热电生产和技术变革）的一致预测确定的。根据经济合作框架的设想，鼓励使用所有可用的能源，同时大力加强农业生产（Kok 等，2011）。选择此方案是为了推动 WaterGAP3 模型（Flörke 等，2013），该模型计算不同部门（家庭、旅游、能源、制造业、灌溉和畜牧业）的取水量和耗水量。Forzieri 等（2014）使用该模型模拟的空间分布瞬态用水作为水文模型 LISFLOOD 的输入。

图 4-5（左）（略）描述了在 20 世纪 50 年代所采用的 WaterGAP3 模型模拟 EcF 情景下的用水量变化。在大多数欧洲河流流域，在经济第一种情况下，预计用水将增加。在北欧、西欧和东欧，由于冷却电厂和制造业对水的需求不断增加，预计用水将增加。在地中海北部（如伊比利亚半岛北部），由于农业部门的发展和气温升高，灌溉需求增加，用水可能增加。只有在欧洲最南端（如西班牙南部、希腊主要地区），水的使用预计才会减少。与地中海北部相比，欧洲最南端的灌溉用水预计将减少（Flörke 等，2013）。

到 2050 年有 5 种用水方案。Forzieri 等（2014）假设剩余时间（2051～2100 年）耗水量保持不变。

气候和用水的变化(后者在一定程度上反映了全球变暖)影响到未来的径流干旱。欧洲河网 20 世纪 80 年代的 20 年亏缺额是根据两个条件计算的:仅考虑气候变化(见图 4-1),以及气候和用水的变化。图 4-5(右)(略)显示了这两种情况的差别。欧洲许多地区用水量增加,导致在气候变化引起干旱的基础上,径流干旱加剧。特别是英国南部、法国北部、比荷卢兹和德国北部的河流预计将遭受更高的用水量,这同样适用于巴尔干和东欧的一些地区(例如罗马尼亚)。未来气候条件下,由于水资源利用的变化,径流干旱可能会达到 50%甚至更严重。

4.4.3　水情渐变对未来干旱的影响

变化的水文气候对"正常"的水资源利用率有着显著的影响,特别是在人为气候变化的情况下。在标准干旱分析中,干旱被定义为偏离正常条件(Tallaksen 和 Van Lanen,2004)。然而,在一个不断变化的气候中,这种"正常"条件正在发生变化,这就提出了一个问题,即如何定义"正常"条件来衡量我们的干旱严重程度。当我们研究未来干旱状况的预测时,这个问题尤其重要。

为了便于计算 21 世纪的干旱特征,Wanders 等(2015)定义了瞬态阈值法。此方法使用运行时间窗口计算前 30 年期间的正常条件。这种方法的一个明显优点是,它可以在快速变化的条件下应用,并且仍然提供有用的干旱信号。这种方法的缺点是参考框架不断变化,使得定量比较干旱趋势更加困难。

在 Wanders 等(2015)的研究中,作者建议,为了正确量化干旱,研究人员应分析阈值和干旱特征的变化。阈值的变化表明了"正常"条件变化的影响,有助于基准期干旱量化,而干旱特征的变化则解释了干旱影响的变化。它们表明,通过使用 30 年移动窗口来确定气候正常条件,它们更好地代表了自然生态系统和人类系统中持续不断的适应。作为一个例子,它们提供了一个自然水资源持续减少的情景,导致自然生态系统和人类系统在调整其农业用水需求以适应新的"正常"条件方面的适应。另一个被引用的例子,涉及遭受冰川退缩的冰川地区,导致气候"正常"条件的重大变化。

在他们的工作中,将这一新方法应用于未来干旱预测的集合,该集合来自 5 个全球气候观测系统和 4 个区域气候变化中心(Van Vuuren 等,2011)。他们模拟了 1960~2100 年期间的干旱特征和阈值,使用了传统的和新开发的日流量值瞬态阈值方法。

研究表明,由于气温升高和蒸散量增加,预计世界上大多数地区的可用水量都将减少。北方地区和极地地区也有例外,在这些地区,冰川融化的增加和降水总量的增加将导致年平均流量的增加,从而导致水资源总量的增加。

Wanders 等(2015)表明,在未来水资源可利用性发生重大变化的国家和地区(如地中海、非洲、南美和美国),过渡方法的影响最大。这些地区的年供水量和由此产生的干旱特征发生了强烈变化,导致了瞬时阈值法的高度影响。在全球范围内,他们发现,通过将平均干旱影响面积减少 2 倍,干旱适应可以减轻约 50%的干旱影响。

这些结果表明,着眼于未来干旱影响的研究应包括自然和人类系统不断变化的性质,以促进准确的干旱影响评估。他们建议采用瞬时干旱阈值法和传统的恒定阈值法相结合,以便于对水文状况的变化进行基准测试。最后,他们得出结论认为,仅使用传统方法会导致对干旱适应的低估,从而高估世界许多地区对干旱影响的认识。

4.5 未来干旱的不确定性

根据定义,对未来干旱的预测是不确定的,因为温室气体的大气排放途径和陆地-大气-海洋系统的物理过程只是部分已知的(第4.2节)。使用不同的方法来定义、建模和识别与这些未知量相关的不确定性。下文介绍了一些最近的方法。

4.5.1 不确定性评估

一些不确定性方法将模拟的径流干旱事件与观测流量的干旱事件进行了比较。假设,如果一种建模方法能充分利用观测数据,它也能令人满意地预测未来的数据。Forzieri等(2014)在1961~1990年期间,通过一组约450个欧洲测量站验证了河流亏缺量(Def,第4.3.2部分和第4.4.2部分)。LISFLOOD由一个双向区域气候模拟的模型集合驱动,似乎能够在欧洲范围广泛的地理气候环境中,在非霜冻季节相当好地再现Def值。由于霜冻和降雪过程的概念化,以及输入冬季降水和温度的不确定性,对霜冻季节的模拟不太可靠。此外,Forzieri等(2014)通过研究12个集合成员预测的一致性,研究了未来干旱的不确定性,他们计算了一致增加或减少的河流像素的集合成员(共12个)的数量。一致性随时间而增加,到21世纪末(21世纪80年代),模拟的未来干旱将在欧洲大片地区变得一致。大多数模型一致认为地中海、巴尔干半岛、法国、比荷卢克斯和英国的径流干旱加剧,斯堪的纳维亚半岛、波罗的海国家和波兰东北部的径流干旱减少。在从德国北部延伸至阿尔卑斯山国家和乌克兰的地带,模型在符号(低一致性)上不一致,该地带与流量亏缺20年重现期内无或小变化的地区大致一致(见图4-1)。

Van Huijgevort等(2014)将模型模拟的低流量(Q_{80};见第4.3.4部分)与GRDC的观测流量数据进行比较,以估计模型结果的不确定性。为了减少未来预测的不确定性,在比较的基础上选择了模型组合(GHM和GCM)来分析未来的变化。由于只有选定的模型用于低流量分析,模型估计的范围缩小了。通过与实测资料的比较,发现在大多数流域,水文模型对结果的影响大于不同GCMs的强迫数据集。这与Hagemann等(2013)的发现相符。根据过去的表现,仅选择几个水文模型可能会丢失信息(例如,Gosling等,2011;Reifen和Toumi,2009);但是,当模型受到观测限制时,不确定性可能会降低(Hall和Qu,2006;Stegehuis等,2013)。

除变化的平均信号外,MME还包含关于预估不确定性的信息。第4.3.3部分(信号)中,讨论的干旱发生和严重程度的MME平均变化除以由其四分位数范围(噪声)测量的集合的扩展。南欧、中东、美国东南部、智利、澳大利亚西南部等地的年干旱发生具有较强的信噪比(S2N>1),可作为未来水安全问题的研究热点。发现不同GIMs引起的信号变化比不同GCMs引起的信号变化大。严重干旱发生率的增加在统计上是显著的,到21世纪末,将近一半的集合预测干旱严重程度影响到RCP8.5之下的40%以上的土地。然而,这一干旱增加信号并没有被发现,因为这一独特的模型解释了植物对CO_2和气候的动态响应(JULES),该模型考虑了在丰富的CO_2大气条件下,尽管伴随着变暖,更有效的植物呼吸和更低的蒸腾作用减少。因此,考虑不同范围的全球信息管理系统,对于更有力地评估气候变化对水文的影响至关重要。

在 DROUGHT-R&SPI 项目背景下,Van Lanen 等(2015)、Alderlieste 和 Van Lanen(2013)以及 Alderlieste 等(2014)还调查了欧洲多个案例研究领域的 S2N 比率。本案例研究的数据来自覆盖整个欧洲的欧盟观察项目(Harding 等,2011)。总共检索了 244 个网格单元的数据来覆盖这些案例。采用 6 个 GHM 模拟的径流时间序列[几乎与 Van Huijgevort 等(2014)的研究相同;第 4.3.4 部分]进行不确定性分析。这些时间序列可用于每个网格单元,每个 GHM 使用来自再分析数据集(1971~2000 年)(WFD,Weedon 等,2011)的每日气象变量和 3 个 GCM(基准期:1971~2100 年,中间未来:2021~2050 年,远未来:2071~2100 年)。与 Van Huijgevort(2014,第 4.3.4 部分)的研究类似,使用了 2 种排放情景(A2 和 B1)的全球气候变化管理系统,如 CNRM、ECHAM5 和 IPSL。首先,他们计算了每个网格单元的 MME 平均径流量(MME):①基准期的 4 个 MME 时间序列(WFD,3 个 GCM),②中间未来 2 种排放情景的每种 3 个 MME 时间序列(3 个 GCM),以及③遥远未来 2 种排放情景的每种 3 个 MME 时间序列(3 个 GCM)。其次,确定了每个 MMER 时间序列和网格单元的以下流量特征:①年平均流量,②月平均流量,以及③5~11 月 MAM7,即 5~11 月的年平均 7 天最小径流。采用可变阈值法获得干旱特征(持续时间、亏缺量)。每个组合的平滑月阈值不同[GCM;GHM];同时,为了评估未来的干旱,使用基准期阈值。

对基准期的分析表明,用 GCM 强迫代替 WFD 强迫(噪声)时,明显高估了多模型年流量。高估值在 37%~55% 间变化[见图 4-6(a)](流量特性的不确定性)。两个 GCM 的 MAM7 噪声明显较小(<25%),但 CNRM 的噪声明显较小(>100%),见图 4-6(b)。相对于 WFD 强迫(10%~16%),GCM 强迫略低估了平均干旱持续时间[见图 4-6(c)](干旱特征中的噪声)。GCM 和 WFD 强迫之间的干旱亏缺量差异不是单向的;使用 IPSL 强迫时,亏缺量被低估了 3%,而 CNRM 和 ECHAM5 强迫时,高估量在 22%~32%[见图 4-6(d)]。年径流中的气候变化信号与噪声的方向相反,对于大多数预测而言,小于噪声(除[IPSL;B1])[见图 4-6(a)]。在大多数情况下,MAM7 的信号大于噪声(CNRM 除外)。在预测中,有 50% S2N=2。对于所有预测,干旱特征(持续时间和亏缺量)中的气候变化信号都大于噪声。例如,当 S2N>3 时,A2 方案[见图 4-6(c)]的干旱持续时间预计将至少增加50%。亏缺量的百分比变化可能非常大[见图 4-6(d)],这主要是由相当低的亏缺量造成的。

4.5.2 不确定性的影响源

可以使用方差分析(ANOVA)技术(Hawkins 和 Sutton,2011)对不同来源的不确定性进行形式比较,可以相互比较不同来源的不确定性,也可以与来自内部变化的不确定性进行比较。将 JULES 模型从 prudhome 等(2014)使用的集合中排除,Giuntoli 等(2015)使用双向 ANOVA 方法量化了 21 世纪末干旱变化信号的不确定性,该不确定性归因于 GIMs 和 GCMs。他们发现,在全球范围内,GCMs 不确定性占总不确定性的 43%,而 GIMs 的不确定性占总不确定性的 35%,但存在着强烈的区域差异,GIMs 是某些北部(如俄罗斯东

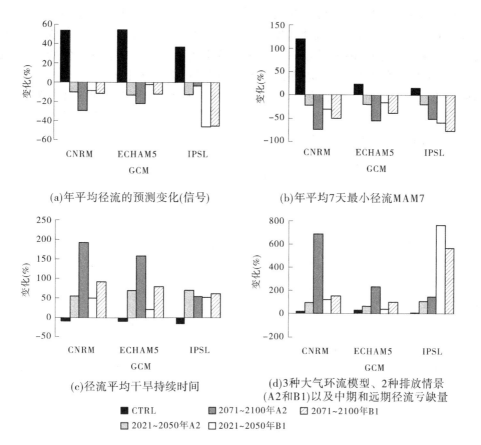

(a)年平均径流的预测变化(信号)   (b)年平均7天最小径流MAM7

(c)径流平均干旱持续时间   (d)3种大气环流模型、2种排放情景
                                        (A2和B1)以及中期和远期径流亏缺量

■ CTRL   ■ 2071~2100年A2   ▨ 2071~2100年B1
■ 2021~2050年A2   □ 2021~2050年B1

图4-6 "CTRL"指定 GCM 模拟的径流(上)/干旱特征(下)与再分析数据模拟的径流/干旱特征(WFD)之间的差异,即噪声。结果显示的平均变化的所有 244 格单元[引自 Alderlieste 等(2014)]

北部)和南部(如南非、澳大利亚西南部)地区不确定性的主要来源。在 7~8 月也发现了类似的模式,而在北方冬季(12 月至翌年 2 月),全球的内部变化占主导地位。在进一步研究 GCMs 和 GIMs 对不同气候带总体不确定性的贡献时,他们发现 GIM 相关的不确定性在冰雪为主的地区和干旱地区占主导地位。低流量产生(以及极端干旱)的主要过程受到包括蒸发、入渗和水储量在内的地表过程的影响。GIMs 引起的不确定性的显著部分可能反映了 GIMs 概念化和参数化这些过程的差异。Orlowsky 和 Seneviratne(2013)也根据 CMIP5 的 28 个 GCM 集合,在土壤水分异常信号上确定了由陆地-地表过程引起的扩展。

4.6 结论——未来需求

4.6.1 结论

在过去的 15 年中,已经引入了几种不同的建模方法来探索未来的水文干旱(地下水和河流中的干旱)对全球变暖的响应。他们建立在对河流年流量预测的研究基础上,这些预测对于水文极端事件来说似乎是不够的。从一开始,使用多排放情景就很普遍,IPCC 21 世纪的 SRES 直到最近才被使用,但这些 SRES 正逐渐被 RCPs 所取代。最近的水文干旱预测是由这些 RCP 驱动的。大多数调查还使用了多个全球气候变化模型的结果,为大尺度水文模型(GHMs)提供了每个排放情景可能的未来气候集合。在第一阶段,应用单一的 GHMs 来研究未来的干旱,逐渐被多个 GHMs 所取代,这些 GHMs 解释了这些模型结构上的差异。最终,未来水文干旱的延伸解决了可能的排放情景以及 GCMs 和 GHMs 的不同结构。本章所述的过去 15 年来关于未来水文干旱的研究结果,必须在这种方法发展的背景下加以解释。虽然提倡使用多模式集合,但这并不意味着应放弃单模式应用研究。单模式应用(如第 4.4 节)对于测试可指导进一步多模式研究的特定假设仍然有价值。

对未来水文干旱的研究(第 4.3 节)表明,未来干旱(总持续时间、严重程度)可能在许多欧洲地区变得更加极端。根据气候的不同,各地区之间有着特殊的差异。例如,地中海被认为是许多研究的热点。区域差异是由与全球变暖相关的主要水文过程的变化驱动的。最好的例子之一是积雪和融化的变化对河流流态的影响。在泛欧河网上绘制河流干旱图(见图 4-1)清楚地说明了未来水文干旱将如何发展。

包括人类干扰对未来水文干旱评估的影响的研究(第 4.4 节)清楚地说明了人类活动的影响,这可能导致干旱的缓解或加剧。在许多河流流域,人类活动的变化比 21 世纪的气候变化更为重要。一个重要的问题是,用于评估水文干旱变化的基准期(第 4.4.3 部分),无论是使用 1971~2000 年(静态方法),还是进入 21 世纪的逐渐向前滑动的时间窗口(如 30 年),以说明适应缓慢。

不确定性是未来水文干旱评估的固有因素。报告了不同的方法(第 4.5 节)。有些方法是基于对未来 MME([GCM;GHM]组合)结果的分析:例如,计算指向同一方向(相对于基准期的百分比变化的增加或减少)的系综成员(组合)的数量。另一些则将 MME(噪声)结果中的扩展与系综(信号)的中值或平均值进行比较。气候变化预测被认为是更可信的高信噪比。另一组方法根据观察结果研究基准期内[GCM;GHM]的表现,假设基准期内的表现是衡量未来评估可信度的相关指标。例如,有一种方法将用[GCM;GHM]组合模拟的低流态与用相同 GHM 驱动的观测天气模拟的流态进行比较。根据表现,一些[GCM;GHM]组合被排除在未来干旱评估之外。所有报告的不确定性评估都提供了相关但不同的信息,这使得它们很难进行比较。显然,需要区分流量特性预估和干旱特性,干旱特性是流量的派生,干旱特征下的噪声比径流特征下的噪声低。

模型相互比较项目,如 WaterMIP 和 ISIMIP,汇集了来自数十个不同水文气候模型组的专业知识,是在探索未来水文极端事件(包括干旱)的知识和技能方面取得进展的好方法。这些联合体能够创建具有一致驱动数据(如天气、人为干扰)的大型全球数据库,以运行多排放情景、多 GCMs 和多 GHMs 的综合链;有效存储输出数据;同时使用先验一致程序分析这些数据。

4.6.2　未来需求

如第 4.4 节所述,关于人类用水需求和相关干扰对未来水文干旱的影响的工作需要加强,例如,通过整合人类干扰,而不是单独分析。人类系统和自然系统之间可能的反馈也值得更多关注(Van Loon 等,2016a;2016b),这也受到国际水文科学协会社会水文学项目(Montanari 等,2013)下的"Panta Rhei"等项目的大力鼓励。在这种情况下,应研究评估未来干旱的实用方法,这些方法逐渐假定基线(第4.4.3部分)发生变化,以检查环境和经济系统是否通过了临界点(如 Scheffer 等,2012)。

如果有关于排放情景、GCMs 或 GHMs 的新知识可用,则应定期重复模型相互比较项目,如 WaterMIP 和 ISIMIP。这些项目应列入国际研究议程,供资机构应保留预算,使之成为可能。如本章所述,不同的不确定性方法在未来干旱评估中提供了不同方面的不确定性。需要采取协调一致的行动,将不同的方法放在一个概念框架内,明确说明所需的多模型链和数据、要产生的输出,并消除可能存在的不一致。

参考文献

Alderlieste, M. A. A. and Van Lanen, H. A. J. (2013). Change in Future Low Flow and Drought in Selected European Areas Derived from WATCH GCM Forcing Dataset and Simulated Multi Model Runoff. DROUGHT-R&SPI Technical Report No. 5, 316 p. Available from: http://www. eudrought. org/technicalreports.

Alderlieste, M. A. A. , Van Lanen, H. A. J. , and Wanders, N. (2014). Future low flows and hydrological drought: how certain are these for Europe? In: Hydrology in a Changing World: Environmental and Human Dimensions (ed. T. M. Daniell, H. A. J. Van Lanen, S. Demuth, G. Laaha, E. Servat, G. Mahe, J. F. Boyer, J. E. Paturel, A. Dezetter, and D. Ruelland), 60-65. Wallingford: IAHS Publ. No. 363.

Arnell, N. W. (2003). Effects of IPCC SRES * emissions scenarios on river runoff: a global perspective. Hydrology and Earth System Sciences 7:619-641. doi:10. 5194/hess76192003.

Arnell, N. W. and Gosling, S. N. (2013). The impacts of climate change on river flow regimes at the global scale. Journal of Hydrology 486: 351-364. doi:10. 1016/j. jhydrol. 2013. 02. 010.

Arora, V. K. and Boer, G. J. (2001). Effects of simulated climate change on the hydrology of major river basins. Journal of Geophysical Research 106: 3335-3348. doi:10. 1029/2000JD900620.

Best, M. J. , Pryor, M. , Clark, D. B. , Rooney, G. G. , Essery, R. L. H. , Ménard, C. B. , Edwards,J. M. , Hendry, M. A. , Porson, A. , Gedney, N. , Mercado, L. M. , Sitch, S. , Blyth, E. , Boucher, O. ,Cox, P. M. , Grimmond, C. S. B. , and Harding, R. J. (2011). The joint UK land environment simulator (JULES), model description-part 1: energy and water fluxes. Geoscientific Model Development 4: 677-699.

Bondeau, A. , Smith, P. , Zaehle, S. , Schaphoff, S. , Lucht, W. , Cramer, W. , Gerten, D. , Lotze Campen, H. , Müller, C. , Reichstein, M. , and Smith, B. (2007). Modelling the role of agriculture for the 20th century global terrestrial carbon balance. Global Change Biology 13:679-706.

Burke, E. J. and Brown, S. J. (2008). Evaluating uncertainties in the projection of future drought. Journal of Hydrometeorology 9: 292-299. doi: 0. 1175/2007JHM929. 1.

Corzo Perez, G. A. , Van Lanen, H. A. J. , Bertrand, N. , Chen, C. , Clark, D. , Folwell, S. , Gosling, S. , Hanasaki, N. , Heinke, J. , and V oss, F. (2011). Drought at the Global Scale in the 21st Century. WATCH Technical Report No. 43, 117 pg. Available at: http://www. eu watch. org/publications/technicalreports/2.

De Wit, M. J. M. , Van Den Hurk, B. , Warmerdam, P. M. M. , Torfs, P. J. J. F. , Roulin, E. , and Van Deursen, W. P. A. (2007). Impact of climate change on lowflows in the river Meuse. Climate Change 82: 351-372.

Döll, P. , Kaspar, F. , and Lehner, B. (2003). A global hydrological model for deriving water availability indicators: model tuning and validation. Journal of Hydrology 270: 105-134.

Flörke, M. , Kynast, E. , Bärlund, I. , Eisner, S. , Wimmer, F. , and Alcamo, J. (2013). Domestic and industrial water uses of the past 60 years as a mirror of socioeconomic development: a global simulation study. Global Environmental Change 23:144-156.

Forzieri, G. , Feyen, L. , Rojas, R. , Flörke, M. , Wimmer, F. , and Bianchi, A. (2014). Ensemble projections of future streamflow droughts in Europe. Hydrology and Earth System Sciences 18: 85-108. doi:10. 5194/hess1885201418852014.

Giuntoli, I. , Vidal, J. P. , Prudhomme, C. , and Hannah, D. M. (2015). Future hydrological extremes: the uncertainty from multiple global climate and global hydrological models. Earth System Dynamics 6: 267-285. doi:10. 5194/esd62672015.

Gosling, S. N. , Taylor, R. G. , Arnell, N. W. , and Todd, M. C. (2011). A comparative analysis of projected impacts of climate change on river runoff from global and catchmentscale hydrological models. Hydrology and Earth System Sciences 15: 279-294. doi:10. 5194/hess152792011.

Haddeland, I. , Clark, D. B. , Franssen, W. , Ludwig, F. , V oß, F. , Arnell, N. W. , Bertrand, N. , Best, M. , Folwell, S. , Gerten, D. , Gomes, S. , Gosling, S. N. , Hagemann, S. , Hanasaki, N. , Harding, R. , Heinke, J. , Kabat, P. , Koirala, S. , Oki, T. , Polcher, J. , Stacke, T. , Viterbo, P. , Weedon, G. P. , and Yeh, P. (2011). Multimodel estimate of the global terrestrial water balance: setup and first results. Journal of Hydrometeorology 12: 869-884.

Hagemann, S. , Chen, C. , Clark, D. B. , Folwell, S. , Gosling, S. N. , Haddeland, I. , Hanasaki, N. , Heinke, J. , Ludwig, F. , V oss, F. , and Wiltshire, A. J. (2013). Climate change impact on available water resources obtained using multiple global climate and hydrology models. Earth System Dynamics 4: 129-144. doi:10. 5194/esd41292013.

Hall, A. and Qu, X. (2006). Using the current seasonal cycle to constrain snow albedo feedback in future climate change. Geophysical Research Letters 33: L03502. doi:10. 1029/2005GL025127.

Hanasaki, N. , Kanae, S. , Oki, T. , Masuda, K. , Motoya, K. , Shirakawa, N. , Shen, Y. , and Tanaka, K. (2008). An integrated model for the assessment of global water resources-part 1:model description and input meteorological forcing. Hydrology and Earth System Sciences 12: 1007-1025.

Harding, R. , Best, M. , Blyth, E. , Hagemann, S. , Kabat. , P. , Tallaksen, L. M. , Warnaars, T. , Wiberg, D. , Weedon, G. P. , van Lanen, H. A. J. , Ludwig, F. , and Haddeland, I. (2011). Water and Global Change (WATCH) special collection: current knowledge of the terrestrial Global Water Cycle. Journal of Hydrometeorology 12(6): 1149-1156. doi: 10. 1175/JHMD11024. 1.

Hawkins, E. and Sutton, R. (2011). The potential to narrow uncertainty in projections of regional precipitation change. Climate Dynamics 37: 407-418.

Hempel, S. , Frieler, K. , Warszawski, L. , Schewe, J. , and Piontek, F. (2013). A trend preserving bias correction; the ISIMIP approach. Earth System Dynamics 4: 219-236. doi. org/10. 5194/esd42192013.

Hisdal, H. , Tallaksen, L. M. , Clausen, B. , Peters, E. , and Gustard, A. (2004). Drought characteristics. In: Hydrological Drought: Processes and Estimation Methods for Streamflow and Groundwater. Developments in Water Science. 48 (ed. L. M. Tallaksen and H. Van Lanen) ,139-198. Amsterdam: Elsevier.

Kok, K. , Van Vliet, M. , Bärlund, I. , Dubel, A. , and Sendzimir, J. (2011). Combining participative backcasting and explorative scenario development: experiences from the SCENES project. Technological Forecasting and Social Change 78: 835-851.

Liang, X. , Lettenmaier, D. P. , Wood, E. F. , and Burges, S. J. (1994). A simple hydrologically based model of land surface water and energy fluxes for general circulation models. Journal of Geophysical Research: Atmospheres 99:14415-14428.

Manabe, S. , Milly, P. C. D. , and Wetherald, R. (2004). Simulated longterm changes in river discharge and soil moisture due to global warming. Hydrological Sciences Journal 49: 642. doi:10. 1623/hysj. 49. 4. 625. 54429.

Meinshausen, M. , Smith, S. J. , Calvin, K. , Daniel, J. S. , Kainuma, M. L. T. , Lamarque, J. F. ,Matsumoto, K. , Montzka, S. A. , Raper, S. C. B. , Riahi, K. , Thomson, A. , Velders, G. J. M. , and Vuuren, D. P. P. (2011). The RCP greenhouse gas concentrations and their extensions from 1765 to 2300. Climatic Change 109: 213-241.

Milly, P. C. D. , Dunne, K. A. , and Vecchia, A. V . (2005). Global pattern of trends in streamflow and water availability in a changing climate. Nature 438: 347-350. doi:10. 1038/nature04312,2005.

Montanari A. , Young, G. , Savenije, H. H. G. , Hughes, D. , Wagener, T. , Ren, L. L. , Koutsoyiannis,D. , Cudennec, C. , Toth, E. , Grimaldi, S. , Blöschl, G. , Sivapalan, M. , Beven, K. , Gupta, H. ,Hipsey, M. , Schaefli, B. , Arheimer, B. , Boegh, E. , Schymanski, S. J. , Di Baldassarre, G. , Yu, B. , Hubert, P. , Huang, Y. , Schumann, A. , Post, D. , Srinivasan, V . , Harman, C. , Thompson, S. , Rogger, M. , Viglione, A. , McMillan, H. , Characklis, G. , Pang, Z. , and Belyaev, V. (2013). Panta Rhei-Everything flows: change in hydrology and society-The IAHS Scientific Decade 2013−2022. Hydrological Sciences Journal 58(6): 1256-1275. doi:10. 1080/02626667. 2013. 809088.

Nakicenovic, N. and Swart, R. (Eds.) (2000). IPCC Special Report on Emission Scenarios. Cambridge, UK: Cambridge University Press.

Nijssen, B. , O'Donnell, G. M. , Lettenmaier, D. P. , Lohmann, D. , and Wood, E. F. (2001). Predicting the discharge of global rivers. Journal of Climate 14: 3307-3323. doi:10. 1175/15200442 (2001)014< 3307:PTDOGR>2. 0. CO;2.

Nohara, D. , Kitoh, A. , Hosaka, M. , and Oki, T. (2006). Impact of climate change on river discharge projected by multimodel ensemble. Journal of Hydrometeorology 7: 1076-1089. doi:10. 1175/JHM531. 1.

Orlowsky, B. and Seneviratne, S. I. (2013). Elusive drought: uncertainty in observed trends and short and longterm CMIP5 projections. Hydrology and Earth System Sciences 17: 1765-1781. doi: 10. 5194/ hess1717652013.

Peel, M. C. , Finlayson, B. L. , and Mcmahon, T. A. (2007). Updated world Köppen-Geiger climate classification map. Hydrology and Earth System Sciences 11: 1633-1644. doi:10. 5194/hess1116332007.

Prudhomme, C. , Parry, S. , Hannaford, J. , Clark, D. B. , Hagemann, S. , and V oss, F. (2011). How well do largescale models reproduce regional hydrological extremes in Europe? Journal of Hydrometeorology 12: 1181-1204.

Prudhomme, C. , Giuntoli, I. , Robinson, E. L. , Clark, D. B. , Arnell, N. W. , Dankers, R. , Fekete, B. M. , Franssen, W. , Gerten, D. , Gosling, S. N. , Hagemann, S. , Hannah, D. M. , Kim, H. , Masaki, Y. , Satoh, Y. , Stacke, T. , Wada, Y. , and Wisser, D. (2014). Hydrological droughts in the 21st century, hotspots and uncertainties from a global multimodel ensemble experiment. Proceedings of the National Academy of Sciences 111(9): 3262-3267. doi:10. 1073/pnas. 1222473110.

Rangecroft, S. , Van Loon, A. F. , Maureira, H. , Verbist, K. , and Hannah, D. M. (2016). Multi method assessment of reservoir effects on hydrological droughts in an arid region. Earth System Dynamics Discussions. doi:10.5194/esd201657.

Reifen, C. and Toumi, R. (2009). Climate projections: past performance no guarantee of future skill? Geophysical Research Letters 36 (13): 13704. doi:10.1029/2009GL038082.

Scheffer, M. , Carpenter, S. R. , Lenton, T. M. , Bascompte, J. , Brock, W. , Dakos, V . , Van de Koppel, J. , Van de Leemput, I. A. , Levin, S. A. , Van Nes, E. H. , Pascual, M. , and Vandermeer, J. (2012). Anticipating critical transitions. Science 338: 344-348. doi: 10.1126/science.

Schewe, J. , Heinke, J. , Gerten, D. , Haddeland, I. , Arnell, N. W. , Clark, D. B. , Dankers, R. , Eisner, S. , Fekete, B. M. , ColónGonzález, F. J. , Gosling, S. N. , Kim, H. , Liu, X. , Masaki, Y. , Portmann, F. T. , Satoh, Y. , Stacke, T. , Tang, Q. , Wada, Y. , Wisser, D. , Albrecht, T. , Frieler, K. , Piontek, F. , Warszawski, L. , and Kabat, P. (2014). Multimodel assessment of water scarcity under climate change. Proceedings of the National Academy of Sciences 111 (9): 3245-3250. doi/10.1073/pnas. 1222460110.

Seneviratne, S. I. , Nicholls, N. , Easterling, D. , Goodess, C. M. , Kanae, S. , Kossin, J. , Luo, Y. , Marengo, J. , McInnes, K. , Rahimi, M. , Reichstein, M. , Sorteberg, A. , Vera, C. , and Zhang, X. (2012). Changes in climate extremes and their impacts on the natural physical environment. In:Managing the Risks of Extreme Events and Disasters to Advance Climate Change Adaptation. A Special Report of Working Groups I and II of the Intergovernmental Panel on Climate Change (IPCC) (ed. C. B. Field, V. Barros, T. F. Stocker, D. Qin, D. J. Dokken, K. L. Ebi, M. D. Mastrandrea, K. J. Mach, G. K. Plattner, S. K. Allen, M. Tignor, and P. M. Midgley), 190-230. Cambridge, UK and New York, NY, USA: Cambridge University Press.

Sheffield, J. and Wood, E. F. (2011). Drought: Past Problems and Future Scenarios. London:Earthscan.

Sperna Weiland, F. C. , Van Beek, L. P. H. , Kwadijk, J. C. J. , and Bierkens, M. F. P. (2012). Global patterns of change in discharge regimes for 2100. Hydrology and Earth System Sciences 16:1047-1062. doi: 10.5194/hess1610472012.

Spinoni, J. , Naumann, G. V ogt, J. , and Barbosa, P. (2016). Meteorological Droughts in Europe. Events and Impacts Past Trends and Future Projections. Luxembourg, EUR 27748 EN: Publications Office of the European Union. doi:10.2788/450449.

Spinoni, J. , Naumann, G. , and V ogt, J. V. (2017). PanEuropean seasonal trends and recent changes of drought frequency and severity. Global and Planetary Change 148: 113-130. http://dx. doi. org/10.1016/j. gloplacha. 2016. 11. 013.

Stacke, T. and Hagemann, S. (2012). Development and evaluation of a global dynamical wetlands extent scheme. Hydrology and Earth System Sciences 16: 2915-2933.

Stagge, J. H. , Rizzi, J. , Tallaksen, L. M. , and Stahl, K. (2015). Future meteorological drought:projections of regional climate models for Europe. DROUGHTR&SPI Technical Report No. 25. Oslo. Available from: http://www. eudrought. org/technicalreports/3 , accessed 27 March 2018.

Stegehuis, A. I. , Teuling, A. J. , Ciais, P. , Vautard, R. , and Jung, M. (2013). Future European temperature change uncertainties reduced by using land heat flux observations. Geophysical Research Letters 40: 2242-2245. doi:10.1002/grl. 50404.

Takata, K. , Emori, S. , and Watanabe, T. (2003). Development of the minimal advanced treatments of surface interaction and runoff. Global and Planetary Change 38: 209-222.

Tallaksen, L. M. and Van Lanen, H. A. J. (2004). Hydrological Drought: Processes and Estimation Methods for Streamflow and Groundwater. No. 48 in Development in Water Science. Amsterdam: Elsevier Science B. V.

Tang, Q. and Lettenmaier, D. P. (2012). 21st century runoff sensitivities of major global river basins. Geophysical Research Letters 39. doi: 10. 1029/2011GL050834.

Taylor, K. E. , Stouffer, R. J. , and Meehl, G. A. (2011). An overview of CMIP5 and the experiment design. Bulletin of the American Meteorological Society 93: 485-498.

Van Beek, L. P. H. , Wada, Y. , and Bierkens, M. F. P. (2011). Global monthly water stress: I. Water balance and water availability. Water Resources Research 47: W07517. doi: 10. 1029/2010WR009791.

Van Dijk, A. I. J. M. , Beck, H. E. , Crosbie, R. S. , de Jeu, R. A. M. , Liu, Y. Y. , Podger, G. M. , Timbal, B. , and Viney, N. R. (2013). The Millennium Drought in southeast Australia (2001-2009): natural and human causes and implications for water resources, ecosystems, economy, and society. Water Resources Research 49: 1040-1057. doi: 10. 1002/wrcr. 20123.

Van Huijgevoort, M. H. J. , Van Lanen, H. A. J. , Teuling, A. J. , and Uijlenhoet, R. (2014). Identification of changes in hydrological drought characteristics from a multiGCM driven ensemble constrained with observed discharge. Journal of Hydrology 512: 421-434. doi. org/10. 1016/j. jhydrol. 2014. 02. 060.

Van Der Knijff, J. , Younis, J. , and De Roo, A. (2010). LISFLOOD: a GISbased distributed model for river basin scale water balance and flood simulation. International Journal of Geographical Information Science 24: 189-212. doi: 10. 1080/13658810802549154.

Van Lanen, H. A. J. , Wanders, N. , Tallaksen, L. M. , and Van Loon, A. F. (2013). Hydrological drought across the world: impact of climate and physical catchment structure. Hydrology and Earth System Sciences 17: 1715-1732. doi: 10. 5194/hess1717152013.

Van Lanen, H. A. J. , Tallaksen, L. M. , Stahl, K. , Assimacopoulos, D. , Wolters, W. , Andreu, J. , Rego, F. , Seneviratne, S. I. , De Stefano, L. , Massarutto, A. , Garnier, E. and Seidl, I. (2015). Fostering Drought Research and Science-Policy Interfacing: achievements of the DROUGHT-R&SPI project. In: Drought: Research and Science-Policy Interfacing (ed. J. Andreu, A. Solera, J. ParedesArquiola, D. HaroMonteagudo, and H. A. J. Van Lanen), 3-12. Boca Raton, London, New York, Leiden: CRC Press.

Van Loon, A. F. and Van Lanen, H. A. J. (2013). Making the distinction between water scarcity and drought using an observationmodeling framework. Water Resources Research 49: 1483-1502. doi: 10. 1002/wrcr. 20147.

Van Loon, A. F. , Gleeson, T. , Clark, J. , Van Dijk, A. , Stahl, K. , Hannaford, J. , Di Baldassarre, G. , Teuling, A. , Tallaksen, L. M. , Uijlenhoet, R. , Hannah, D. M. , Sheffield, J. , Svoboda, M. , Verbeiren, B. , Wagener, T. , Rangecroft, S. , Wanders, N. , and Van Lanen, H. A. J. (2016a). Drought in the Anthropocene. Nature Geoscience 9(2): 89-91.

Van Loon, A. F. , Stahl, K. , Di Baldassarre, G. , Clark, J. ; Rangecroft, S. , Wanders, N. , Gleeson, T. , Van Dijk, A. I. J. M. , Tallaksen, L. M. , Hannaford, J. , Uijlenhoet, R. , Teuling, A. J. , Hannah, D. M. , Sheffield, J. , Svoboda, M. , Verbeiren, B. , Wagener, T. , and Van Lanen, H. A. J. (2016b). Drought in a humanmodified world: reframing drought definitions, understanding, and analysis approaches. Hydrology and Earth System Sciences 20: 3631-3650. doi: 10. 5194/hess2036312016.

Van Vuuren, P. , Edmonds, J. , Kainuma, M. , Riahi, K. , Thomson, A. , Hibbard, K. , Hurtt, G. , Kram, T. , Krey, V . , Lamarque, J. F. , Masui, T. , Meinshausen, M. , Nakicenovic, N. , Smith, S. , and

Rose, S. (2011). The representative concentration pathways: an overview. Climatic Change 109: 5-31. doi: 10. 1007/s105840110148z.

Wada, Y., Van Beek, L. P. H., Van Kempen, C. M., Reckman, J. W. T. M., Vasak, S., and Bierkens,M. F. P. (2010). Global depletion of groundwater resources. Geophysical Research Letters 37: L20402.

Wada, Y., Van Beek, L. P. H., Wanders, N., and Bierkens, M. F. P. (2013). Human water consumption intensifies hydrological drought worldwide. Environmental Research Letters 8:034036. doi:10. 1088/ 17489326/8/3/034036.

Wanders, N. and Van Lanen, H. A. J. (2015). Future discharge drought across climate regions around the world modelled with a synthetic hydrological modelling approach forced by three General Circulation Models. Natural Hazards and Earth System Science 15: 487-504. doi:10. 5194/nhess154872015.

Wanders, N. and Wada, Y. (2015). Human and climate impacts on the 21st century hydrological drought. Journal of Hydrology 526: 208-220. http://dx. doi. org/10. 1016/j. jhydrol. 2014. 10. 047.

Wanders, N., Wada, Y., and Van Lanen, H. A. J. (2015). Global hydrological droughts in the 21st century under a changing hydrological regime. Earth System Dynamics 6: 1-15. doi:10. 5194/esd612015.

Warszawski, L., Frieler, K., Huber, V., Piontek, F., Serdeczny, O., and Schewe, J. (2014). The Inter Sectoral Impact Model Intercomparison Project (ISIMIP): project framework. Proceedings of the National Academy of Sciences 111(9): 3228-3232. doi:10. 1073/pnas. 1312330110.

Weedon, G. P., Gomes, S., Viterbo, P., Shuttleworth, W. J., Blyth, E., Österle, H., Adam, J. C., Bellouin, N., Boucher, O., and Best, M. (2011). Creation of the WATCH forcing data and its use to assess global and regional reference crop evaporation over land during the twentieth century. Journal of Hydrometeorology 12: 823-848.

Wilby, R. L. (2006). When and where might climate change be detectable in UK river flows? Geophysical Research Letters 33: L19407.

Yevjevich, V. (1967). An objective approach to definition and investigations of continental hydrologic droughts. Hydrology papers 23, Colorado State University, Fort Collins, USA.
译者注:
(1)水与全球变化:http://www. euwatch. org。
(2)阈值即所谓的 Q_{80},即基准期内80%的时间内流量等于或超过的流量。
(3)选择 Q_{80} 作为阈值,来源于对照期(1961~1990年)。
(4)全球影响模型(GIMs)是大型模型,包括全球水文模型(GHMs)和陆地表面模型(LSMs)。

第二部分　脆弱性、风险和政策

第5章　干旱规划和早期行动的体制框架

5.1　引　言

　　几十年来,干旱一直被视为另一种(除洪水、地震等外的)自然灾害。然而,在过去的30年中,这种现象的频率和强度增加,提高了人们对这一问题的认识,并集中精力研究其原因、后果和潜在情况,旨在最大限度地减少这一现象的影响。有许多研究进行了科学分析,并针对这一自然灾害提出了不同的管理备选方案。要真正改善这一领域的管理,就需要对这一问题背后的现行立法进行分析,因为它汇编了政策的含义,也是公民履行已通过的公共承诺的保障。

　　在自然灾害管理方面,总的趋势是将预防和风险管理战略与应急措施结合起来。这种政治方法在干旱情况下尤其积极,因为即使干旱事件很难预测,预警和预防机制的应用也可以大大减少这一现象的负面后果。此外,干旱管理方面的有效政策需要协调国家和国际行动,因为干旱造成的时间延长并不依赖于行政边界,因此需要受影响的国际利益攸关方进行努力协调。

　　地中海是过去20年干旱事件影响呈指数增长的区域之一。该流域各国政府采取的传统做法是在短期内采取被动应对措施,很少分析后果、问题或所采取措施的有效性,导致干旱事件管理完全没有连续性。这一方法得到了立法和体制框架的普遍支持。如下文所述,在过去几十年中,被选为案例研究的国家立法框架不断发展,但仍然存在重要差距,保护政府免受综合干旱管理政策的影响。然而,有一些国际和区域研究反映了该地区各国对政策改变的必要性和预防措施的应用的共识(自然保护联盟地中海合作中心,2002)。

　　与干旱有关的法律框架的一个普遍弱点是缺乏明确的管理机构责任归属。大多数分析的文本都避免了指定负责采取决策、批准行动、执行和监督的机构。在明确提到主管机构的情况下,权限的具体定义仍然没有明确确定,体制结构不完整。这种不明确的制度状况,是传统上在一般立法中很少关注这一问题的逻辑结果。由于干旱事件的普遍不可预测性,立法中适当的责任归属对于有效的干旱管理至关重要。

　　缺乏完整和充分的立法表明干旱事件的政治重要性有限。在6个被分析的国家,干旱管理等同于对任何其他自然灾害采取的管理,采用被动的短期办法来减轻负面影响。然而,与其他自然灾害相比,干旱在地中海国家的重要性已经得到证明,因此,按照世界气象组织水文区域协会第六工作组(欧洲)2005年达成的协议,制定更复杂和综合的应对措施来管理这种现象似乎是适当的。

5.2 干旱规划和水资源规划

干旱为执行水政策提供了良好的机会。社会认识到有必要改进干旱规划，并提供额外资金。在政治方面，我们正在"解决由他人造成的问题"（见图5-1）。

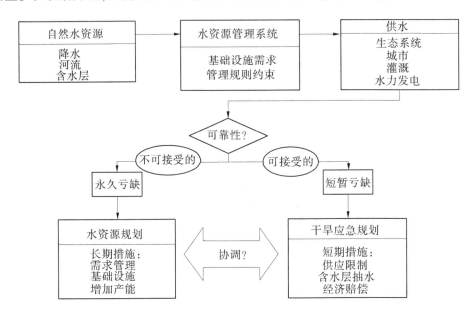

图 5-1 统筹流域与干旱政策制定立法

在缺水地区，水资源规划和干旱应急规划之间有很强的相互作用，如图5-1所示。干旱总是从一种气象现象开始，一个地区持续降水不足，一段时间后，这些不足会耗尽土壤含水量，并对自然系统和雨养农业系统产生影响，而这些系统在土壤中贮存水分的能力有限。河流流域有更多的机制来缓冲干旱，主要是通过蓄水层贮存地下水，但如果干旱持续下去，水文系统也会受到影响；地下水位低，河流流量减少，从而影响河流生态系统和河岸带。在自然系统中，水资源规划不能干预这些过程；这些系统已经进化出各种应对干旱的方法，通常能够在严重缺水的情况下生存，并在干旱结束后恢复。但是，除自然系统外，也有人工水资源系统可以改变水体的自然条件，以便通过取水、贮存、运输和分配向用户提供足够的供水可靠性。在严重缺水和供水更加不规则的地区，改变自然系统更具挑战性。在这些水资源系统中，长期缺乏降水和土壤水分不足并不一定意味着缺水，因为水也可以由自然或人工水库供应——积雪、含水层和调节水坝可以在气象干旱期间维持用水需求。

传统上，水资源管理者设计这些系统是为了克服干旱。在水资源规划中分析干旱对水资源系统产生影响的严重程度，取决于可用资源与需求之间的关系。水资源规划估计需求可靠性，量化为给定需求在给定时间范围内可能遭受缺水的概率。该可靠性指标通常用于决策，确定不符合预先规定的最低标准的需求，以评估节水措施的效果，并确定纠正可靠性缺陷的措施方案。

然而,为可能发生的最严重干旱设计水资源系统在经济上是不可行的,即使这样做了,这些系统仍然可能失败。如果干旱状况持续,系统中的水库将耗尽其储备,并出现缺水。在水资源规划中也必须考虑到这些情况。通过确定可用水资源不能完全满足的需求,分析干旱条件下的缺水情况。在缺水时期,城市、农业、工业和环境对水的需求之间的竞争最为激烈。在多种需求之间分配稀缺水是一项具有挑战性的任务,需要仔细分析。对于系统管理人员来说,制定评估缺水的方法、规则和标准,并优先考虑干旱管理的主动措施和被动措施非常重要,特别是在水力基础设施广泛和社会经济相互作用复杂的发达地区。这些措施如果客观地纳入干旱管理计划(DMP)中,效果会更好。一些国家已经引入了 DMP,以尽量减少干旱对环境、经济和社会的负面影响。DMP 是干旱情况下管理水资源的参考文件和有用、有效的工具。一旦相关方(社会、行政、科学界、非政府组织等)事先达成一致意见,就必须采用它们的行动方法和既定措施。

5.3 最佳实践准则:早期行动和风险管理计划

地中海国家的立法和机构组织都显示出对这一问题的明确反应。大多数国家已经制定了应对危机的政策,以应对已经发生的干旱事件,而不是制定风险防范政策。迄今为止,共同的反应机制是采用应急计划。在某些情况下,预防计划的实施是不可预见的,或者体制结构不允许此类文书的实施——例如意大利和突尼斯。而在其他国家,如西班牙或塞浦路斯,设计的预防机制采用得非常缓慢(Iglesias 和 Moneo,2005)。

为了设计一个有效的预防计划,有一些必要条件:第一,根据能够衡量问题演变和确定脆弱性情况下风险水平的指标,对干旱做出充分和客观的定义;第二,必须确定缓解措施,以及实施这些措施的必要行动。还必须界定参与机构以及它们各自的责任。经过分析的地中海国家中,很少有国家制定了应对所有这些要求的计划。在最好的情况下,一些国家已经为采取预防行动制定了立法。西班牙已为所有流域制定了干旱管理计划(Estrela 和 Vargas,2012),但这些计划仅涵盖集体供水系统。但是,尚未通过适用该法的具体规范,例如意大利的情况。在设计一个完全涵盖问题的预防性计划方面存在一些阻力。这一问题源于若干缺陷,例如干旱事件的定义不明确,缺乏科学的分析,无法为与一般水管理系统有关的管理提供更好的选择。这种情况导致人们认为干旱是一种不可预测的现象,限制了采取预防性干预计划。

从另一个角度看,批准的公共政策寻求短期或中期的结果。然而,干旱需要一个长期的预防性公共政策,而反应性政策在短期内起作用。反应性政策有时与分配补贴有关,以减轻事件的后果。即使这些补贴从环境的角度来看是无效的,它们也会在选举领域产生影响。为了摆脱这种做法,西班牙农业和环境部于 2005 年成立了一个具有咨询和评估性质的委员会,由不同水资源相关领域的专家组成,旨在通过与水资源管理特别是干旱事件相关的公共政策。

5.4 参与干旱规划的机构

5.4.1 干旱规划制度分析的主要问题和指导方针

与水和干旱有关的体制框架都是与水资源管理有关的组织,这些机构分为国家、区域、地区和地方各级的政策级机构、执行级机构、用户级机构和非政府组织。正确界定各级政府在规划和协调中的作用,是防备和管理过程中的首要要求。

本节提供了分析与缺水和干旱管理有关的组织和机构的通用方法。这种共同的方法足以提供信息,以便在各国之间进行比较,并促进与地中海现有机构、组织、网络和其他利益攸关方的合作。本章提出和描述的方法论得到了以往研究者的经验支持,如 Iglesias 和 Moneo(2005)、Iglesias 等(2009)。尽管这些准则的目标本身并不直接侧重于机构分析,但重要的是要了解概念基础,并确定和绘制它们,以确保随后的干旱管理分析具有相关性。该方法旨在涵盖以下领域:

(1)明确说明在水政策和管理、规划、决策、供水系统运行、抗旱和应急行动方面有能力的机构和组织,特别强调市政供水和灌溉供水。

(2)明确描述组织和机构之间的联系和等级关系。

(3)关于现有抗旱准备和管理计划的信息。

(4)现有抗旱准备和管理计划应用方面的机构经验文件。

(5)描述每个国家的数据收集系统,具体说明负责机构、报告类型和可访问性,以及数据的主要用途。

分析旨在提供见解,回答以下关键问题:

(1)这些组织和机构是在正式的还是非正式的网络中互动?

(2)是否有网络提供通信和分级指挥流程?

(3)网络中是否包括利益相关者?

(4)利益相关者的决策对机构核心主题的影响和依赖程度如何?

大多数干旱管理战略通常都是以公开的方法为基础,只涉及社会和环境可持续性问题的一部分。从每个国家的体制背景出发,有可能确定需要修改的具体政策的特点,以促进可持续的干旱管理计划。

各组织和机构之间的关系对于理解当前的干旱管理计划和改进未来行动,减轻干旱对农业、供水系统和经济的影响至关重要。了解国家机构制度是制定有效和综合干旱管理计划的关键因素,其中包括监测、公众参与和应急计划(Iglesias 和 Moneo,2005)。在大多数社会中,抗旱风险被视为一种公共利益,为政府采取行动提供了正当理由。因此,社会必须制定政策,显著减少干旱风险,降低社会脆弱性。

本书提出的分析框架包括五项主要任务:

(1)阐述每个国家的组织和机构的思维模式,并描述机构和法律框架。

(2)通过访谈和/或其他对话方法收集额外信息。访谈应包括"问题分析"(在特定年份的历史干旱期间,贵机构采取了哪些行动?),以及确定受各机构决策影响的利益相关者。

（3）验证模型结构。将前两项任务的结果反馈给组织和机构,并完成分析。

（4）分析系统组织流程的优缺点,以便在每个国家的机构内和层级结构内做出决策。

（5）讨论改善干旱管理的挑战和机遇。

5.4.2　法律框架和体制系统的复杂性

大多数国家负责干旱管理的体制系统都显示出缺乏统一和连贯的干旱管理法律框架。大多数国家将干旱管理纳入已经足够大和复杂的一般水资源规划法律框架(Iglesias 和 Moneo,2005)。

根据 Iglesias 和 Moneo(2005),地中海国家应对干旱的体制措施可分为两类:一类是将干旱管理纳入一般水管理系统,没有特别规定(塞浦路斯和希腊),以及那些建立了不同于一般水资源管理的制度环境的机构。在第二种情况下,所分析的国家之间也存在一些差异。在某些情况下,立法反映了干旱事件的某些特殊性,并描述了一些在水资源总体管理方面没有权限的机构(突尼斯)的参与情况;在另一些情况下,为了在干旱期间(西班牙)采取替代措施,对水资源管理机构的权限进行了修改。在其他一些情况下,干旱被认为是一种紧急情况,它触发了一种可归因于任何类型紧急情况(意大利)或干旱事件(摩洛哥)的反应系统,在后者中,这意味着不同机构的干预(Iglesias 和 Moneo,2005)。就目前的立法、机构组织和协调计划而言,可以得出这样的结论:干旱管理所述的行政系统严重缺乏明确的权限归属和过多的公众参与;这使得这个系统更加复杂,并排除了受干旱影响的个人的参与,这导致决策过程和替代行动的执行效率普遍低下。

制度体系的复杂性也影响到决策过程,因为决策过程中缺乏对所涉及的制度和所赋予的权限的明确定义。由于缺乏包括将要采取的预防和反应措施定义在内的综合干旱管理计划,决策过程的发展仅限于干旱发生的时间,行动的采取仅限于反应性的短期办法。决策过程和在当前发展中的干旱事件压力下采取的措施限制了所采取的缓解措施的反应能力和效率。

由于反应和规划范围有限,采取干旱管理措施的机构责任和能力定义不明确,受干旱影响的人缺乏参与机制。西班牙的例子在这种情况下是有用的。西班牙立法将干旱事件的管理分散到流域当局,但没有明确的结构来确定每一时刻的具体权限。在严重干旱的情况下,根据修订后的《水法》第58条,采取干旱紧急行动的权限属于部长理事会。该机构在对干旱事件做出决定时,考虑了相应流域管理局提出的报告。这种决策机制只适用于异常干旱的情况。

对干旱事件的充分综合应对应以部长理事会、流域当局和其他受影响的公共组织之间的良好协调和沟通战略为基础,即使协调行动并非总是可能的。缺乏一个界定每个行政机构的能力和任务的规范性文本,或缺乏一个用于决策过程的结构化协议,以克服干旱事件,延迟缓解行动的启动,并使受影响个人的参与复杂化。总之,在责任认定方面缺乏立法明确性,影响到整个干旱管理过程,包括决策阶段。

这种情况直接影响到分配给受干旱影响的个人的参与。从他们的角度来看,干旱影响到农民、工业和作为用水者的一般公民。对干旱事件的被动性反应和应急管理将这些群体的大部分排除在决策过程之外。他们承担着局势的后果,没有捍卫自己利益的选择。

总体来说,干旱管理决策过程不具有包容性,而且不包括受影响个人的参与,这与最现代化的立法(水框架指令 2000/60/CE)所确定的趋势背道而驰。

目前流行的干旱管理机制与前文所述的机构系统和决策过程的情况是一致的。一些地中海国家为应对干旱事件而制定的干预措施反映了一种零散的管理战略(Iglesias 和 Moneo,2005)。一方面,这是体制管理分散的直接后果;另一方面,干旱管理缺乏一个协调机构。此外,还有权力下放对决策过程的影响,以及机构组织计划中的权限分配不明确。

该区域各国的一个共同特点是,与水管理有关的不同机构之间的合作薄弱。另一个相似之处是,政府、行政区域和流域当局的角色各自为政,导致行政冲突,妨碍了充分的水资源管理。跨界水资源管理的关键问题已列入干旱管理计划。西班牙拥有大量的地表水资源,分布在该国各盆地之间,也有一些延伸至葡萄牙的盆地。国家流域之间(如塔古斯-塞古拉)或共享一个共同流域的国家(如塔古斯流域的西班牙和葡萄牙部分)之间的水转移量协议包括干旱情况下的战略法规。欧盟规定,包括欧盟成员国在内的国际盆地必须批准适用于整个划界的商定措施方案。其他地中海国家,特别是南部盆地的地中海国家,地下水占有相当大的比例,但干旱期间的调控需要进一步发展。

任何单一的管理行动、立法或政策都不能应对所有方面,实现有效干旱管理的所有目标。要综合干旱对社会的多层面影响,需要多方协作。《联合国防治荒漠化公约》《荒漠化公约(2000)》为实施缓解干旱战略提供了全球框架。联合国国际减少灾害战略(联合国减灾战略,2002)为干旱风险分析制定了一项议定书。

干旱管理政策应以对执行水事政策目标所需的所有措施以及其他政策和相关立法所需措施的综合评价为基础。本节回顾了现有的法律举措和当前明确关注干旱风险的立法。它按等级顺序描述了各国现行的、与水的使用、管理和养护以及土地利用和自然环境有关的所有法律、规则、规范和法规。水和干旱法律框架包括与水资源管理、废水管理、非常规水资源和环境相关问题有关的所有法案和条例。法律框架包括在国家、区域、地区和地方各级适用的所有法律,包括现行的国际协定或条例。

地中海国家有广泛的法律规定(立法和规范性规定),涉及以缺水为重点的水管理。现有立法使各国政府能够制定具体的抗旱减灾计划,无论是主动的还是被动的。立法是一种工具,使各国政府能够执行抗旱计划和抗旱政策。为了提高立法的效力,各国政府需要为执行这些措施编列充足的预算。一般来说,法律侧重于在压力情况下采取的干旱管理战略,为紧急行动提供条件。

《荒漠化公约(2000)》为实施抗旱战略提供了框架,该公约与南地中海国家特别相关。

5.4.3　西班牙法律规定的例子

表 5-1 概述了与西班牙缺水和干旱应急计划有关的法律规定。西班牙制定了一项包括干旱危害在内的农业保险法,并制定了具体的干旱缓解计划,既有主动的,也有被动的。在西班牙,《国家水文计划》(第 10/2001 号法律第 27 条)。明确处理干旱问题,为积极应对水文和气象干旱奠定基础。应急计划包括供应可靠性和大城市供应计划的未来发展。被动性响应包括应急工作、水库管理决策和用户策略,气象干旱的法律基础是基于农业保

险法的发展。

表 5-1 有关西班牙缺水和干旱的法律规定(数据来源:Iglesias 和 Moneo,2005)

法律规定	应急计划	机构/利益相关者	关注/资金
国际公约(联合国)1994 年协定,2000 年执行	防治干旱和荒漠化的战略	联合国和各国政府	对抗沙漠化和减轻干旱的战略,将由所有签署公约的国家实施
流域水文规划(2001)		流域主管部门(环境部),常务委员会(抗旱管理)农业部、农业保险局,财政部,再保险经办抗旱常设办事机构(农业部办公室)	被动的:新的保险产品 积极主动:税收减免或延期,钻井 积极主动:供水可靠性,城市优先次序 被动的:应急工程,水库管理决策和用户策略
民防,1983 年,1999 年	危机管理计划	民防常设抗旱办公室	成立委员会,定义干旱情况下的行动条款; 不同的表现环境,社会的或农业的
民防,1995~2000 年	紧急措施	其中大多数是在最严重的干旱时期之后采取的缓解措施	为减轻干旱影响而制定的法律、敕令和命令; 水力供应措施; 跨流域调水; 农业分部门的措施(养蜂业、畜牧业、林木作物)
确定采取紧急措施的地区;1993 年,2000 年,2001 年	危机管理		定义用于划定受干旱影响地区的标准; 建立援助供应标准; 最终的标准; 降水量; 载畜率
农业保险法,1978 年,2001 年,2002 年	保险	农业保险机构	定义干旱保险的条件、适用范围等特点
阿尔布费拉公约,1998 年	跨界		关于可持续水资源管理和共同环境保护框架下跨流域的西班牙和葡萄阿布费拉公约

对干旱的主动性反应和被动性反应包括一些行动计划,以便为干旱做好准备并减轻其影响。这些行动计划的执行情况可以由一个法律框架来界定。例如,西班牙为这项行动计划确定了一项具体的法律规定,目前已经生效。

行动计划通过一项措施方案界定了不同的积极应对措施。水资源法明确规定了一些措施,例如,在水资源短缺期间确定用户的优先顺序,或实施经济措施的可能性,例如修订水费。第一项措施是确定城市用途优先于农业用途、工业用途或娱乐用途。西班牙《水法》包括一系列广泛的水分配机制,如水价和水市场。从这个意义上说,西班牙《水法》允许流域当局建立水交换中心(现在称为水岸),在干旱或严重缺水的情况下,权利人可以通过这些中心提供或要求使用权。在其他情况下,机构本身可以为权利承担者提供放弃其权利的补偿,并将资源分配给其他用户或用于环境目的。也许这是因为水权没有很好地界定。

一般来说,咨询当局有权在干旱期间分配和重新分配水。

从长远来看,欧盟水框架指令强制采用全额成本回收定价标准,以确保向用户收取的关税涵盖服务的全部成本。这些标准可以看作是通过需求管理节约用水的经济手段。目前,欧洲国家还没有实施这种经济手段,但在不久的将来,这将是一种通过提高用水效率来制定应对干旱的积极措施的明显可能性。

在西班牙,由于严重的干旱事件,如 1993 ~ 1995 年和 2001 年的干旱事件,立法已经发展。已经试图确定使国家和地方当局能够制定具体的抗旱减灾计划的法律基础,无论是主动的还是被动的。目前的立法为各国政府提供了利用各种手段制定缓解计划和抗旱政策并为其分配预算的机会。归根结底,立法是制定干旱管理计划的手段。表 5-1 概述了与西班牙干旱和缺水有关的法律规定。

基于西班牙法律规定的应急计划包括:

(1)具体应对措施、经济补偿(如减税)、应急措施(如打井调水)。

(2)水资源重新分配。

(3)需求管理。

(4)保险计划。

(5)长期措施:新的水基础设施。

(6)应对措施,取决于旱情。

(7)政策规划过程。

(8)预测成本和效果的主动计划。

(9)干旱管理作业,取决于干旱的阶段:物理数据和社会经济数据的组合方法。

(10)主动行动计划,基于最可能的情况。

(11)水文国家计划:城市的供应可靠性和供应计划。

(12)干旱管理行动,视干旱的阶段和严重程度而定(国家干旱计划)。

(13)国家用水计划:饮用水和灌溉用水供应。

(14)监测水文系统的现代技术。

（15）旱灾保险制度:旱灾风险知识。

（16）绩效良好流域机构:社会参与和规划过程。

（17）适应干旱的法律框架:确定优先事项、重新分配机制和制定应急计划的法律授权。

（18）协调与干旱规划有关的组织。

5.4.4 地中海国家干旱管理的关键方面

干旱政策必须是灵活的,以避免仅仅为了协调而强加不适当或不必要的严格要求。这种灵活性还将确保,如果某个问题是区域性的,则可以采取适合该特定领域的措施。地中海盆地的环境条件非常多样,必须考虑到这一点。

成本效益战略意味着从经济角度评估三套基本政策工具的优缺点:法规和标准,新技术,通过定价和市场激励机制将外部污染成本内部化。这些政策工具不是相互排斥的,可以作为补充或替代措施,这取决于它们在解决水污染和缺水问题方面的相对成本效益。

影响水需求的其他行动,如节水宣传运动、采取节水措施,在突尼斯、摩洛哥或塞浦路斯都有一个明确的实施框架,那里有一些具体的应急计划,其中包括这类缓解措施。在西班牙和摩洛哥,受法律管制的国家水文计划包括这些措施。塞浦路斯也有具体的应急计划,不受法律管制。在这种情况下,所考虑的措施包括调水、紧急计划、削减用水或重新分配用水。突尼斯的干旱管理行动设置没有具体的法律依据。国家干旱委员会负责监督行动的执行。干旱委员会制定干旱指标,这些指标是在干旱期间采取行动的触发因素,例如改变水库的运作和管理,以确保优先用户的用水。

不能孤立地看待干旱政策,而应将其视为更广泛地寻求平衡和可持续发展的一个贡献因素。如果不为所有有关行动者提供广泛的协商和参与程序,就无法以令人满意和有效的方式规划和执行这种可持续的办法。

一般来说,与干旱有关的决定是在正式法律制度的范围内做出的。法律规定了在发生极端干旱等危机情况时的紧急行动。非正式习俗可能演变成正式的决定。例如,没有正式权利的地下水历史使用者可以合法化。立法没有对旱情期间如何计算生态流量做出明确规定,这一重要问题留给各机构斟酌和负责。表5-2概述了选定地中海国家干旱管理计划的主要方面。

在所有情况下,干旱期间用水之间存在着明显和持续的冲突;然而,在一些国家,干旱管理行动和条例被普遍接受并被视为合法。然而,在其他一些法规中,相关法规还需要发展和评估。此外,不同机构对水使用权交换的看法也大不相同,使得核准的计划和倡议的实际应用更加困难。在紧急工作方面也存在冲突。一方面,这些工程中有一些是流域正常运行所必需的,紧急情况加快了审批进程;另一方面,这些工程造成的成本和工作量比正常情况下要大。传统的干旱处理方法很少涉及环境问题。《欧洲水框架指令》强调了改善"经过严重改造的水体生态状况"的重要性,并要求将生态水质作为各项措施方案的目标加以综合。然而,如果严重干旱或社会成本高,它预计质量目标会降低。

表 5-2　部分地中海国家干旱管理行动摘要(资料来源:改编自 Iglesias 等,2009)

概念	塞浦路斯	希腊	意大利	摩洛哥	突尼斯	西班牙
地表水权	公有	公有	公有	公有	公有	公有
地下水权	部分私有	公有	公有	部分私有	公有	混合制
水法	不含干旱	含干旱	含干旱	含干旱	含干旱	含干旱
流域机构	未发展	已设立	已设立	设立中	部分设立	已设立
干旱应急规划	未发展	发展中	区域的	发展中	国家的	河流和城市供水水平上
干旱监测系统	部分开发	部分开发	流域	国家	国家	流域
农业保险	雨养农业	未发展	发展中	发展中	未发展	雨养农业
机构间的关系	低	低	低	无有效评	高	中度
水资源管理公众参与指数	低	中	高	低	低	高

5.5　结　论

　　干旱正成为地中海地区的一种持续现象,各国意识到这一事实,并努力采取有助于减轻这类自然灾害影响的政策。然而,这些国家政策的制定及其所依赖的立法和体制体系的发展通常是缓慢和不令人满意的,这限制了它们充分应对干旱控制问题的能力。

　　在干旱管理领域,制定国家政策是重要的。然而,制定国际倡议对于处理一种不依赖行政边界来分配影响的现象也是必不可少的。这些国际政策应建立在成熟立法的基础上,明确制定在干旱事件中采取的行动。

　　鉴于这些限制和上述共同演变,《地中海干旱管理区域守则》的通过,将是该区域各国制定控制这一自然现象的政策的最适当步骤。

　　目前,关于水资源和干旱管理的立法表明,地中海各国处于不同的发展阶段,这导致在应对干旱的方式上存在重大差异。虽然一些国家有着稳定和长期的立法框架传统,拥有功能性的流域管理机构和明确的职责,但其他国家仍在发展负责水资源管理问题的机构和组织。抗旱准备需要有足够的机构和部门来制定和执行计划。如果没有这些措施,政府必须采取紧急行动和减缓方案,但在降低干旱风险的可能性和严重性方面几乎无能为力。

参考文献

　　Estrela, T. and Vargas, E. (2012). Drought management plans in the European Union. The case of Spain. Water Resources Management 26: 1537.

Iglesias, A. and Moneo, M. (2005). Drought Preparedness and Mitigation in the Mediterranean: Analysis of the Organisations and Institutions. Zaragoza: CIHEAM, 199 pp.

Iglesias, A. , Cancelliere, A. , Cubillo, F. , Garrote, L. , and Wilhite, D. A. (2009). Coping with Drought Risk in Agriculture and Water Supply Systems: Drought Management and Policy Development in the Mediterranean. The Netherlands: Springer.

IUCN Centre for Mediterranean Cooperation (2002). Strategic Review of the IUCN Centre for Mediterranean Cooperation. https://www. iucn. org/downloads/cmc_synthesis_en. pdf.

UNCCD (2000). United Nations International Strategy for Disaster Reduction.

UNISDR (2002). United Nations Convention to Combat Desertification in Those Countries Experiencing Serious Drought and/or Desertification, Particularly in Africa (UNCCD).

第6章 干旱社会脆弱性指标

6.1 引 言

干旱脆弱性是一个复杂的概念,包括决定应对干旱能力的干旱影响的生物物理和社会经济驱动因素。"脆弱性"一词在这里用来表达一个系统或社会群体的特征,使其容易遭受干旱的影响。与干旱的定义一样,在术语上仍存在语义上的争论,因此"脆弱性"在不同学科和背景下使用时可能有不同的含义(Brooks 等,2005;Adger,2006;Füssel,2007;O'Brien 等,2007)。在减少干旱风险方面,脆弱性取决于结构和管理不足、技术和经济因子以及环境因素,在许多情况下,社会因素占主导地位(Turner 等,2003)。例如,尽管降水不足的直接影响可能导致作物减产,但这种易受气象干旱影响的根本原因可能是农民没有使用抗旱种子(因为它们的成本太高),或者是因为他们对文化信仰的某种承诺。另一个原因可能是与干旱有关的农场丧失抵押品赎回权。造成这种脆弱性的根本原因可能是多方面的,例如,由于历史上的土地征用政策,农场规模较小,缺乏多样化选择的信贷,在边缘土地上耕作,对可能的耕作选择的了解有限,缺乏当地工业以获得农场外补充收入,或政府政策。

6.2 理论框架

干旱脆弱性可以理解为干旱影响的起点,是多种环境和社会过程产生的特征(O'Brien 等,2007;Gonzalez Tanago 等,2016)。从这个意义上讲,为了评估干旱脆弱性,进而评估某一地点的风险,干旱脆弱性的定义应该反映社会经济系统与自然环境之间复杂的相互作用。然而,对干旱脆弱性的定义是复杂的,而且在任何情况下,都涉及敏感度、暴露程度、应对能力和适应能力的一些度量(Birkmann,2007;Iglesias 等,2009;Naumann 等,2014)。

在减少灾害风险的背景下,脆弱性具有多方面和多层面的性质(Turner 等,2003),没有一项措施能够完全代表其复杂性。这种多层面的脆弱性概念可分为不同的亚组或组成部分(生物物理、社会、经济和体制),这些组成部分可以相互依存,并且它们之间可能存在联系。

在 Naumann 等(2014)描述的框架中,干旱脆弱性指数(DVI)表示为 4 个组成部分的函数,涉及脆弱性的不同方面:可再生自然资本、经济能力、人力和公民资源、基础设施和技术。组成部分的定义是基于政策制定的每个指标的相关性和数据集的整个统计结构。然后,采用分析方法探讨组成部分在综合指标中是否具有统计上的良好平衡。

每个组成部分都基于不同因素或变量的聚合。有些变量是干旱特有的(例如水基础设施),而另一些变量则可能以间接方式影响干旱脆弱性(例如贫穷、无法获得改良水的人口),并在不同的社会政治背景下影响其他灾害的脆弱性(Cardona 等,2012)。

在综合指标的编制过程中,最好考虑到不确定性的来源,而推断过程应尽可能客观和简单(经合组织/联合资源委员会,2008)。如 Naumann 等(2014)所述,该分析在概念上可分为 3 个对任何脆弱性评估方法至关重要的主要部分(见图 6-1):①干旱脆弱性组成部分的定义,②变量的选择及其正常化,③通过加权和敏感度分析以及比较进行模型验证其他指标。对所采取的主要决策(加权方案、汇总等)进行详细分析,并与以往干旱灾害的影响进行比较,可能有助于决策者和最终用户接受这一指标。

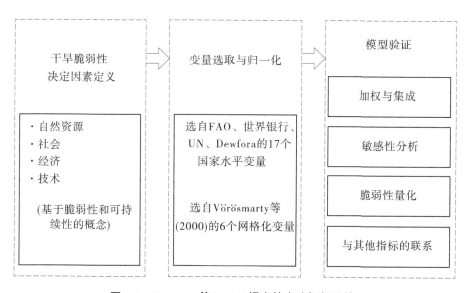

图 6-1 Naumann 等(2014)提出的方法框架总结

在这种情况下,*DVI* 是一个综合指标,由代表 4 个组成部分的 17 个变量的加权总和计算得出。变量的选择遵循 2 个标准:它们代表了待探索的概念(理论框架),并且是公开的;然后,该脆弱性指数可用于了解系统的敏感性,并协助选择要采取的措施。

正如 Gonzalez Tanago(2016)等所强调的那样,数据可用性仍然是建立健全和政策相关脆弱性评估的主要制约因素。但是,根据数据的可得性,可以对单一组成部分或整个综合指标以更高的分辨率加以改进。例如,Naumann 等(2014)根据网格化数据,在子流域层面上对 *DVI* 的可再生自然资本组成进行了分析。Blauhut 等(2016)探讨了常用干旱指数和脆弱性因子在不同空间分辨率下预测欧洲不同部门和宏观区域年度干旱影响的能力。在全球评估中,Carrão 等(2016)将国家一级脆弱性的经济指标和社会指标与国家以下 3 个因素构成的基础设施脆弱性结合起来。

6.3 政策相关变量的选择

尽管干旱的影响取决于当地的进程和条件,但国家一级的分析似乎适合中央政府和国际组织在确定干旱政策时使用。该指数是根据人口和其他数据来源编制的,目的是确定评估社会应付干旱能力的指标。该指标评估社会对干旱及其潜在影响的认识和认识的能力、自然资本,包括水资源的可获得性和可靠性、开发和使用技术的效率,以及投资粮食安全和收入稳定的经济能力(Werner 等,2015)。表 6-1 所列变量大多在国家一级;但是,如果有更精细的数据,可以相应地重新定义分析。社会经济脆弱性组成部分和相关变量的选择依据如下:数据容易获得,而且这些变量在地理上是明确的,并且可能与干旱情景有关。

表 6-1　Naumann 等(2014)使用的 DVI 中包含脆弱性因素和成分

组成部分	干旱管理相关方面影响类型	指标	数据源
1. 可再生自然资本	水资源管理积极影响	农业用水(占总用水百分比); 灌溉水抽取[百万 m³/(年·网格)]	Aquastat;世界水评估计划(世界水发展报告Ⅱ:http:wwdrii. sr. unh. edu/index. html)
	水资源管理	总用水量(占可更新百分比)	FAO(Aquastat);CRU
	水资源管理	灌溉面积(占耕地百分比) 灌溉设备面积(km²/网格) 农业面积(km²) 2000 年乡村人口(人/网络)和总人口(人/网格)	Aquastat;(世界水发展报告Ⅱ:http://wwdrii sr. unh. edu/index. html)
	可利用水资源	平均降水:61~90 mm/年	Aquastat;德国气象局全球降水气候中心(GPCC)
	资源压力	人口密度	Aquastat;世界水评估计划(世界水发展报告Ⅱ)
	经济福利	人均 GDP(美元)	联合国开发计划署(UNDP)人类发展指数;世界统计手册(联合国统计司)
	食品安全	农业增加值(占 GDP 百分比)	Aquastat
2. 经济承载力	经济福利	能源利用(人均千克油当量)	世界银行,世界统计手册(联合国统计司)
	集体力量	平价购买力每天低于 1. 25 美元的生存人口	UNDP 人类发展指数
	人类发展(个体水平)	成人识字率	UNDP 人类发展指数
	人类发展(个体水平)	出生时预期寿命(年)	UNDP 人类发展指数

组成部分	干旱管理相关方面影响类型	指标	数据源
3. 人力与市政资源	集体能力，机构协调	政府效率［范围为 −2.5（弱）至 2.5（强）治理绩效］	世界银行
	集体能力，机构协调	机构能力	非洲加强备灾和干旱适应的早期预警与预报（DEWFORA）
	集体能力	无法获得优质水的人口（%）	世界银行
	人类位移	难民（总人口百分比）	UNHCR
4. 基础设施与技术	发展	化肥消耗（kg/亩耕地）	世界银行，FAOSTAT 统计的化肥消耗量（总计百万 t），Aquastat 统计的耕地面积（hm^2）
	水资源管理潜力	水基础设施（总可再生水资源的贮存量比例）	Aquastat

  构成可再生自然资本组成部分并与评估干旱脆弱性相关的 5 个变量是:①农业用水,这是农业用水占全国总用水量的百分比,是衡量农业部门对水资源可用性的依赖程度;②总用水量,这是一年内抽取的淡水总量,以实际可再生水资源总量的百分比表示,这表明了可再生水资源面临的压力;③平均降水量,这与国家对干旱程度的依赖性有关,因此需要对水源进行调节;④灌溉面积,这是农业总面积的一部分,直接降低了对气象干旱的脆弱性,然而,灌溉分配管理不当可能导致城市或生态系统脆弱性增加;⑤人口密度,这是人类对水资源压力的一个指标,较高的人口密度增加了干旱的脆弱性。

  显然,更高的解决方案是可取的,以便描述各国内部的地方差异。Naumann 等(2014)也描述了可再生自然资本的组成部分,通过使用新罕布什尔大学数据集提供的类似对应变量,获得更高的分辨率(Vórósmarty 等,2000)。从该数字档案中可用的变量中,选择以下变量,以获得与可再生自然资本相当的指数:灌溉设备区、灌溉取水量、农业区、农村人口和总人口。还使用了全球降水气候中心数据集(Schneider 等,2013)的网格化正常降水量。然后,在研究中,将分辨率较高的指标聚合到基底层,可用于流域管理。

  描述干旱指数的经济能力构成及其对评估干旱脆弱性的相关性 4 个变量如下:①人均国内生产总值(GDP),由一个国家的经济总产出除以该国人口数量,虽然衡量幸福的标准不完善,但它作为影响一国经济能力的主要变量,广泛应用于可持续性和人类发展指标中,并与降低脆弱性直接相关;②每单位国内生产总值的农业增加值,这与增加初级农业生产价值的制造过程有关,并与降低脆弱性直接相关;③能源使用,这是在转化为其他最终用途燃料之前使用一次能源,它反映了经济能力,因此也与较低的脆弱性潜力正相关;④生活在贫困线以下的人口,这是平价购买力低于 1.25 美元/天的人口类别,与其他变量相比,这与更高的脆弱性水平有关,因为贫困影响应对干旱影响的能力。

选择变量来描述人力资源和公民资源更具争议性,数据也不那么容易获得。在这里,我们选择了 6 个在以往研究中广泛使用的变量。成人识字率、出生时预期寿命和无法获得改善用水的人口都被列入联合国人类发展指数。此外,我们还考虑了代表干旱脆弱性管理层面的机构能力和政府效力。最后,还对流离失所人口和难民进行了衡量,因为这是降低人口应对干旱能力的一个重要因素。下文总结了这些变量对评估干旱脆弱性的相关性。

机构能力是指一个国家应对干旱事件的能力,较高的机构能力意味着较低的干旱脆弱性。政府效能反映了人们对公共服务质量、公务员队伍质量及其独立于政治压力程度的看法、政策制定和执行的质量以及政府对此类政策承诺的可信度。成人识字率是指 15 岁以上的人口的百分比,他们能够理解并阅读和书写关于他们日常生活的简短陈述。较高的识字率意味着处理干旱事件的能力更高。出生时的预期寿命与人口易受包括干旱在内的极端事件的影响有关,因为缺乏足够的老年人将妨碍向年轻一代传播适当的传统知识。无法获得改良水源的人口是指无法从改良水源获得足够水量的人口百分比,它是最脆弱地区最广泛使用的旱灾指标,也是千年发展目标的一个主题。合理用水的定义是,每人每天至少有 20 L 的水从其住所 1 km 范围内的水源供应,获得更多的改善用水可减少干旱的脆弱性。难民的数量和流离失所人口的规模(由联合国难民事务高级专员办事处界定)增加了一个国家的干旱脆弱性,因为这一类人更容易受到自然灾害的影响,应对灾害的能力也较低。

为基础设施和技术组成部分选择的 2 个变量是化肥消耗量和水基础设施。化肥消费量是一种被广泛接受的农业技术指标,在大多数农村发展研究中被作为一个指标。水基础设施衡量的是贮存的水在可再生水资源总量中所占的比例,减少了干旱的脆弱性。

可以注意到,前面描述的组成部分是为特定的上下文和范围定义的,但是生成整体脆弱性评估的组件组合可能会有所不同。成分之间的相互依赖性没有明确定义,因为同一因素的变化可以用来表征不同成分(Gonzalez Tanago 等,2016)。例如,在 Carrão 等(2016)的研究中,代表可能发生干旱事件的地区(人口、农田、牲畜和基准水分胁迫)中存在的人口、资产或其他有价值元素的因子被归类为暴露元素,代表干旱风险的单独组成部分。这种方法遵循了 UNISDR(2004)对风险的定义,描述为危险、暴露和脆弱性作为独立组成部分的组合。

6.3.1　将变量标准化为通用基准

干旱脆弱性指标是总结复杂现象的一种方法,如前所述,由具有不同测量单位的单个变量组成。在构建综合指标时,需要对变量进行正态化,使其具有可比性。有许多可用的标准化方法,最佳程序的选择应与数据属性和组成范围相关。不同的数据标准化方法可能导致不同的结果。标准化的效果,因此最终分数的稳健性,应该通过使用不同的标准化技术来测试。经合组织/联合资源委员会(2008)总结和讨论了标准化技术,如排名方法和与参考值的距离。

在 Naumann 等(2014)的研究中,为了能够直接比较结果,表 6-1 中的变量在不同国家之间被标准化。标准化过程中考虑了所有国家的每个变量的最大值和最小值,以便将类别内的变量组合在一起,并确保变量在 0 和 1 之间具有相同的范围。对于与整体脆弱性正相关的变量,然后根据一般线性变换计算标准化值,其中:

$$Z_i = \frac{X_i - X_{\min}}{X_{\max} - X_{\min}}$$

式中:X_i 代表一般国家或行政单位 i 的可变值;$X_{\min}$ 和 $X_{\max}$ 代表所有行政单位的各自最小值和最大值。在某些情况下,脆弱性和适应性指标(如人均国内生产总值、成人识字率或水基础设施),对于与整体脆弱性负相关的变量,应用转换将最低的变量值与最高的脆弱性值相关联:

$$Z_i = 1 - \frac{X_i - X_{\min}}{X_{\max} - X_{\min}}$$

这样,所有标准化指标(Z_i)的值都在 0(不易受攻击)~1(最易受攻击)。然后,对于每个管理单元 $k(k=1,\cdots,n)$ 分量中的任何一个被计算为定义每个分量的变量 Z_i 的算术平均值。

6.3.2　干旱脆弱性综合指标(加权和累加)

干旱脆弱性综合指标最有助于为适应援助确定高度脆弱的国家,或作为系统脆弱性案例研究的切入点(Brooks 等,2005)。那些对特定区域、国家或国家集团的脆弱性背后的决定因素感兴趣的人,应审查各个脆弱性方面和/或变量的分数和排名。然而,综合指标总是可以分解的,以便衡量各个方面的个别影响,并扩大对国家绩效的分析,以改进政策指导方针(Naumann 等,2014)。

根据 Kaufmann 等(1999)、Alkire 和 Santos(2014)以及 Naumann 等(2014)的研究,仅举几个例子,将相关变量聚合为少数综合脆弱性指标有相当大的好处。例如,综合指标所涵盖的因素范围要大得多,能够比任何单独的变量更精确地衡量脆弱性,从而能够在一系列广泛的区域内对脆弱性进行比较。此外,还可以建立综合脆弱性指标及其维度和/或变量的量化措施,允许正式检验关于脆弱性跨国差异的假设。

然而,在解释关键脆弱性变量或使用它们构建复合脆弱性指标时,应谨慎行事。首先,不同组织收集数据集的方式存在高度的异质性,很多时候,数据集是不可观测变量的不完全主观代理(Brooks 等,2005)。数据的异质性意味着,第一,这些数据集充其量只能用于将国家分组,而不是比较各个国家之间的治理情况;第二,还应谨慎对待特定国家变量平均方法和将变量加权为干旱脆弱性综合指标的方法(Kaufmann 等,1999)。

当在基准框架中使用权重时,权重会对总体综合指标值和各自的国家排名产生重大影响(经合组织/联合资源委员会,2008)。不管用哪种方法来推导变量的权重,这些基本上都是价值判断。虽然有些分析师可能只根据统计方法选择权重,但另一些分析师可能会根据专家意见,奖励(或惩罚)那些被认为更有(或更少)影响力的组成部分,以更好地反映政策优先事项或理论因素(经合组织/联合资源委员会,2008)。当对因果关系了解不足或对替代方案缺乏共识时,综合指标最好依赖于等权重(EW),这并不意味着"没有权重",而是隐含着所有变量都有相同的权重。

大多数综合指标依赖于相等的权重。例如,人类发展指数(UNDP,2013)是一个综合指标,衡量各国在人类脆弱性的关键方面取得的成就:长寿和健康的生活、获得知识的机会和体面的生活水平。HDI 是前一段文字中描述的 3 个等权重标准化维度的几何集合,如下所示(UNDP,2013):

$$HDI = (V_{\text{Health}} \cdot V_{\text{Education}} \cdot V_{\text{Income}})^{1/2}$$

HDI 为所有三维变量分配相等的权重,两个教育子变量也分配相等的权重。选择相等的权重是基于一个规范性假设,即所有人都平等地重视这 3 个维度。为这种方法提供统计依据的研究论文包括 Noorkbakhsh(1998)、Decancq 和 Lugo(2008)。

全球多层面贫困指数(MPI)是另一个平等加权的脆弱性综合指标,旨在反映每个穷人在教育、健康和生活水平其他方面同时面临的多重剥夺(Alkire 和 Santos,2014)。尽管 MPI 遵循与 HDI 相同的维度和权重,但其计算方法是将贫困发生率或总人数比率(H,多维贫困人口的比例)乘以贫困人口的平均强度(A,贫困人口被剥夺的变量的平均比例),如下(Alkire 和 Santos,2014):

$$MPI = H \cdot A$$

如果一个人在至少 1/3 的加权变量中被剥夺,则被认定为"穷人";如果他或她在 20% ~ 33.33% 的加权变量中被剥夺,则被认定为"易受贫困影响"。

Kim 等(2013)还提出了一个同等权重的脆弱性综合指标,用以描述一个区域的社会经济系统及其有形资产对干旱影响的敏感程度或恢复能力。Kim 等(2013)提出的 DVI,(DVI_{kim})是一种地区间的相对测度,其计算方法为可量化社会经济和物理变量的算术平均值,如下所示:

$$DVI_{\text{kim}} = \frac{IL \cdot AO \cdot CP \cdot PD \cdot MW \cdot IW \cdot AW}{7}$$

式中:IL、AO、CP、PD、MW、IW 和 AW 分别为分配给灌溉土地、农业占用、作物生产、人口密度、市政用水、工业用水和农业用水的标准化值。

然而,如果将变量分组到维度中,并将这些变量进一步汇总到组合中,那么在对每个维度中不同数量的变量进行分组的同时对维度应用相等的权重可能会导致组合指标中的结构不平衡(经合发组织/联合资源委员会,2008 年)。Naumann 等(2014)研究了应用于干旱脆弱性综合指标的不同加权模式的稳定性和稳健性。他们的 DVI(dvaunmann)是社会经济脆弱性 4 个维度的加权算术平均值:①可再生自然资本,②经济能力,③人力和公民资源,以及④基础设施和技术,与人类发展指数类似:

$$DVI_{\text{Naumann}} = \sum_{d=1}^{4} W_d \cdot AA_d$$

式中:W_d 为分配给维度 d 的权重;AA_d 为每个维度内归一化脆弱性变量的统计平均值。

考虑到 DVI 各维度的相对重要性,选择最终的加权方案。使用三种方案测试不同权重对 DVI_{naumann} 值的影响:等权重(EW)、根据每个维度中的变量数(比例权重,PW)的权重方案和随机权重(Montecarlo with 1000 simulations,RW)。作者进行的敏感性分析结果(见第6.3.3 部分)表明,比例权重导致各国脆弱性等级的分散程度最低,与具有随机权重的综合指标相比增加了价值,并减少了具有相同权重的综合指标的极端行为。此外,Naumann 等（2014）获得的结果表明，基于比例权重得出的综合指标是在其研究领域中聚合脆弱性维度以及选定输入变量的更为稳健的选择。

干旱脆弱性指标可以通过补偿聚集模式或非补偿聚集模式来实现。前文提出的复合指标是基于补偿聚合模式的。决定是否使用补偿性方法还是非补偿性方法取决于一个变量的值是否可以在综合指标中与另一个变量的值交换。采用补偿方法，通过考虑所有指标的值，并在一个或多个指标上权衡该区域的高值与其他指标的低值，来估计干旱脆弱性。线性聚合模式（总和或产品）按权重比例奖励维度，而几何聚合则奖励得分较高的国家（经合组织/联合资源委员会，2008）。事实上，任何方面的糟糕表现都直接反映在几何汇总中（UNDP，2013）。也就是说，一个维度的低成就不再由另一个维度的高成就线性补偿。因此，作为成果比较的基础，几何聚合比算术聚合更尊重各维度的内在差异（UNDP，2013）。然而，在线性聚合和几何聚合中，权重表示维度之间的折中，因此一个维度的赤字可以被另一个维度的盈余抵消（补偿）。

为了确保权重仍然是重要的度量，应该使用其他聚合方法——特别是不允许可补偿性的方法。在不同的非补偿方法中，数据包络分析（DEA）（Lovell 和 Pastor，1999；Cook 等，2014）是一种非参数方法，可用于将干旱脆弱性变量平均为特定地区或国家的干旱脆弱性相对测度。例如，Ramos 和 Silber（2005）以及 Anderson 等（2011）使用了这种统计方法，从多维变量集合中得出国家的相对社会经济福利及其排名。以下假设适用于 DEA 基准和排名（OECD/JRC，2008 年）：

给定变量的值越高，对应的区域就越容易受到攻击，不区分单个变量中最容易受到攻击的区域，从而对它们进行平等排序。

DEA 是一种基于线性规划的方法，它估计由多个变量表征的最大干旱暴露观测多维边界的标准化距离函数。各地区的相对干旱暴露程度取决于该地区的统计位置及其与基准边界的多维距离。图 6-2 给出了 6 个区域（R_1，R_2，$\cdots$，R_6）和 2 个一般暴露指标（y_1 和 y_2）的简单情况。连接国家 R_1，R_2，R_3 和 R_4 的观测指标值的线（概念上由线"R_1y_2'"和线"R_4y_1'"扩展到轴上以包含整个数据集）构成性能边界（在样本数据集中表示的区域或国家之间的最大脆弱性）和区域 R_5 及区域 R_6 的基准，位于该边界以下。根据一个或两个指标中的值，支持边境的地区被列为最危险的地区。最易暴露的区域的性能得分为 1，而位于此封套内的区域 R_5 和 R_6 比其他区域更不易受攻击，并且得分值介于 0~1。

R_5 区域和 R_6 区域的非补偿性干旱脆弱性值可通过 DEA 计算，如下所示（经合组织/联合资源委员会，2008 年）：

$$dv_i = \frac{\overline{OR_i}}{\overline{OR_i'}}$$

式中：$\overline{OR_i}$ 为区域 i 的原点与实际观测指标值之间的多元距离；$\overline{OR_i'}$ 为最大脆弱性边界的原点与预测区域值之间的距离。

每个区域的脆弱性值取决于其相对于边界的统计位置，而根据在同一组指标中测量的其他区域的值，基准对应于最坏的情况。

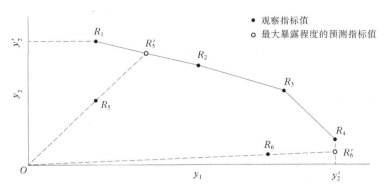

图 6-2　计算 6 个区域和 2 个变量的模拟 DEA 的性能前沿

（来源：Carrão 等，2016）

6.3.3　敏感性分析和模型验证

不确定性分析主要关注输入因素（模型中包含的变量、数据标准化、加权和聚集）中的不确定性如何通过 DVI 综合指标的总体结构传播。敏感性分析评估每个不确定源对总方差的贡献。在 DVI 开发过程中反复使用不确定性分析和敏感性分析可以改善其结构（Gall，2007）。同样，敏感性分析有助于提高透明度，并确定在不同假设下有利于或削弱的区域。评估不确定性的方法可包括以下步骤（经合组织/联合资源委员会，2008）：

（1）使用替代编辑方案包括和排除个别变量或因素。

（2）使用替代数据标准化方案，如单个或多个插补。

（3）使用替代的数据标准化方案，如最小值–最大值、标准化、使用排名等。

（4）使用不同的聚合系统，例如，未缩放变量的线性几何平均值。

（5）使用不同的加权方案和似是而非的权重值。

例如，Naumann 等（2014）进行了敏感性分析，以评估 DVI 的稳健性。这项检查被设计为不同的蒙特卡罗试验，以评估任何不确定源对输出方差的贡献。该方法基于对模型的多重评估，采用三种加权和两种聚合方案，生成不同的模型输出概率密度函数。同样，Carrão 等（2016）将区域脆弱性等级与提出的模型进行了比较，以替代复合统计和聚合模式。评估不同模型稳健性的标准是内部的，并基于各个区域排名与由所有可能模型的输出定义的集合的中值区域排名之间的距离。

然后，输入因子的不确定性表示为 DVI 的概率分布函数（pdf）和管理单元之间的排名变化。与 DVI 值相关联的不确定度界限对于向最终用户传达 DVI 可以为每个管理单元达到的所有合理值也很有用。

6.4　应用：拉丁美洲干旱风险评估

该方法被用于制定和验证拉丁美洲的干旱风险评估。这些地图是根据 Carrão 等（2016）定义的全球干旱危害、暴露和脆弱性决定因素的组合绘制的。在这个案例研究中，我们提出了计算每个风险决定因素的数据驱动方法，并基于 UNISDR（2004）提出的理论公式得出了最终的全球地图。

总体干旱风险图是在国家以下行政级别计算的(见图 6-3,略),以便按照 Carrão 等(2016)的方法,在一个固定和共同的最小绘图单位上管理各层及其关联。此外,利益相关者和决策者很容易使用和操纵行政区域一级交付的产品。风险的每一个决定因素都是相互独立地制定的,并且是独立地加以验证的。

拟议方法的一个主要限制是使用国家信息来计算模型——可能会因为缺乏空间细节而受到批评。这一解决方案是最好的折中办法,因为大多数用户无法获得与国家以下行政级别的社会经济信息相协调的数据库。尽管如此,重要的是要强调的是,如果可以获得这些信息,它们之间的协调将出现其他困难。例如,在发生干旱等灾害时,不容易理解对区域差距的非国家管理:有些国家可能立即向其较贫穷地区提供国家支助,而另一些国家则可能没有这种能力。一些穷国中最富裕的地区可能不会像某些富国中最贫穷的地区那样对危险做出反应。因此,在国家一级使用社会经济因素可能是本书研究的一个局限,但同时也是未知多尺度关系(这将增加模型中的偏差和较低的主题精度)和高空间分辨率输出知识之间的一个很好的折中。

另一个限制涉及模型的选择。该模型基于一个内部验证过程,该过程选择最佳模型作为给定区域脆弱性等级的模型,该等级近似于所有测试模型集合的中值。可以测试更整洁的解决方案,但是缺少独立验证所需的参考数据会减少缺少有效的测试选项。

最后,针对拉丁美洲的干旱风险,研究结果表明,巴西东南部和东北部、阿根廷东北部和西南部以及整个阿根廷南部的干旱发生率较高。巴西东南部和阿根廷东北部以及中美洲干旱走廊(CADC)的暴露率较高;CADC 地区的脆弱性较高。总体来说,由于其决定因素的地区性差异,干旱风险在中美洲和南美洲东南部更为突出。由于这些地区的风险决定因素各不相同,我们建议没有单一的最佳干旱管理办法,应根据每种具体情况,采用自下而上的办法评估缓解或适应措施。

参考文献

Alkire, s. and Santos, M. (2014). Measuring acute poverty in the developing world: robustness and scope of the multidimensional poverty index. World Development 59: 251-274.

Adger, W. N. (2006). Vulnerability. Global Environmental Change 16: 268-281.

Anderson, g., Crawford, i., and Leicester, A. (2011). Welfare rankings from multivariate data, a non-parametric approach. Journal of Public Economics 95: 247-252.

Birkmann, J. (2007). Risk and vulnerability indicators at different scales: applicability, usefulness and policy implications. Environmental Hazards 7: 20-31.

Blauhut, V., Stahl, K., Stagge, J. H., Tallaksen, L. M., De Stefano, L., and V ogt, J. (2016). Estimating droug ht risk across Europe from reported drought impacts, drought indices, and vulnerability factors. Hydrology and Earth System Sciences 20 (7): 2779-2800.

Brooks, N., Adger, W. N., and Kelly, P. M. (2005). The determinants of vulnerability and adaptive capacity at the national level and the implications for adaptation. Global Environmental Change 15: 151-163.

Carrão, H., Naumann, G., and Barbosa, P. (2016). Mapping global patterns of drought risk: an empirical framework based on subnational estimates of hazard, exposure and vulnerability. Global and Environmental Change 39: 108-124.

Cardona, O., Van Aalst, M., Birkmann, J., Fordham, M., Mcgregor, G., Perez, R., Pulwarty, R., Schipper, E., and Sinh, B. (2012). Determinants of risk: exposure and vulnerability. In: Managing the Risks of Extreme Events and Disasters to Advance Climate Change Adaptation. A Special Report of Working Groups I and II of the Intergovernmental Panel on Climate Change (IPCC), pp. 65-108. Cambridge, UK, and New York, NY, USA: Cambridge University Press.

Cook, W., Tone, K., and Zhu, J. (2014). Data envelopment analysis: prior to choosing a model. Omega 44: 1-4.

Decancq, k. and Lugo, M. A. (2008). Setting Weights in Multidimensional Indices of Well Being. OPHI Working Paper 18, University of Oxford.

Füssel, H. M. (2007). Vulnerability: a generally applicable conceptual framework for climate change research. Global Environmental Change 17: 155-167.

Gall, M. (2007). Indices of social vulnerability to natural hazards: a comparative evaluation. PhD dissertation, Department of Geography, University of South Carolina.

Gonzalez Tanago, I. G., Urquijo, J., Blauhut, V., Villarroya, F., and De Stefano, L. (2016). Learning from experience: a systematic review of assessments of vulnerability to drought. Natural Hazards 80 (2): 951-973.

Iglesias, A., Garrote, L., Cancelliere, A., Cubillo, F., and Wilhite, D. A. (2009). Coping with drought risk in agriculture and water supply systems. In: Drought Management and Policy Development in the Mediterranean, Series: Advances in Natural and Technological Hazards Research. The Netherlands: Springer.

Kaufmann, d., Kraay, a., and ZoidoLobato, p. (1999). Aggregating Governance Indicators. Policy Research Working Paper 2195, World Bank, Washington, DC.

Kim, h., Park, j., Yoo, j., and Kim, t. (2013). Assessment of drought hazard, vulnerability, and risk: a case study for administrative districts in South Korea. Journal of HydroEnvironment Research 9: 28-35.

Lovell, c. and Pastor, j. t. (1999). Radial DEA models without inputs or without outputs. European Journal of Operational Research 118: 46-51.

Naumann, g., Barbosa, p., Garrote, l., Iglesias, a., and V ogt, J. (2014). Exploring drought vulnerability in Africa: an indicator based analysis to be used in early warning systems. Hydrology and Earth System Sciences 18: 1591-1604.

Noorkbakhsh, j. (1998). The human development index: some technical issues and alternative indices. Journal of International Development 10: 589-605.

O'Brien, K., Eriksen, S., Nygaard, L. P., and Schjolden, A. (2007). Why different interpretations of vulnerability matter in climate change discourses. Climate Policy 7 (1): 73-88.

OECD/JRC. (2008). Handbook on Constructing Composite Indicators. Methodology and User Guide, Social Policies and Data Series. Paris: OECD Publisher.

Ramos, x. and Silber, J. (2005). On the application of efficiency analysis to the study of the dimensions of human development. The Review of Income and Wealth 51: 285-309.

Schneider, U., Becker, A., Finger, P., Meyer Christoffer, A., Ziese, M., and Rudolf, B. (2013). GPCC's new land surface precipitation climatology based on qualitycontrolled in situ data and its role in quantifying the global water cycle. Theoretical and Applied Climatology 115:1-26.

Turner, B. L., Kasperson, R. E., Matson, P. A., McCarthy, J. J., Corell, R. W., Christensen, L.,

Eckley, N. , Kasperson, J. X. , Luers, A. , Martello, M. L. , Polsky, C. , Pulsipher, A. , and Schiller, A. (2003). A framework for vulnerability analysis in sustainability science. Proceedings of the National Academy of Sciences 100 (14): 8074-8079.

UNISDR. (2004). Living with Risk: A Global Review of Disaster Reduction Initiatives, Review Volume 1. New York and Geneva: United Nations International Strategy for Disaster Reduction.

UNDP. (2013). The Rise of the South: Human Progress in a Diverse World. Human Development Reports 19902013 23, United Nations Development Programme, New York, USA.

Vörösmarty, C. J. , Green, P. , Salisbury, J. , and Lammers, R. (2000). Global water resources: vulnerability from climate change and population growth. Science 289: 284-288.

Werner, M. , Vermooten, S. , Iglesias, A. , Maia, R. , V ogt, J. , and Naumann, G. (2015). Developing a Framework for Drought Forecasting and Warning: Results of the DEWFORA Project. Drought: Research and Science-Policy Interfacing, 01/2015: chapter 41, pp. 279-285. New York: CRC Press, Taylor and Francis Group.

第7章 气候变化下的干旱脆弱性：以拉普拉塔流域为例

7.1 引 言

减少灾害风险和适应气候变化的政策包括减少脆弱性和增强恢复力的理念。大多数南美国家正在迅速采取干旱政策,这一明显的政策转变最近加快了,特别是自从联合国国际减少灾害战略的《兵库行动框架》(HFA,2005)获得通过以来,联合国开发计划署将灾害管理列为应对气候变化的适应战略之一。本章旨在了解降水和蒸散作为干旱脆弱性驱动因素的作用。利用1961~2100年大流域尺度的 *SPEI* 指数研究了拉普拉塔流域干旱的时空特征。

拉普拉塔流域分布在南美洲中南部地区的5个国家,面积为 3 174 229 km^2。它是地球上最大的淡水储备地之一。尽管干旱对农业、养牛、城市供水、自然河道和湿地产生了重大影响,但该地区的干旱无论在时间上还是空间上都难以预测。然而,为了准确地确定具体的抗旱减灾措施和计划,需要这些信息。干旱缺水严重影响着温带草原地区和全区所有农作物,也影响着水电的临界产量。政府间气候变化专门委员会清楚地表明,极端事件频率的增加可能比平均降水量的变化产生更大的影响(IPCC,2014)。

尽管造成干旱的因素的评估具有高度的不确定性,而且干旱事件的预测也很困难,但仍有一些手段和方法旨在消除干旱造成的损害,例如:根据干旱程度指标界定可容忍的干旱和损失程度;旨在供应和需求或尽量减少影响的预防方法;应用减少损害的手段,如土壤改良或作物变化,以培育更耐旱的品种;组织和协调有关的代理人等(西班牙环境事务部,2007)。因此,干旱现象及其对水资源可持续管理的影响从根本上取决于三个因素的相互作用:①流域水文气象条件;②地理区域的主要用水;③流域的水基础设施和可利用的调控能力。

拉普拉塔流域的干旱与其他大型流域类似,很少有人研究。本章重点分析了1961~2100年期间当前和未来情景下的子流域水文气象条件。巴西国家空间研究所(INPE)对拉普拉塔流域当前(1961~1990年)和未来降水量变化进行的一项研究(Marengo等,2014;Ferraz,2014a,2014b;等等)指出,12月至翌年2月(DJF)的日平均降水量的预测表明:2011~2040年,南部增加高达 1 mm/d,北部减少高达 3 mm/d;2041~2070年,南部、西南部和西部增加 1 mm/d,北部和东北部减少 1 mm/d;在2071~2099年期间,南部/西南部增加高达 2 mm/d,北部/东北部的降幅高达 1 mm/d。另外,12月至翌年2月(DJF)的平均温度预计在整个流域的分析期内都会升高。最大的差异出现在 10°S~23°S,2011~2040年的 DJF 平均气温上升高达 3 ℃,2041~2070年的 DJF 平均气温上升高达 3.5 ℃,2071~2099年的 DJF 平均气温上升高达 4 ℃。然而,当同时分析降水量和温度时,干旱预测似乎形成了反差:连续非降水日的较长时期(Donat 等,2013)和未来以较高温度为特征的情景有利于干旱,然而,对于当前和未来的情景,一些作者所描述的干旱期与年径流之间的稳定或增加将不利于它们(注意,这种模式对于流域的某些地区来说并不清楚)。综上所述,从这些先前的研究中不可能对拉普拉塔流域未来的干旱模式得出任何有力的结论。

7.2 方 法

7.2.1 框架

我们用 P、PET 和 $SPEI$ 来描述干旱。流域内所有 10 km×10 km 大小的网格均获得 PET 和 P。网格到网格信息被整合到一个子流域水平(定义了 7 个子流域)。对于每个子流域、气候情景和 $SPEI$ 的时间尺度(1 个月、3 个月、6 个月和 12 个月),我们展示并分析了结果。此外,对于每个 $SPEI$ 时间尺度和子尺度,我们描述了所有气候情景的时间序列中干旱的空间覆盖。最后,我们在一个子流域水平上进行了干旱风险分析。拟议方法的总体方案如图 7-1 所示。

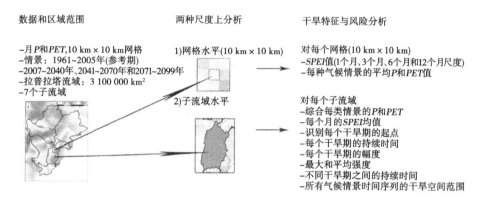

图 7-1 应用方法论的一般概念框架

7.2.2 数据和区域范围

目前和未来情景的干湿期的识别和特征描述是在每月的时间尺度和分布的空间尺度上进行的,并使用了 $SPEI$(Vicente Serrano 等,2010a,2010b;Beguería 等,2010)。$SPEI$ 计算基于 INPE 提供的月降水量(P)和潜在蒸散量(PET)序列。这些是使用 Eta 模型(Ferraz,2014a;Bustamante 等,2002,2006;Alves 等,2004;Chou 等,2005)对不同气候情景进行估算的。INPE 提供的信息在空间上分布在 10 km×10 km 的单元中,并暂时分为 4 种气候情景:1961~2005 年、2007~2040 年、2041~2070 年和 2071~2099 年。我们使用 10 km×10 km 单元作为计算单位,使用拉普拉塔流域国家政府间协调委员会(CIC)定义的构成拉普拉塔流域的 7 个子流域(见图 7-2)作为数据分析和结果呈现区域。这些子流域被命名为:上巴拉圭(UpPy)、上巴拉那(UpPn)、下巴拉圭(LoPy)、下巴拉那(LoPn)、上乌拉圭(UpUy)、下乌拉圭(LoUy)和拉普拉塔(PlBn)。表7-1显示了各子流域和气候情景下 P 和 PET 的年平均值。此外,我们使用了东安格利亚大学(University of East Anglia)气候研究单位时间序列(CRU TS)数据库(版本 3.22)(CRU,2014)中位于流域内的 46 个观测站的观测降水数据。在一些观测站,有 1851 年以来的降水序列。

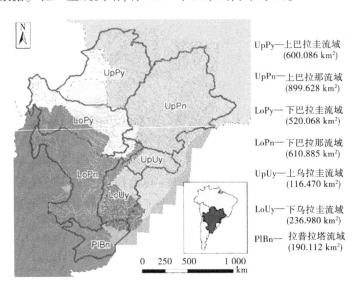

UpPy—上巴拉圭流域
(600.086 km²)

UpPn—上巴拉那流域
(899.628 km²)

LoPy—下巴拉圭流域
(520.068 km²)

LoPn—下巴拉那流域
(610.885 km²)

UpUy—上乌拉圭流域
(116.470 km²)

LoUy—下乌拉圭流域
(236.980 km²)

PlBn—拉普拉塔流域
(190.112 km²)

图 7-2　子流域构成拉普拉塔流域

表 7-1　各子流域和气候情景的年平均降水量和蒸散量　　　　（单位:mm/年）

年均降水量 P						
时间序列	UpPy	UpPn	LoPy	LoPn	UpUy	LoUy	PlBn
1961~2005 年	1 201	1 792	1 005	1 032	2 254	1 609	1 138
2007~2040 年	1 036	1 477	975	1 098	2 452	1 787	1 303
2041~2070 年	1 167	1 780	1 105	1 220	2 781	1 878	1 279
2071~2099 年	1 226	1 848	1 170	1 270	2 914	1 961	1 294

年均蒸散量 PET						
时间序列	UpPy	UpPn	LoPy	LoPn	UpUy	LoUy	PlBn
1961~2005 年	2 579	2 169	2 243	2 113	1 825	1 820	1 780
2007~2040 年	2 923	2 518	2 399	2 089	1 907	1 794	1 676
2041~2070 年	3 008	2 513	2 466	2 158	1 962	1 874	1 809
2071~2099 年	2 983	2 527	2 407	2 126	1 952	1 863	1 797

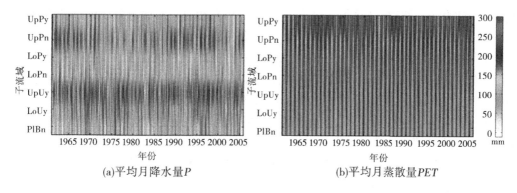

(a)平均月降水量 P　　　　　　(b)平均月蒸散量 PET

图 7-3　不同子流域和气候情景的月平均 P 和 PET 时间分布

7.2.3　数据分析

首先,我们利用流域的历史降水量数据,在年度时间尺度上对当前情景进行了分析。当一年的降水量低于站点记录的整个数据集的平均年降水量的 80% 时,我们将该年定义为干旱年(或以雨量站出现显著亏缺为特征的年份)(Tucci,2013)。为此,我们使用了CRU TS 数据库(版本 3.22;CRU,2014)中位于流域内 46 个站点的月降水量序列。我们在没有丢失各站数据的情况下确定了这一时期的干旱年份。为了评估当前气候模式对整个系列的可能变化,我们还进行了 1961~2005 年期间的计算。

随后,我们通过使用 SPEI 确定并描述了当前和未来情景的干湿期(Vicente Serrano等,2010a,2010b;Beguería 等,2010)。从每月 SPEI<-1 开始到大于 0 结束的连续月份被定义为干燥期。1 个月的 SPEI 提供短期信息。当 1 个月的 SPEI 低于-1 时,尽管理论上认为这是一个干旱期(或一个以缺水为特征的时期),但它几乎不会对任何与水资源或社会有关的活动产生重大不利影响,因此它不能被认为是干旱。只有当这种亏缺连续出现几个月时,某些活动(如农业)才会受到严重影响。3 个月的 SPEI 提供季节性信息,这种时间尺度上的长期亏缺将导致重大影响。例如,由于可用土壤水分不足,对作物造成影响。6 个月的 SPEI 表示中期模式(并且,根据地区的不同,它将提供季节性信息),在这种时间范围内的长期亏缺也会对农业和其他经济部门造成不利影响。最后,12 个月的 SPEI提供了中长期模式,这一指数除对农业产生重大影响外,还将对其他部门产生影响,因为水库和含水层的蓄水量减少,大流域的水文节律也发生了变化。在这个时间尺度上,有可能确定长期干旱期,这将表明中期干旱周期。在这项研究中,我们使用 1 个月、3 个月、6个月和 12 个月的 SPEI 来描述每个定义的子流域和气候情景。

以 10 km×10 km 单元为计算单元,以构成拉普拉塔流域的 7 个子流域为数据分析和结果展示区。每个场景都有不同的时间长度,因此应谨慎分析结果,避免与绝对值进行比较(见表 7-1)。然而,所有的情景都足够长(超过 30 年),足以代表那个时期的气候。首先,我们定义了属于每个子流域的网格范围,并使用地理信息系统(GIS)分配了相应的 P和 PET。为了评估气候变化对各子流域的 PET 和 P 的影响,我们分析了两个变量在不同气候情景下的变化。因此,在属于每个子流域的每个单元中,计算每个场景的整个时段的

月平均 *PET* 和 *P*。然后,计算每一个方案的 *PET* 和 *P* 相对于对照方案(1961~2005 年)的变化。其次,在包含拉普拉塔流域的每个单元中,我们计算了对应于不同时间尺度(1 个月、3 个月、6 个月和 12 个月)和与对照(1961~2005 年)相关的情景的 *SPEI* 值。对于每一个子流域,我们确定了每一个干旱期并描述了其平均模式。对于每个时间尺度和场景中确定的每个干周期,我们计算了总持续时间、强度、最大强度和平均强度以及干周期与开始时刻之间的持续时间。对于每种情况,我们还比较并获得了模式,记录了干旱期的总数以及持续时间、强度、最大强度和平均强度的平均值和标准差。干旱期的持续时间以缺水月数、在此期间 *SPEI* 值之和、最大强度作为对应于最低值月份的 *SPEI* 值、平均强度作为该期间的平均 *SPEI* 值来衡量。

另外,我们确定了每个 *SPEI* 时间尺度、每个方案和每个子流域的每个分析时间序列中每个月受干旱期影响的面积比例(来自子流域的总单元的百分比)。这一分析的意义在于,从整个底基层的许多未确定的干旱期来看,该地区的很大一部分实际上遭受缺水(尽管不是平均值)。

7.2.4 使用的干旱指标

在表 7-2 中,为每个场景显示了分析的变量。

表 7-2　拟用于干旱特征描述的变量列表

变量	定义
干旱期总数	识别出的干旱期数量(相似和不同持续时间的)
每年干旱期总数	所分析情景中识别出的干旱期数量与系列长度(年)的比率
干旱期平均持续时间	识别出干旱期的平均持续时间(月)
干旱期平均烈度	每类情景和 *SPEI* 时间尺度上干旱期 *SPEI* 总和的均值
干旱期平均强度	每类情景和 *SPEI* 时间尺度上干旱期平均 *SPEI* 的均值

7.2.5 方法的局限性

虽然本书研究中使用的信息(主要是 *P* 和 *PET*)基于科学严谨的研究(Ferraz,2014a;Bustamante 等,2002,2006;Alves 等,2004;Chou 等,2005),但它们是模型应用的结果(包括当前和未来的情况),因此,模型的不确定性对本书研究的结论有着不可分割的影响。此外,在某些情况下,将 10 km×10 km 网格的结果聚集到大型子流域中,导致整个子流域在未确定的干旱期内有很大比例的区域遭受缺水(但不是平均值),对于以水过量为特征的时期也是如此。如果研究是在较小的空间尺度上进行的,与在子流域尺度上确定的周期相比,某些地区的干湿周期可能会发生变化。此外,因为它的工作尺度,如果我们考虑到这些地区的土地利用和现有的水利基础设施,我们可能会遇到本书研究无法发现的水资源管理问题。

7.3 结果和讨论

7.3.1 干旱特征:降水量变化

图7-4(略)显示了在当前情景下,在年度时间尺度上,基于降水历史数据的子流域级干旱期特征的结果。图7-4(a)显示了使用来自雨量站的整个系列的干旱年之间的平均时间。图7-4(b)显示了1961~2005年干旱年之间的平均时间。图7-4(c)显示了使用1961~2005年系列的干旱年之间的平均时间与使用整个系列的干旱年之间的平均时间的比率。在整个数据集内,整个流域干旱年之间的平均时间为6年,而1961~2005年为9年。结果表明,在1961~2005年期间,UpPy子流域的平均干旱年间隔时间几乎没有减少,而在LoPy子流域,它根据所分析的雨量站而波动。在剩余的子盆地中,干旱年之间的平均时间在1961~2005年间增加。值得注意的是,在干旱年平均出现时间高的地区,变化很小;而在干旱年平均出现时间低的地区,时间在短序列中显著增加,这对依赖水资源的活动将是积极的。

7.3.2 干旱特征:SPEI干旱指标的变化

图7-5显示了与1961~2005年系列进行比较时,12个月SPEI时间尺度以及每个子流域和气候情景的SPEI值。从对12个月的SPEI的分析中获得了有趣的结果。在2007~2040年方案中,与控制方案相比,在一些子流域中效果相当可观。在UpPy子流域和UpPn子流域,我们观察到2008~2015年的初始阶段,其特征是SPEIs高于1961~2005年系列的平均值,然后在2015~2040年之间是一个干旱期。一旦预测得到确认,很可能需要在这些领域执行适应措施。尽管有所减弱,但LoPy子流域的情况也类似。然而,我们在UpPy子流域、LoUy子流域和PlBn子流域发现了相反的情况,这些子流域总体上显示出高于1961~2005年系列平均水平的SPEIs。在这些情况下,比当前气候更潮湿的气候可能也需要适应措施,例如根据新的气候现实调整作物类型。

在2041~2070年的情景中,UpPy子流域、UpPn子流域和LoPy子流域呈现出普遍的缺水状况。相反,LoPn子流域、UpUy子流域和LoUy子流域显示水分过剩。PlBn子流域显示了一种中间模式。在2071~2099年的情景中,UpPy子流域大部分时间都保持缺水,尽管缺水程度较低。它还显示了短期的特征,即水的可利用性正常,甚至有少量水过剩。UpPn子流域干湿交替,但仍以后者为主。除几个干旱期外,LoPn子流域、UpUy子流域和LoUy子流域呈现出更多的湿润期,PlBn子流域也是如此。总之,在2007~2040年的情景中,拉普拉塔流域北部的子流域显示出干旱期的趋势,而南部的子流域显示出干湿交替的趋势。随着对更遥远的未来情景的讨论,更潮湿的气候往往会通过增加湿润期的数量或减少干旱期而蔓延到北部子流域。

图7-6显示了在12个月的SPEI时间尺度和气候情景下,每个月遭受缺水的总子流域面积的百分比。从对12个月的SPEI的分析中获得了有趣的结果。在2007~2040年的情景中,对于UpPy子流域、UpPn子流域和LoPy子流域,我们观察到受干旱期影响的面积显著

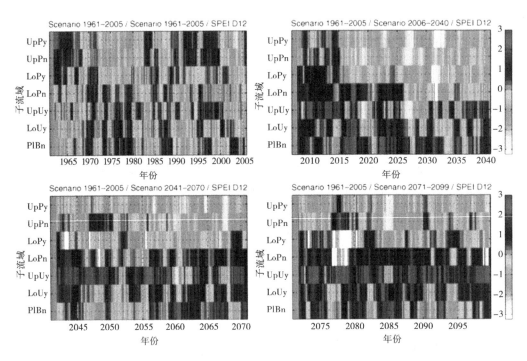

图 7-5　所有子流域和场景的 *SPEI*(12 个月对比,该图的颜色表示参见色板部分)

增加(在 LoPy 子流域中未标出)。LoPn 子流域和 UpUy 子流域保持稳定,尽管与对照方案相比,干湿周期在时间上分布不同。与对照方案相比,LoUy 子流域和 PlBn 子流域显示受干旱期影响的面积显著减少。在 2041~2070 年的情景中,子流域 UpPy、UpPn 和 LoPy 显示了大面积的缺水区域,尽管低于之前的情景。LoPn 子流域也发生了同样的情况,与 2007~2040 年的情况相比,那里遭受缺水的面积较小,但受干旱影响的地区仍然占主导地位。与2007~2040 年交替出现干旱期和湿润期的情况相比,UpUy 子流域和 LoUy 子流域仍显示出小面积的缺水,PlBn 子流域增加了受干旱影响的面积。最后,在 2071~2099 年的情景中,UpPy 子流域、UpPn 子流域和 LoPy 子流域受缺水影响的面积有所减少,尽管干旱气候仍然占主导地位。在 LoPn 子流域、UpUy 子流域、LoUy 子流域和 PlBn 子流域,除了短期内,在这种情况下受缺水影响的面积很小。随着对更遥远的未来情景的讨论,次盆地的干旱有减少的趋势。随着时间的推移,从南到北的水资源利用情况有所改善。

表 7-3 以及图 7-7(略)和图 7-8(略)显示了表征旱季的选定变量的值,比较了 *SPEI* 12 个月时间尺度的不同气候情景下每个子流域的情况。干旱期的频率、持续时间、幅度和强度,在 UpPy 子流域和 UpPn 子流域,我们观察到,2007~2040 年的情景显示了水供应方面最糟糕的情况。LoPy 子流域的情况与 2007~2040 年的情况相同,但没有达到 UpPy 子流域和 UpPn 子流域的水平。在对照方案中,LoPn 子流域、UpUy 子流域和 LoUy 子流域显示正常至稍湿的气候,仅显示短时间、低强度的干旱期。在未来的情景中,气候在未来的情景中逐渐变得更加湿润,减少了干旱期的频率、强度和空间覆盖范围。最后,在 PlBn 子流域,控制方案的特点是干湿交替。在 2007~2040 年的情景中,我们观察到干旱期的数量、持续时间、规模和空间覆盖面都大幅减少。然而,不同于其他子流域,尽管正常到潮

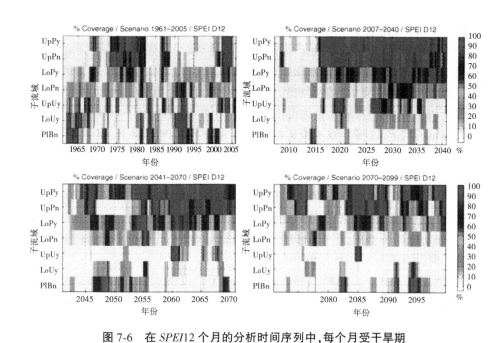

图7-6 在 *SPEI*12 个月的分析时间序列中,每个月受干旱期
(覆盖率,%)影响的每个子流域的总网格数占所有情景的百分比

湿的气候占优势,也有准时的干旱期。然而,这些干旱期没有对照方案中观察到的严重。

表 7-3 表征干旱期的选定变量的值,比较当前气候和 2071～2099 年时间尺度的
每个 *SPEI* 12 个月时间尺度的不同气候情景

变量	时间范围	UpPy	UpPn	LoPy	LoPn	UpUy	LoUy	PlBn
干旱期总数	1961～2005	4	3	4	4	10	8	6
	2071～2099	7	5	4	0	1	1	3
干旱期总数(年)	1961～2005	0.1	0.1	0.1	0.1	0.2	0.2	0.1
	2071～2099	0.2	0.2	0.1	—	0	0	0.1
干旱期平均持续时间(月)	1961～2005	46.3	57	17.8	21	13.4	14.4	26
	2071～2099	31.9	29.2	17.3	—	12	11	16.3
干旱期平均烈度	1961～2005	41.6	54.6	15.7	15.5	13.2	14.9	24.3
	2071～2099	42.1	41	14.6	—	17.6	8.4	16.5
干旱期平均强度	1961～2005	-0.9	-1	-0.8	-0.7	-0.9	-0.9	-0.9
	2071～2099	-1.3	-1.2	-0.8	—	-1.5	-0.8	-1

在 2007~2040 年情景下,UpPy 和 UpPn 整个子流域表现为正模式,而 P 值则在大部分盆地表现为负模式。我们观察到干旱期的频率、持续时间、强度和平均强度以及受影响面积的增加。这种格局是由于各分流域的水资源随后减少而造成的最坏情况。2041~2070 年和 2071~2099 年情景的情况有所改善,主要是 P 值,但没有达到控制情景的水平。同时,P 值和 PET 值也有很大的变化范围。在相同的场景中,有一些网格的正变异为中等的 PET,而显著的 P,这将导致水资源的增加。但在同样的情景下,也存在 PET 显著正变化、P 显著负变化的网格,这将导致水资源的减少。PET 值和 P 值在不同时间情景下的不同子流域之间的空间异质性表明,应谨慎使用由子流域汇总的结果。

对于 LoPy 子流域,在 2007~2040 年的情景中,几乎整个流域显示出正的 PET 模式,而 P 没有明显的模式依赖于每个分析网格。在 2007~2040 年期间,干旱期的持续时间、规模和受影响面积显著增加,尽管没有达到其他子流域的水平。情况比 2041~2070 年情景有所改善,但没有达到对照情景的相似特征。

在对照情景下,LoPn 子流域气候表现为正常至轻度湿润,有特定的低强度干旱期。随着时间的推移,气候逐渐变得更加湿润,干旱期的频率、强度和空间覆盖范围逐渐减少。因此,预期未来的情况将比对照情况下的水资源更多。然而,我们也在子流域发现了 PET 和 P 呈正向或反向变化的网格。

1961~2005 年,UpUy 子流域表现出干湿交替的特征。我们观察到 PET 的小的正变化在未来情景中保持相似,而 P 的强的正变化在更遥远的未来情景中进行分析。在 2007~2040 年的情景中,我们观察到干旱期减少,尽管干旱期更长,也更严重。2041~2070 年,以湿润气候为主,枯水期的频率、持续时间、强度和空间覆盖均呈下降趋势。因此,未来该子流域的可利用水资源将显著改善。

LoUy 子流域在未来远景情况下表现出稳定的 PET 模式和渐进的 P 正模式。这两个变量的综合作用确保了该子流域未来的水资源可利用性。最后,在 2007~2040 年情景中,PlBn 子流域表现出 PET 负向和 P 正向的格局,但平均变化不大。这两个变量的联合效应有利于水资源的可用性。在其他情景中,PET 与对照情景的值保持相似,P 的正模式保持稳定,没有发现在其他子流域 P 出现正向性增加。

7.3.3 图形用户界面作为干旱管理工具

目前的工作产生了大量的信息,无论是在 10 km×10 km 网格水平还是在子流域水平。我们设计了一个具有图形用户界面(GUI)的工具,以促进气象部门、水务部门、与流域管理相关的国家和国际机构、利益相关者、决策者和普通用户等以一般的和具体的方式将结果可视化。设计的工具允许在不同的尺度上查询研究结果,考虑到用户的需求。该工具的开发使用 MATLAB、Java、GIS 工具和 MapServer 编程,以及其他程序和支持实用程序。GUI 工具有一个包含可用内容的主页(见图 7-9)。

可以在 3 个层次上进行查询:①拉普拉塔流域;②子流域;③10 km×10 km 单元网格。在整个流域和子流域的层面上,SPEI 值可以在不同的时间尺度(1 个月、3 个月、6 个月和12 个月)和由用户选择的时间间隔内的气候情景(例如,整个流域、SPEI 1 个月、2000 年 2月;参见图 7-10)。该程序提供了一个选项,以显示选定索引的时间演变的动画。此外,

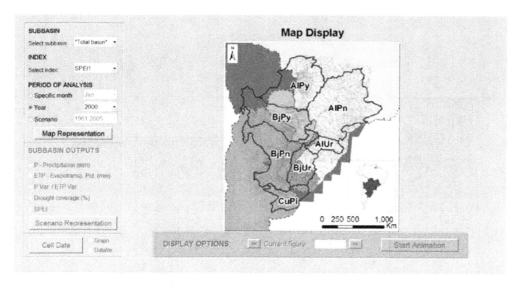

图 7-9　GUI 工具主页面

查询可以与数据库相关联,在数据库中可以获得具有相应坐标的数据。在子流域水平上,除 SPEI 外,还可以将研究所得的信息可视化,例如 PET 值和 P 值、气候情景之间的 PET 和 P 变化以及空间干旱覆盖率的百分比。在网格尺度上,可以根据不同的气候情景,点击地图上的一个网格进行查询,并连接到 SPEI 的数据库进行不同时间尺度的查询。结果以图形或数据文件显示。图 7-11 显示了所分析的每一个气候情景和每一个 SPEI(1 个月、3 个月、6 个月和 12 个月)的每一个选定单元的可用信息输出格式。单击单元格可获得图形信息或数据文件。

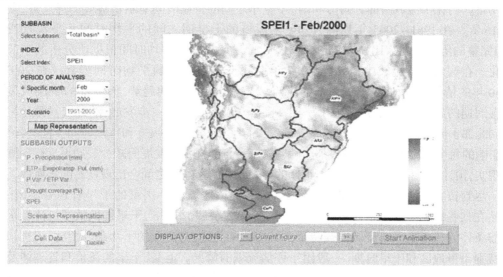

图 7-10　输出:整个流域 SPEI 1 个月(2000 年 2 月)

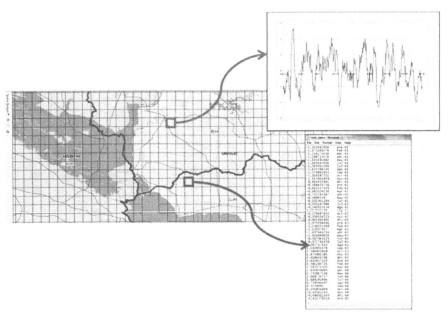

图 7-11　交互式地图界面(通过单击地图上的单元格,可以获得图形信息或数据文件)

7.4　结　论

对历史数据(雨量站自 1851 年以来有记录)的年度分析表明,拉普拉塔流域干旱年之间的平均时间为 6 年。仅考虑 1961~2005 年期间(当前气候的代表性时期),该值增加到 9 年。当在子流域层面进行分析时,干旱年之间的持续时间显示出显著的异质性,介于6~16 年。在 1961~2005 年期间,UpPy 子流域的干旱期之间的平均时间几乎没有减少(与完整的历史序列相比),在 LoPy 子流域,干旱期之间的平均时间根据所分析的季节而变化。在剩余的子流域中,1961~2005 年期间干旱期之间的平均时间增加。在 2007~2040 年的情景中,我们注意到北部的子流域显示出干旱期的趋势,而南部的子流域显示出湿润期的趋势,其间有短暂的干旱期。随着未来情景的进一步发展,潮湿气候预计将扩展到北部子流域,增加潮湿期的频率,减少北部地区干旱期的幅度和持续时间。同样,受干旱影响的每个子流域的面积一般都会随着未来情景的进一步发展而减少。如果气候预测成为现实,预计与干旱期、正常期和丰水期的存在相关的子盆地之间会出现显著的异质性。

尽管拉普拉塔流域的干旱问题普遍存在,但该区域 5 个国家的干旱管理并不统一。虽然在某些情况下有干旱监测和预警工具,但在另一些情况下,干旱被低估了。流域水文气候条件的分析是反映流域气候特征及其变化的关键,与流域的平均条件相比,识别和描述特别干旱地区和干旱时期,一般用于评估流域的情况。但是,干旱的评价和管理涉及对今后研究中应包括的其他因素的研究,例如评价和分析每个流域的用水和水利基础设施,以及流域内现有的调节能力。因此,短期内需要把最可能遭受干旱期的地区同需求满足情况的分析联系起来,评估现有的基础设施,以及新基础设施对满足需求的影响,并对当前和未来情景下各子流域的调节能力进行评估。一个很有可能遭受长时间干旱的流域或多或少会受到干旱的影响,这取决于现有的用途、由此产生的影响及其调节能力。定量评价当前和未来用水需求的满足程度,分析满足不同层次用水需求的法规要求,是今后的一项重要工作。在干旱管理计划中,必须对各分流域的当前情况以及根据未来不同情况需要新设施有一个初步的区域远景。

由于所分析的子流域的规模很大,结果又很集中,当整个子流域获得的平均 *SPEI* 值表明处于正常情况时,子流域内的重要地区可能会遭受干旱。如果我们再考虑这些地区的经济活动、土地利用和现有的基础设施,可能会存在本研究工作规模忽略的水资源管理问题。因此,我们建议选择最敏感的区域进行详细研究。

此外,本研究还揭示了流域内干旱期的异质性和气候情景。有了关于干旱特征(持续时间、强度、频率、空间覆盖)及其影响的信息,每个子流域内对干旱至关重要或高度脆弱的区域就可以确定过去(基于历史数据系列)和未来的气候情景。也有可能在每次干旱发生和发展期间实时确定这些地区,并优先采取措施。

其中一个主要的中期目标应该是利用子流域作为管理单位,对干旱进行综合管理。鉴于目前几个国家共享子流域,不同的法律和体制框架将参与干旱预防和缓解行动。拥有一个单一的法律和体制框架,旨在对所有利益攸关方参与的整个子流域进行干旱管理,将是界定、协调和管理干旱前(预防)、干旱期间(管理)和干旱后(恢复)行动的关键。此外,为了促进子流域一级的干旱管理,有必要通过所有国家的共同协议,确定指数及其阈值,例如,这些指数和阈值描述了与干旱有关的正常、预警、警戒和紧急情况,每种情况都与结构性措施和非结构性措施有关。

尽管干旱在拉普拉塔流域是一种反复出现的现象,而且根据这项研究,它在未来具有重要意义,但干旱往往被当作危机来处理,并以很少属于已经起草的计划的紧急措施加以解决。这些措施的目的通常是通过抽取地下水来保证水资源的可用性,实施暂时的供水限制,以及相互连接的水系,这往往伴随着环境、功能和经济成本。因此,建议建立必要的机制,帮助在子流域一级执行干旱管理计划。这项计划的主要目标将是根据一套指标和已经确定的阈值及早发现缺水情况,以便确定与干旱有关的情况的特征。该计划还包括在任何确定的情况下采取的行动,以预防、减轻或解决干旱影响。措施分为战略措施、战术措施和紧急措施(西班牙环境事务部,2007)。

战略措施是长期的机构行动,包括发展基础设施作为水文规划的一部分(水贮存和管理结构、立法和水管理)。它们需要长期植入、巨额预算、政治谈判、社会认可,最终还需要立法改革。战术措施是短期行动,需要根据干旱管理计划提前规划和验证。它们必须根据历史情况设计,一旦指标系统观察到干旱,就必须采用。最后,紧急措施是在干旱后期采取的,根据干旱的严重程度、范围或对流域的影响程度而有所不同。

此外,气候和水文信息以及干旱指数是用于在流域范围内监测干旱的关键组成部分。拥有一个在地图上显示这些信息的工具(例如,每周或每月的时间步长),并集中来自每个子流域的信息,将非常有用。这一工具将使决策者和科学家能够监测和评估干旱的演变,并将其与过去的事件进行比较。在观察站中,公共机构的所有利益攸关方都应参与进来,以便建立拉普拉塔流域干旱影响的知识、预测、缓解和监测中心。

综上所述,根据已确定的问题提出的未来活动建议是:①确定需要进一步详细分析的关键领域;②在更详细的空间尺度上分析根据现有基础设施可提供的最大需水量,并量化旨在增加供水的替代方案;③建立部门和分区域方法/规程,以便客观地量化干旱造成的经济损失;④确定和评估历史干旱的影响;⑤制定子流域一级的干旱管理计划,建立拉普拉塔流域干旱观测站;⑥制定国家间交叉合作方案,包括为新技术的选择、委托、运行、培训和流动活动以及旨在加强体制的其他活动提供技术支持。

参考文献

Alves, L. F., Marengo, J. A., and Chou, S. C. (2004). Avaliação das previsões de chuvas sazonais do modelo Eta climático sobre o Brasil. In: Congresso Brasiliero de Meteorologia, 13. 29 Agosto-13 setembro, 2004, Fortaleza, (CE).

Beguería, S., VicenteSerrano, S. M., and Angulo, M. (2010). A multiscalar global drought data set: the SPEIbase: a new gridded product for the analysis of drought variability and impacts. Bulletin of the American Meteorological Society 91: 1351-1354.

Bustamante, J. F., Gomes, J. L., and Chou, S. C. (2002). Influência da temperatura da superfície do mar sobre as previsões climaticas sazonais do modelo regional Eta. In: Congresso Brasiliero de Meteorologia, 12. 4-9 agosto 2002, Foz do Iguaçu (PR), pp. 2145-2152.

Bustamante, J. F., Gomes, J. L., and Chou, S. C. (2006). 5year Eta model seasonal forecast climatology over South America. In: International Conference on Southern Hemisphere Meteorology and Oceanography, 08. 24-28 April 2006, Foz do Iguaçu (PR), pp. 503-506.

Chou, S. C., Fonseca, J. F. B., and Gomes, J. L. (2005). Evaluation of Eta model seasonal precipitation forecasts over South America. Nonlinear Processes in Geophysics 12 (4): 537-555.

Donat, M. G., Alexander, L. V., Yang, H., Durre, I., Vose, R., Dunn, R. J. H., Willett, K. M., Aguilar, E., Brunet, M., Caesar, J., Hewitson, B., Jack, C., Klein Tank, A. M. G., Kruger, A. C., Marengo, J., Peterson, T. C., Renom, M., Oria Rojas, C., Rusticucci, M., Salinger, J., Elrayah, A. S., Sekele, S. S., Srivastava, A. K., Trewin, B., Villarroel, C., Vincent, L. A., Zhai, P., Zhang, X., and Kitching, S. (2013). Updated analyses of temperature and precipitation extreme indices since the beginning of the twentieth century: the HadEX2 dataset. Journal of Geophysical Research 20: 1-16. doi: 10. 1002/jgrd. 50150.

Ferraz, C. (2014a). Producto 1: Relatório contendo a analise das simulações do modelo Eta 20 km para a região da Bacia do Prata, utilizando as condições do HadGEM2ES RCP 4. 5, para o período de 1961-2100. Organización de Estado Americanos, Brasil, 28 pp.

Ferraz, C. (2014b). Producto 2: Relatóriocontendo a analise das simulações do modelo Eta 10 km para a região da Bacia do Prata, utilizando as condições do HadGEM2ES RCP 4. 5, para o período de 1961-2100. Organización de Estado Americanos, Brasil, 28 pp.

HFA. (2005). Hyogo Framework for Action 2005-2015: Building the Resilience of Nations and Communities to Disasters. World Conference on Disaster Reduction, Hyogo, Kobe Japan, 18-22 Jan 2005.

IPCC. (2014). Climate Change 2014: Synthesis Report. Contribution of Working Groups Ⅰ, Ⅱ and Ⅲ to the Fifth Assessment Report of the Intergovernmental Panel on Climate Change (Core Writing Team, ed. R. K. Pachauri and L. A. Meyer). Geneva, Switzerland: IPCC, 151 pp.

Marengo, J., Chou, S., and Alves, L. (2014). Clima, variabilidadehidro climatica ecenarios futuros de clima na Bacia do Prata: Umarevisãogeral. INPE, Brasil, 31 pp.

Spanish Ministry of Environmental Affairs (Ministerio de Medio Ambiente), Spain (2007). Plan Especial de actuación en situaciones de alerta y eventual sequía de la Cuenca Hidrográfica del Tajo. Programa AGUA, Ministerio de Medio Ambiente, Madrid, España, 146 pp.

Tucci, C. (2013). Avaliacao e Estratégias para os Recursos Hídricos no Río Grande Do Sul. Rhama Consultoria Ambiental, Brasil, 25 pp.

University of East Anglia Climatic Research Unit (CRU). (2014). CRU TS version 3.22. Climatic Research Unit (CRU) timeseries datasets of variations in climate with variations in other phenomena. Climatic Research Unit, NCAS British Atmospheric Data Centre, 2014.

VicenteSerrano, S. M., Santiago Beguería, and Juan I. LópezMoreno (2010a). A multi scalar drought index sensitive to global warming: the standardized precipitation evapotranspiration index-SPEI. Journal of Climate 23: 1696-1718.

VicenteSerrano, S. M., Beguería, S., LópezMoreno, J. I., Angulo, M., and El Kenawy, A. (2010b). A new global 0.5° gridded dataset (1901-2006) of a multiscalar drought index: comparison with current drought index datasets based on the Palmer Drought Severity Index. Journal of Hydrometeorology 11: 1033-1043.

第8章 干旱保险

8.1 简 介

干旱是一种影响生态系统和社会的复杂自然灾害(Van Loon，2015)，近年来对干旱影响的估计表明，与干旱相关的损失正在增加(Stahl 等，2012)。

干旱地区应对干旱的主要适应手段之一是灌溉。然而，干旱不仅影响旱作农业，而且还影响灌溉用水的供应。"气象干旱"专指长期降水不足，通常影响大面积旱作农业。但是，当气象干旱降低了溪流、河流、湖泊和水库的水位时，就会出现水文干旱，影响灌溉(和其他用途)的可用水量。

许多供水系统目前都面临着压力，因为在过去的几十年里，人类用水量增加了一倍多，而可用淡水资源是有限的(Wada 等，2011)。旨在保护濒危物种的环境政策对灌溉用水提出了更多的限制，加剧了灌溉农业的水资源短缺问题(Johansson 等，2002；Buchholz 和 Musshoff，2014)。

此外，气候变化预测表明，21 世纪南欧、地中海地区、中欧、北美中部、中美洲、墨西哥、巴西东北部和非洲南部的干旱将加剧(IPCC，2014)。多模型试验表明，气候变化可能会显著加剧区域和全球水资源短缺(Schewe 等，2014)，21 世纪末全球水文干旱的严重程度可能会加剧(Prudhomme 等，2014)。Milly 等(2005)预测，到2050 年，非洲南部、南欧、中东和北美中纬度西部地区的径流量将减少 10%~30%。

为了应对农业干旱风险，政府间气候变化专门委员会建议的一些适应工具是作物保险、补贴干旱援助和水权交易(IPCC，2014)。欧盟委员会(2007)已经提出将作物保险作为应对气候变化的一种适应工具。

农业保险是向农民提供的管理风险的最佳工具之一，这些风险太大，农民自己无法管理(世界银行，2011)。农业保险可以将农业部门的脆弱性预期增加货币化，并使生产者能够将其不确定性转移给第三方，从而减少与收入损失相关的可变性和风险(Perez Blanco 等，2011)。

尽管雨水灌溉系统通过保险计划得到了相当程度的抗旱保护，但灌溉系统仍大多不受保护。在接下来的章节中，我们将描述干旱保险给保险开发商带来的主要困难和挑战，以及雨灌系统和正在实施或正在研究的灌溉系统中不同类型的干旱保险。天气指数保险对于保护灌溉作物不受干旱影响具有特别重要的意义。

8.2 发展旱灾保险面临的主要困难和挑战

农业保险是最难发展的保险方案之一。农业保险市场可能失灵的重要原因有：①空间关联风险,②道德风险,③逆向选择,④高额行政成本(世界银行,2005)。

　　干旱是一种特别难以防范的现象,是农业系统中第三大重要风险,仅次于冰雹和霜冻(Agroseguro,2015a)(见图8-1)。它的影响是长期的,可以延伸到一个以上的生长季节,可能导致其他问题的发生或加重这些问题(削弱植物,使它们更容易患病)。此外,某些地区的干旱可以提前预测,导致跨期逆向选择。跨期逆向选择源于季节前天气信息会影响作物保险决策(Carriquiry 和 Osgood,2012),因为农民可能只在干旱风险和赔付概率较高的年份使用这一信息购买保险(Luo 等,1994)。

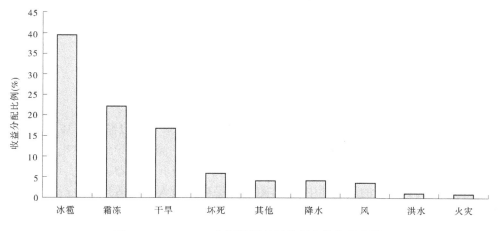

图 8-1　1980~2014 年西班牙按风险划分的收益分配

　　干旱的可能性和严重程度也会受到气候变化的影响。气候变化是干旱风险中一个主要的不确定性因素(Bielza Diaz Caneja 等,2008)。气候变化导致的干旱风险增加以两种方式影响保险价格。首先,不确定性和巨灾负荷增加,因为与未来气候变化影响相关的不确定性导致保险公司在确定这些负荷时对最可能出现的最坏情况进行计划。历史回归期可能不是有效的,因为它们可能低估了未来农业损失的可能性。其次,干旱风险的增加改变了纯风险(Collier 等,2009)。因此,保险参数必须随着时间的推移而调整,以有效地对冲未来的天气风险(Kapphan 等,2012)。

　　在灌溉农业中,困难增加了,因为有关水供应的制度决定产生了高度的不确定性;由于农场的水资源管理和作物决策,道德风险增加,农民可以获得多种多样的水资源。

8.3　干旱保险的种类

　　旱灾保险可分为两类(根据执行损失调整的方式):赔偿型保险或指数型保险,取决于受保作物为雨养作物或灌溉作物。表8-1列出了实施干旱保险的一些例子,并在下面的章节中做进一步解释。尽管雨养系统的干旱风险得到了足够的管理(至少在发达国家),但灌溉系统的干旱风险仍然没有得到足够的管理。

表 8-1　干旱保险的类型和实施实例

		雨养作物	灌溉作物
基于赔偿		西班牙、塞浦路斯、阿根廷、智利、秘鲁、美国的 MPCI 项目	只在美国有 MPCI 项目
基于指数	面积—产量	美国、瑞典、加拿大、印度	—
	气象指数	墨西哥和印度的降水指数保险	越南(未提供更多)
	遥感指数	加拿大、西班牙、美国	—
	水文指数	—	—

8.4　旱灾赔偿保险

在以赔偿为基础的保险中,损失是现场衡量的。最常见的以赔偿为基础的保险是 MPCI,或收益保险。它通常能防止多种危险,也就是说,它涵盖了导致产量损失的许多不同原因。对于 MPCI 来说,管理成本特别高,因为需要建立预期收益,验证实现收益,将潜在被保险人分类到适当的风险池中,并监测以确保被保险人采用适当的生产投入和实践(Coble 和 Barnett,2013)。

有许多国家在这类政策下为旱作作物投保:西班牙(ENESA,2012)、塞浦路斯(Tsiourtis,2005)、阿根廷(Oficina del Riesgo Agropecuario,2010)、智利(Magallanes,2015)、秘鲁(La Positiva,2015)和美国(风险管理署,2015)。

据我们所知,涉及灌溉作物的 MPCI 保险仅在美国实施。在灌溉实践中,考虑到作物季节开始时(当有保险时)的预期可用水量,农民可以选择只对将得到充分灌溉的面积进行保险。预期的可用水量是基于水库的可用水量、土壤水分水平、积雪储藏量(如果适用的话)以及通常在作物生长季节可获得的降水量。要被 MPCI 覆盖,任何灌溉供水失败必须是由于自然发生的事件。由于环境原因、契约遵守或其他非自然原因而导致的水分配减少不在报告范围内(风险管理署-Topeka,2015)。

尽管没有实施,但一些研究人员提出了其他涵盖水资源短缺风险的保险方案。西班牙的一些灌溉地区提出了以保障性为基础的保险方案,即使用作物生产函数或作物模拟模型来评估干旱的经济影响(Quiroga 等,2011;Perez Blanco 和 Gomez Gomez,2013;Ruiz 等,2013,2015)。

8.5　干旱指数保险

指数保险根据指定指数的观测值对被保险人进行赔偿。理想情况下,指数是一种随机变量,它是客观可观察的、可靠可测量的、与被保险人的损失高度相关的,而且不受被保险人行为的影响(Miranda 和 Farrin,2012)。

指数保险在高收入国家并不常见,这些国家的市场主要是采用 MPCI 保险的市场(世界银行,2011)。指数产品对系统性风险是有用的,最适合同质领域(Bielza DiazCaneja 等,2008)。

我们可以区分区域收益(或收入)指数保险[在这种保险中,赔款是根据区域平均收益(或收入)的差额支付的(Miranda,1991;Skees 等,1997;Coble 和 Barnett,2008)]和天气指数保险(Martin 等,2001;Turvey,2001;Vedenov 和 Barnett,2004;Barnett 和 Mahul,2007;Collier 等,2009;Skees,2010;Ritter 等,2012)。产量(或收入)保险是基于历史上产生的回报在一个均匀的地理区域,这样,如果带状收益率低于某个值,所有被保险人农民在这一领域获得赔偿,不管是已经遭受损失或没有(美国、瑞典、加拿大和印度等,提供这种类型的保险)。对于干旱保险的应用,本节将重点介绍天气指数保险。

在天气指数保险中,赔款是根据某一特定天气参数(例如雨量或温度)在预定时间内,在某一特定测量点量度的实际情况而支付的。天气指数保险计划有时被称为"衍生产品"(Hess 和 Syroka,2005)。虽然风险转移的特点和好处是相似的,这两种工具有不同的监管、会计、税收和法律问题。衍生产品不一定与任何有形损失相关(世界银行,2011)。芝加哥商品交易所(CME)从 1999 年开始交易天气衍生品,并在 2011 年将 10 个选定美国城市的降水衍生品标准化(Ritter 等,2012)。

与 MPCI 计划相比,指数保险的一些优点是:

(1)减少了逆向选择的风险,因为指数工具不要求保险公司根据其风险敞口对潜在购买者进行分类。然而,天气指数工具可能容易受到跨期逆向选择的影响(Barnett 等,2008)。

(2)降低了道德风险,因为农民无法影响索赔。此外,由于即使面对恶劣天气事件,农民也有动力继续生产或试图挽救他们的作物和牲畜,指数保险应提供更有效的资源配置(世界银行,2005)。

(3)消除了田间损失评估,降低了管理成本。减少了信息需求和官僚作风,降低了行政成本。

(4)透明度高和便利再保险,因为它是基于独立测量的天气事件。

保险应基于的指标选择在文献中被广泛讨论(Bielza DiazCaneja 等,2008;Leiva 和 Skees,2008;世界银行,2011)。一个合适的指数的两个基本前提是:①与潜在损失高度相关;②保险业质量标准的履行情况(可观察的、容易测量的、客观的、透明的、独立可验证的、及时报告的、长期一致的、广泛经历的、不受操纵的对象)。

有不同类型的干旱指标可作为干旱保险的基本指标,这取决于它们所依据的变量。它们被用于干旱监测和干旱管理目的(Estrela 和 Vargas,2012)。

表 8-2 列出了气象、农业、水文和遥感干旱指标的一些实例,并列举了它们在干旱管理和干旱保险方面的一些应用。

根据基础指数,我们可以将气象干旱指数保险分为几类:气象干旱指数保险、遥感干旱指数保险和水文干旱指数保险(见表 8-1)。

在实践中使用指数保险的一个主要障碍是基础风险的存在(Vedenov 和 Barnett,2004;Woodard 和 Garcia,2008)。基础风险是实际损失与保险偿付之间的偏差。基础风险降低了指数保险的对冲有效性,降低了购买这些工具的意愿(Ritter 等,2012)。由于指

表 8-2　干旱指标的类型、例子、使用的变量和应用

指标类型	名字与参考文献	基础条件	应用
气象的	十分位数（Gibbs 和 Maher，1967）	降水	用于澳大利亚干旱监测（澳大利亚气象局，2015）
	标准化降水指数（McKee 和 Doesken，1993）	降水、蒸散发和温度	用于美国干旱监测（国家干旱缓解中心，2015）
	各种累积降水指数	降水	使用于印度（印度农业保险有限公司，2014a，2014b）和加拿大（AGRICORP，2015；AFSC，2015a）作为干旱保险的触发器
农业的	帕默尔干旱严重指数（PDSI）（Palmer，1965）	降水量、蒸散发量、土壤含水量和水分平衡	用于美国干旱监测（美国干旱门户网站，2015b）
	作物水分指数（CMI）（Palmer，1968）	降水量、蒸散发量、土壤含水量和水分平衡	用于美国干旱监测（美国干旱门户网站，2015a）
	FCDD 指数（Hartell 等，2006；Bielza DiazCaneja 等，2008）	温度、湿度和降水	用作墨西哥农业保险公司农业品类天气风险转移的触发器（Hartell 等，2006；Bielza DiazCaneja 等，2008）
水文的	状态指标（朱卡河水文测量联合会，CHJ，2007）	河川径流数据、水库蓄水、含水层和雪	西班牙干旱管理计划（Estrela 和 Vargas，2012）
	萨克拉门托流域指数（垦务局，2008）	河川径流数据	由加州水资源部和美国垦务局使用（垦务局，2008）
遥感的	归一化差异植被指数 NDVI（Rouse 等，1974）	卫星图像	在西班牙（Agroseguro，2015b）和加拿大阿尔伯塔省（AFSC，2015b）用于触发草场干旱保险

数保险赔偿额不是由农场层面的损失引发的，而是由一个独立的衡量标准（指数）的价值引发的，投保人可能会遭遇损失，但却得不到赔偿。相反，投保人可能并未遭受损失，但仍可获得赔偿。指数保险作为一种风险管理工具的有效性取决于农田损失与基础指数之间的正相关程度。

除了定义索引,指定的气象站天气变量构造了指数是测量和记录,宣布买方/卖方信息(名称、作物保险和表面),并指定的溢价和风险保护的合同,一个基于指数的天气保险合同还必须包括以下信息(Hartell 等,2006):

(1)冲击、触发或更高的阈值,这是天气保护被触发的指数水平。因作物损失而发出支付信号的触发器在指数保险产品定价中非常重要,因此获得作物损失指示的最优触发器是可取的(Choudhury 等,2015)。罢工决定了被保险人的风险自留水平。一个非常接近指数平均值的触发器表明终端用户的风险自留水平较低,并有很高的可能性支付合同(Hartell 等,2006)。

(2)补偿点,即每单位指数偏差高于或低于触发点的财务补偿,并将指数结果转换为一个货币量(Ritter 等,2012;世界银行,2011)。

(3)责任,这是指数保险的保护水平(Zeuli 和 Skees,2005)。它相当于被保险人可能获得的最大赔偿(Miranda 和 Farrin,2012)。

指数保险通常遵循图 8-2 所示的方案,其中用于合同设计的变量是累计降水量。如果作物季节累计降水量超过上限,该政策支付为零;否则,该政策将对与罢工相关的每毫米降水不足支付一笔补偿金,直到较低的阈值。如果降水量低于较低的阈值,保单支付固定的较高的赔偿(Martin 等,2001;Vedenov 和 Barnett,2004;世界银行,2011;Gine 等,2007)。因此,需要为每种风险和每个国家设定适当的阈值(Hess 和 Syroka,2005)。

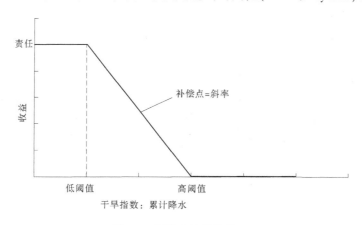

图 8-2　指数合约的结构

以下各节提供了为雨养作物和灌溉作物实施的干旱指数保险的一些例子(见表 8-1),以及为灌溉作物设计干旱指数保险(基于天气)的一些研究进展。

8.5.1　气象指数保险

在中低收入国家,广泛使用基于气象的指数保险来覆盖旱地作物,以防干旱。

墨西哥和印度目前拥有最发达的降水指数保险计划。在这两个国家,该产品于 2003 年首次推出,主要侧重于降水不足(干旱)(Barnett 和 Mahul,2007)。在墨西哥,有一项保险来保护玉米、豆类、高粱和大麦种植者免受干旱和洪水造成的灾难性损失。这种保险是基于一个降水指数,该指数设置了两个触发点(以确定是否发生了干旱或洪水)。这些触发水平因作物、地区和作物生长阶段(播种、开花和收获)而异(Hazell 等,2010)。印度名为"Varsha Bima"的降水指数保险计划涵盖了特定地点和时期内由于实际降水量不足而导致的预期产量损失。它提供了两个选项:"播种失败"(SF)和"降水量分布指数"(RDI)。自然降水覆盖了被阻止/失败播种的风险,而相对湿度指数覆盖了整个季节的降水量需求,并适当考虑了作物生长关键阶段的水分需求。降水指数是通过给关键时期的降水量加权和对过量降水封顶而产生的。在该国易干旱地区,Varsha Bima 专为水稻、珍珠粟、玉米、高粱、花生等广受欢迎的大田作物而设计(印度农业保险公司,2014b)。

试点项目已在几个国家启动(主要由世界银行支持),包括泰国、印度尼西亚、马拉维、肯尼亚和尼加拉瓜(世界银行,2011;国际气候和社会调查研究所,2010)。

一些保险计划没有覆盖产量损失,而是在干旱时期防止额外的灌溉成本。从经济角度来看,产量不足造成的损失与灌溉成本增加造成的损失没有区别(Mafoua 和 Turvey,2003)。一项针对越南个体咖啡农的基于降水的干旱指数保险计划旨在补偿干旱期间产生的额外成本。咖啡一般一年灌三次。一旦发生干旱,就需要第四次灌溉。该保险由GlobalAgRisk(2009)研究,由宝明公司以 10%的保险费率实施(Bao Minh,2015)。然而,由于损失,保险公司不得不停止为达卡的咖啡提供干旱保险(Mai 和 Hung,2013)。

虽然尚未实施,但一些研究人员已经调查了基于气象指数保险覆盖灌溉作物抗旱的潜力:

Mafoua 和 Turvey(2003)为研究如何利用降水来减轻农民过度灌溉成本提供了一个出发点。为此,他们开发了一个灌溉成本保险的经济模型,以说明天气变量(降水量)、作物产量、灌溉成本和利润之间的关系。

Zeuli 和 Skees(2005)还在澳大利亚新南威尔士州的一个灌区提出了一种名为"累积降水保险合同"的金融产品,以管理供水风险。为了实施该方案,历史降水水平必须与历史水库水位高度正相关。承保范围和责任由被保险人选择,独立于农场的作物。

Thompson 等(2009)分析了使用降水指数来管理与作物年灌溉供应少于正常水平相关的年度风险的潜力。

Buchholz 和 Musshoff(2014)调查了基于指数的天气保险(基于基础降水指数和温度指数)的潜力,以应对由于水资源配额减少和水价上涨而对农民造成的经济不利影响。

8.5.2 遥感指数保险

基于遥感的指数保险提供了一种廉价的方法来对冲雨养作物(牧场和大型单一作物)的干旱风险。卫星遥感技术的最新进展现在可以在特定的空间尺度和光谱带宽上进行精确测量,从而可以对植被覆盖等环境条件进行动态监测。遥感已被证明是评估作物生长条件和干旱的有力工具(Peters 等,2002)。

加拿大、西班牙和美国目前都有基于国家发展计划的保险方案(Turvey 和 Mclaurin,2012)。2001 年,艾伯塔省(加拿大)启动了一个试点项目,利用卫星图像来确定历史基准产量和评估年度牧草产量(Hartell 等,2006;世界银行,2005)。在西班牙也是如此,自2001 年以来,该产品已经提供给所有进行大规模牲畜生产的农场,特别是牛、羊、马和山羊等物种。保险产品旨在覆盖经历超过 30 个干旱日的农民(基于牧场平均历史信息的

"干旱日"定义)(Agroseguro,2015b)。在美国,自 2007 年以来,已经有了基于植被指数的指数保险,覆盖养蜂业、牧场和饲料(风险管理署,2009)。

付款和实际损失(基础风险)之间的差异可能会随着时间的推移而减少,因为这一领域的改进非常快,图像分辨率定期提高,新技术迅速出现(Leblois 和 Quirion,2010)。

8.5.3 水文干旱指数保险

尽管没有在商业上提供,文献中已经提出了几种水文干旱指数保险机制,试图为水资源管理人员承保财务风险(Brown 和 Carriquiry,2007;Zeff 和 Characklis,2013)和为农业生产提供掩护(Leiva 和 Skees,2008)。Brown 和 Carriquiry(2007)利用季节性流量开发了一种指数保险,以补偿城市供水商在干旱期通过期权合同从灌溉商处获得水的成本增加。Zeff 和 Charactklis(2013)提出了一种基于流量和从多水库系统中提取的指数保险,该系统通常每年补充一次。他们提出了一份合同,在灌溉季节开始时每年购买一次,当时水库水位通常是满的。Leiva 和 Skees(2008)提出了一种指数保险,根据墨西哥西北部整个里奥梅奥灌溉系统 12 个月或 18 个月的河流流量累积,提出了两种类型的合同。累积的河流流量与年种植量高度相关。当水库流入量的累积低于一个预定的阈值时,被保险地区根据每公顷地区平均预期收入获得赔偿。

表 8-3 包括文献中提出的三种指数保险方案的主要特征(承保风险、投保人、使用的指数、保险价格、保费计算方法、合同期限、合同条件和分析的研究案例)。这些措施都没有实施,但它们显示出保护灌溉者或供水设施免受水文干旱经济损失的潜力。

表 8-3　灌溉水文干旱指数保险

保险名称	第三方指数保险合同(Zeff 和 Characklis, 2013)	灌溉保险(Leiva 和 Skees, 2008)	水库指数保险(与期权合约相关)(Brown 和 Carriquiry, 2007)
风险覆盖	水务财务风险	灌区收入稳定	水务财务风险
投保人	自来水	灌区	城市水供应商
指数	流量指数(与从水库取水量相比)	水流指数(与灌溉种植有关)	流量指数(入库流量)
保险标的	1 美元的合同;被保险人可以购买所需的合同数量	按公顷当量收入计算	按水价计算
保险费的计算	合成流量和蒙特卡罗模拟	考虑水库调度策略的模拟模型	蒙特卡罗模拟
合同有效期	1 年	12 个月或 18 个月	1 年
合同条件(如有提及)	单目标水库;水库每年重新蓄水	—	在预测前签订保险合同
研究案例	美国北卡罗来纳州达勒姆水厂	里约热内卢梅奥灌区	菲律宾大马尼拉的供水系统

8.6 结 论

在试图为农民制定涵盖干旱的保险政策方面已经做了大量工作。到目前为止,似乎很明显,旱作作物生产的干旱风险已经得到了足够的保险保障。它可能代价高昂,而且需要付出巨大努力来应对信息不对称的风险(逆向选择和道德风险)。然而,世界各地有许多为旱作农民实施有效干旱保险政策的例子。

然而,尽管灌溉农场也面临干旱风险,导致灌溉用水供应减少或完全中断,但很少有保险计划涵盖这一后果的经验。有各种原因可以解释这种经历的缺乏:①在大多数情况下,缺水是自然事件的二级后果,这意味着这不是一个纯粹的自然和随机事件;②这要求保险以指数为基础,而指数又以自然和随机变量为条件,易于客观衡量;③这可能导致构成保险单基础的指数与灌溉者可以使用的水量不完全相关;④存在跨期逆向选择的风险。这些原因解释了制定这类政策的技术困难,以及这类产品在农民中可能存在的可疑需求。

最后,我们要强调指出,在某些情况下,旱灾保险范围可通过保险机制加以对冲。因此,有必要对这一课题进行更多的研究,并看到更多的理论和数值分析的实际应用。

参考文献

AFSC (2015a). Moisture Deficiency Insurance. https://www.afsc.ca/doc.aspx? id=7859.

AFSC (2015b). Satellite Yield Insurance. http://www.afsc.ca/doc.aspx? id=3360.

AGRICORP (2015). Production Insurance Program for Forage Rainfall.

Agroseguro (2015a). El Sistema Español de Seguros Agrarios En Cifras 1980/2014.

Agroseguro (2015b). Condiciones Del Seguro de Compensación Por Pérdida de Pastos.

Agriculture Insurance Company of India Limited (2014a). Rainfall Insurance Scheme-Coffee. http://www.aicofindia.com/AICEng/General_Documents/Product_Profiles/COFFEERISCENG.pdf.

Agriculture Insurance Company of India Limited (2014b). Rainfall Insurance Scheme-Varsha Bima (Rainfall Insurance). http://www.aicofindia.com/AICEng/General _ Documents/Product _ Profiles/V AR-SHARAINFALLENG.pdf.

Australian Bureau of Meteorology (2015). Australian Rainfall Deciles. http://www.bom.gov.au/climate/enso/d6a1941.shtml.

Bao, M. (2015). Insurance Products. http://www.baominh.com.vn/vivn/chuyenmuc948 baohiemnongnghiep.aspx.

Barnett, B.J., Barnett, C.H., and Skees, J.R. (2008). Poverty traps and indexbased risk transfer products. World Development (Elsevier Ltd) 36 (10): 1766-1785. doi:10.1016/j.worlddev.2007.10.016.

Barnett, B.J. and Mahul, O. (2007). Weather index insurance for agriculture and rural areas in lower-income countries. American Journal of Agricultural Economics 89 (5): 1241-1247. doi:10.1111/j.14678276.2007.01091.x.

Bielza DiazCaneja, M., Conte, C.J., Catenaro, R., and Gallego Pinilla, J. (2008). Agricultural Insurance Schemes II Index Insurances. Italy:Ispra.

Brown, C. and Carriquiry, M. (2007). Managing hydroclimatological risk to water supply with option

contracts and reservoir index insurance. Water Resources Research (American Geophysical Union) 43 (11):
W11423+. doi:10. 1029/2007WR006093.

Buchholz, M. and Musshoff, O. (2014). The role of weather derivatives and portfolio effects in agricultural water management. Agricultural Water Management (Elsevier B. V.) 146 (February): 34-44. doi:10. 1016/j. agwat. 2014. 07. 011.

Bureau of Reclamation (2008). Central Valley Project and State Water Project Operations Criteria and Plan Biological Assessment.

Byun, H. R. and Wilhite, D. A. (1999). Objective quantification of drought severity and duration. Journal of Climate 12 (9): 2747-2756. doi:10. 1175/1520 0442(1999)012<2747:OQODSA>2. 0. CO;2.

Carriquiry, M. A. and Osgood, D. E. (2012). Index insurance, probabilistic climate forecasts, and production. Journal of Risk and Insurance 79 (0): 287-300. doi:10. 1111/j. 15396975. 2011. 01422. x.

Choudhury, A. , Jones, J. , Okine, A. , and Choudhary, R. (2015). Drought Triggered Index Insurance Using Cluster Analysis of Rainfall Affected by Climate Change. Normal, Illinois: Illinois State University. doi: 10. 1017/CBO9781107415324. 004.

Coble, K. H. and Barnett, B. J. (2008). Implications of integrated commodity programs and crop insurance. Journal of Agricultural and Applied Economics 2 (August): 431-442.

Coble, K. H. and Barnett, B. J. (2013). Why do we subsidize crop insurance? American Journal of Agricultural Economics 95 (2): 498-504. doi:10. 1093/ajae/aas093.

Collier, B. , Skees, J. , and Barnett, B. (2009). Weather index insurance and climate change: opportunities and challenges in lower income countries. The Geneva Papers on Risk and Insurance Issues and Practice 34 (3): 401-424. doi:10. 1057/gpp. 2009. 11.

Confederación Hidrografica del Júcar (CHJ) (2007). Plan Especial de Alerta Y Eventual Sequía En La Confederación Hidrográfica Del Júcar.

ENESA (2012). La Sequía, Un Riesgo Incluido En Los Seguros Agrarios. Noticias Del Seguro Agrario 82: 3-4.

Estrela, T. and Vargas, E. (2012). Drought management plans in the European Union. The case of Spain. Water Resources Management 26 (6): 1537-1553. doi:10. 1007/s1126901199712.

European Commission (2007). Green Paper from the Commission to the Council, the European Parliament, the European Economic and Social Committee and the Committee of the Regions: Adapting to Climate Change in Europe—Options for EU Action. Brussels.

Gibbs, W. J. and Maher, J. V. (1967). Rainfall deciles as drought indicators. Bureau of Meteorology Bulletin, Commonwealth of Australia, Melbourne No. 48.

Giné, X. , Townsend, R. , and Vickery, J. (2007). Statistical analysis of rainfall insurance payouts in Southern India. American Journal of Agricultural Economics 89 (5): 1248-1254. doi:10. 1111/j. 14678276. 2007. 01092. x.

GlobalAgRisk (2009). Designing Agricultural Index Insurance in Developing Countries: A GlobalAgRisk Market Development Model Handbook for Policy and Decision Makers. Lexington, KY: GlobalAgRisk, Inc.

Hartell, J. , Ibarra, H. , Skees, J. , and Syroka, J. (2006). Risk Management in Agriculture for Natural Hazards. Rome: ISMEA.

Hazell, P. , Anderson, J. , Balzer, N. , Hastruo Clemensen, A. , Hess, U. , and Rispoli, F. (2010). Potential for Scale and Sustainability in Weather Index Insurance for Agriculture and Rural Livelihoods. Rome: Rural Finance. http://www. ruralfinance. org/servlet/CDSServlet? status = ND0xODA1LjcyMzQ1JjY9ZW4m

MzM9ZG9jdW1lbnRzJjM3PWluZm8~ .

Heim, R. R. (2002). A review of twentiethcentury drought indices used in the United States. Bulletin of the American Meteorological Society (August): 1149-1166. http://www. engr. colostate. edu/~jsalas/classes/ce624/Handouts/20th century droughtHeim 02. pdf.

Hess, U. and Syroka, J. (2005). WeatherBased Insurance in Southern Africa The Case of Malawi. 13. Agriculture and Rural Development Discussion Paper. Agriculture and Rural Development Discussion Paper. Instituto Internacional de Investigación para el Clima y la Sociedad (2010). Seguros En Base a índices Climaticos Y Riesgo Climático: Perspectivas Para El Desarrollo Y La Gestión de Desastres. Clima y sociedad, no. 2.

IPCC (2014). Climate Change 2014: Synthesis Report. Contribution of Working Groups I, II and III to the Fifth Assessment Report of the Intergovernmental Panel on Climate Change. IPCC.

Johansson, R. C. , Tsur, Y. , Roe, T. L. , Doukkali, R. , and Dinar, A. (2002). Pricing irrigation water: a review of theory and practice. Water Policy 4: 173-199. http://www. sciencedirect. com/science/article/pii/S1366701702000260.

Kapphan, I. , Calanca, P. , and Holzkaemper, A. (2012). Climate change, weather insurance design and hedging effectiveness. The Geneva Papers on Risk and Insurance Issues and Practice (Nature Publishing Group) 37 (2): 286-317. doi:10. 1057/gpp. 2012. 8.

Keyantash, J. (2002). The quantification of drought: an evaluation of drought indices. The American Meteorological Society (August). http://adsabs. harvard. edu/abs/2002BAMS···83. 1167K.

La Positiva (2015). Seguro agrícola catastrófico. https://https://www. lapositiva. com. pe/principal/seguros/seguroagricolacatastrofico/1023/c1023.

Leblois, A. and Quirion, P. (2010). Agricultural Insurances Based on Meteorological Indices: Realizations, Methods and Research Agenda. 71. Sustainable Development Series.

Leiva, A. and Skees, J. (2008). Using irrigation insurance to improve water usage of the Rio Mayo irrigation system in Northwestern Mexico. World Development (Elsevier Ltd) 36 (12): 2663-2678. doi:10. 1016/j. worlddev. 2007. 12. 004.

Luo, H. , Skees, J. R. , and Marchant, M. A. (1994). Weather information and the potential for intertemporal adverse selection in crop insurance. Review of Agricultural Economics 16:441-451.

Mafoua, E. and Turvey, C. G. (2003). Weather insurance to protect specialty crops against costs of irrigation in drought years. In: American Agricultural Economics Association Annual Meeting. Montreal, Canada. http://ageconsearch. umn. edu/bitstream/21922/1/sp03ma13. pdf.

Magallanes, A. (2015). Seguro contra riesgos climáticos. https://http://www. magallanes. cl/MagallanesWebNeo/index. aspx? channel=8102.

Mai, B. and Hung, N. (2013). Sale of drought insurance for coffee suspended. http://english. thesaigontimes. vn/Home/business/financialmarkets/28426/.

Martin, S. W. , Barnett, B. J. , and Coble, K. H. (2001). Developing and pricing precipitation insurance. Journal of Agricultural and Resource Economics 26 (1): 261-274.

Mckee, T. B. and Doesken, N. J. (1993). The relationship of drought frequency and duration to time scales. In: 8th Conference on Applied Climatology. http://ccc. atmos. colostate. edu/relationshipofdroughtfrequency. pdf.

Milly, P. C. D. , Dunne, K. A. , and Vecchia, A. V . (2005). Global pattern of trends in streamflow and water availability in a changing climate. Nature 438 (November): 347-350. doi:10. 1038/nature04312.

Miranda, M. J. (1991). Area-yield crop insurance reconsidered. American Journal of Agricultural Economics 73 (2): 233-242. doi:10. 2307/1242708.

Miranda, M. J. and Farrin, K. (2012). Index insurance for developing countries. Applied Economic Perspectives and Policy 34 (3): 391-427. doi:10. 1093/aepp/pps031.

National Drought Mitigation Center (2015). Daily Gridded SPI. http://drought. unl. edu/Monitoring-Tools/DailyGriddedSPI. aspx.

Niemeyer, S. (2008). New drought indices. Water Management Options Méditerranéennes. Série A. 80: 267-274. http://194. 204. 215. 84/index. php/fre/content/download/8820/130859/file/New_drought_indices. pdf.

Oficina del Riesgo Agropecuario (2010). Gestión de Riesgos Y La Experiencia En El Aseguramiento En La Argentina. In Fourth Conference on Agricultural Risk and Insurance. Buenos Aires, Argentina.

Palmer, W. C. (1965). Meteorologic Drought. Research Paper No. 45, 58 p. NOAA, Washington DC, USA.

Palmer, W. C. (1968). The abnormally dry weather of 1961-1966 in the Northeastern United States. In: (ed. J. Spar) Proceeding of the Conference on the Drought in Northeastern United States, New York University Geophysical Research Laboratory Report TR683 : 32-56.

Pérez Blanco, C. D. and Gómez Gómez, C. M. (2013). Designing optimum insurance schemes to reduce water overexploitation during drought events: a case study of La Campiña, Guadalquivir River Basin, Spain. Journal of Environmental Economics and Policy 2 (1): 1-15. doi:10. 1080/21606544. 2012. 745232.

Pérez Blanco, C. D., Gómez Gómez, C. M., and Del Villar García, A. (2011). El Riesgo de Disponibilidad de Agua En La Agricultura: Una Aplicación a Las Cuencas Del Guadalquivir Y Del Segura/Water availability risk in agriculture: an application to Guadalquivir and Segura River Basins. Estudios de Econom' \ia Aplicada 29: 333-358. http://ideas. repec. org/a/lrk/eeaart/29_1_9. html.

Peters, A. J., WalterShea, E. A., Lel, J. I., Viña, A., Hayes, M., and Svoboda, M. D. (2002). Drought monitoring with NDVIbased standardized vegetation index. Photogrammetric Engineering & Remote Sensing 68 (1): 71-75. http://www. asprs. org/a/publications/pers/2002journal/january/2002_jan_7175. pdf.

Prudhomme, C., Giuntoli, I., Robinson, E. L., Clark, D. B., Arnell, N. W., Dankers, R., Fekete, B. M., Franssen, W., Gerten, D., Gosling, S. N., Hagemann, S., Hannah, D. M., Kim, H., Masaki, Y., Satoh, Y., Stacke, T., Wada, Y., and Wisser, D. (2014). Hydrological droughts in the 21st century, hotspots and uncertainties from a global multimodel ensemble experiment. Proceedings of the National Academy of Sciences of the United States of America 111 (9):3262-3267. doi:10. 1073/pnas. 1222473110.

Quiroga, S., Garrote, M L., FernandezHaddad, Z., and Iglesias, A. (2011). Valuing drought information for irrigation farmers: potential development of a hydrological risk insurance in Spain. Spanish Journal of Agricultural Research 9 (4): 1059-1075. doi:10. 5424/https://doi. org/10. 5424/sjar/2011090406311.

Risk Management Agency (2009). Vegetation Index Insurance Standards Handbook. Washington DC, USA: USDA.

Risk Management Agency (2015). 2015 Crop Policies and Pilots. Washington DC, USA: USDA. http://www. rma. usda. gov/policies/2015policy. html.

Risk Management Agency—Topeka (2015). Risk management agency update. In: Water Symposium. Topeka, Kansas, USA: Risk Management Symposium 2015. http://www. farmranchwater. org/2015/Presentations/RMA. pdf.

Ritter, M., Musshoff, O., and Odening, M. (2012). Minimizing geographical basis risk of weather derivatives using a multisite rainfall model. In: Price Volatility and Farm Income Stabilisation. Dublin. doi:10.

1007/s106140139410y.

Rouse, J. W. , Haas, R. H. , Schell, J. A. , Deering, D. W. , and Harlan, C. J. (1974). Monitoring the vernal advancement and retrogadation (greenwave effect) of natural vegetation. Texas A&M University Remote Sensing Center, no. September 1972.

Ruiz, J. , Bielza, M. , Garrido, A. , and Iglesias, A. (2013). Managing drought economic effects through insurance schemes based on local water availability. Proceedings of the 8th International Conference of European Water Resources Association, Porto, Portugal, 26-29 June 2013.

Ruiz, J. , Bielza, M. , Garrido, A. , and Iglesias, A. (2015). Dealing with drought in irrigated agriculture through insurance schemes: an application to an irrigation district in southern Spain. Spanish Journal of Agricultural Research 13 (4): 15 p.

Schewe, J. , Heinke, J. , Gerten, D. , Haddeland, I. , Arnell, N. W. , Clark, D. B. , Dankers, R. , Eisner, S. , Fekete, B. M. , ColónGonzález, F. J. , Gosling, S. N. , Kim, H. , Liu, X. , Masaki, Y. , Portmann, F. T. , Satoh, Y. , Stacke, T. , Tang, Q. , Wada, Y. , Wisser, D. , Albrecht, T. , Frieler, K. , Piontek, F. , Warszawski, L. , and Kabatt, P. (2014). Multimodel assessment of water scarcity under climate change. Proceedings of the National Academy of Sciences of the United States of America 111 (9): 3245-3250. doi:10. 1073/pnas. 1222460110.

Sivakumar, M. V . K. , Motha, R. P. , Wilhite, D. A. , and Wood, D. A. (Eds.) (2011). Agricultural drought indices proceedings of an expert meeting. In: Agricultural Drought Indices 2-4 June 2010, 205.

Skees, J. R. (2010). State of Knowledge Report—Data Requirements for the Design of Weather Index Insurance. Lexington, KY. Skees, J. R. , Black, R. , and Barnett, B. J. (1997). Designing and rating an area yield crop insurance contract. American Journal of Agricultural Economics 79 (2): 430-438. doi:10. 2307/1244141.

Stahl, K. , Blauhut, V . , Kohn, I. , and Acácio, V . (2012). A European Drought Impact Report Inventory (EDII): Design and Test for Selected Recent Droughts in Europe, Technical Report No. 3.

Thompson, C. L. , Supalla, R. , Martin, D. L. , Neely, B. J. , and Mcmullen, B. P. (2009). Weather derivatives as a potential risk management tool for irrigators. In: AWRA Summer Specialty Conference: 1-6. http://digitalcommons. unl. edu/agecon_cornhusker/456/.

Tsiourtis, N. (2005). Cyprus. Options Méditerranéennes, Series B 51: 25-47.

Turvey, C. G. (2001). Weather derivatives for specific event risks in agriculture. Review of Agricultural Economics 23 (2): 333-351. doi:10. 1111/14679353. 00065.

Turvey, C. G. and Mclaurin, M. K. (2012). Applicability of the normalized difference vegetation index (NDVI) in indexbased crop insurance design. Weather, Climate, and Society 4 (4): 271-284. doi:10. 1175/WCASD1100059. 1.

US Drought Portal (2015a). Crop Moisture Index. https://www. drought. gov/drought/content/product scurrent droug htand monitoring drough tin dicators/crop moisture index .

US Drought Portal (2015b). Palmer Drought Severity Index. https://www. drought. gov/drought/content/products current drought and monitoring drought in dicators/palmer drought severity index.

Van Loon, A. F. (2015). Hydrological drought explained. Wiley Interdisciplinary Reviews: Water 2 (August): 359-392. doi:10. 1002/wat2. 1085.

Vedenov, D. V. and Barnett, B. J. (2004). Efficiency of weather derivatives as primary crop insurance instruments. Journal of Agricultural and Resource Economics 29 (3): 387-403.

Wada, Y. , Van Beek, L. P. H. , and Bierkens, M. F. P. (2011). Modelling global water stress of the recent past: on the relative importance of trends in water demand and climate variability.

Hydrology and Earth System Sciences 15 (12): 3785-3808. doi:10. 5194/hess1537852011.

Woodard, J. D. and Garcia, P. (2008). Basis risk and weather hedging effectiveness. Agricultural Finance Review 68: 99-117. doi:10. 1108/00214660880001221.

World Bank (2005). Managing Agricultural Production Risk Managing Agricultural Production Risk. Washington, DC.

World Bank (2011). Weather Index Insurance for Agriculture: Guidance for Development Practitioners. Agriculture and Rural Development Discussion Paper. Washington, DC.

Zargar, A. Sadiq, R. , Naser, B. , and Khan, F. I. (2011). A review of drought indices. Environmental Reviews 19: 333-349. doi:10. 1139/a11013.

Zeff, H. B. and Characklis, G. W. (2013). Managing water utility financial risks through third party index insurance contracts. Water Resources Research 49: 4939-4951. http://onlinelibrary. wiley. com/doi/10. 1002/wrcr. 20364/full.

Zeuli, K. A. and Skees, J. B. (2005). Rainfall insurance: a promising tool for drought management. International Journal of Water Resources Development 21 (4): 663-675. doi:10. 1080/07900620500258414.

第三部分　干旱管理经验及与利益攸关方的联系

第9章 荷兰的干旱和水资源管理

9.1 一般背景

9.1.1 自然系统和社会经济系统

9.1.1.1 自然系统

荷兰的干旱管理不是一项独立的活动,它被纳入一个综合的、多方面的水资源管理制度,涵盖洪水和干旱(确保淡水供应和可用性)以及水资源的数量和质量,特别是避免氯离子浓度过高。在荷兰西部的大部分地区,也就是低于平均海平面的部分,水资源的可用性问题比氯离子浓度导致水无法使用的问题更严重。

荷兰的长期平均降水量(1981~2010 年,参考期)在 725~950 mm/年范围内,过量降水(降水减去潜在蒸发)在 150~350 mm/年范围内(KNMI, 2015a)。平均来看,降水偏多发生在 10 月至翌年 3 月。在夏季,可以观测到降水不足(见图 9-1)。

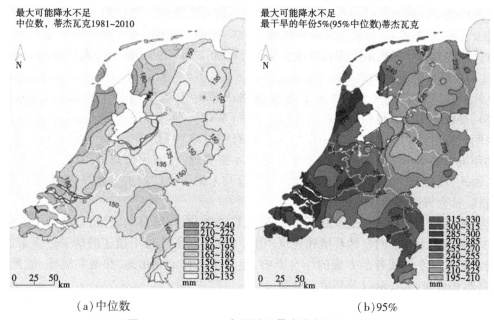

（a）中位数　　　　　　　　　　（b）95%

图 9-1　1981~2010 年夏季月最大潜在降水不足

参考期 1981~2012 年最高的最大潜在降水不足约为 230 mm,而最低不足为 125 mm(见图 9-1,左侧)。这些数字在干旱年份更高。例如,100 年中有 5 年,夏季的最大降水不足在 200~320 mm。

雨水为荷兰提供淡水,但主要淡水来源是莱茵河和默兹河。几个世纪以来,发展了广泛的供水网络。该系统主要用于排出荷兰多余的水,但也向该国南部、西部和北部的广大地区提供河流水。只有荷兰南部和东部的部分地区不能提供淡水(所谓的"自由排水"地区)。例如,需要淡水以防止含盐海水流入河口(海水入侵),向圩田供应淡水以与含盐或微咸地下水混合,以避免氯离子浓度过高,以及保护水体基本生态系统。此外,旧泥炭堤在干旱天气下会收缩,降低堤防稳定性,导致圩田发生洪水。还需要淡水来供给荷兰西部的饮用水水库,并渗入沙丘中经过处理的河水,为主要城市提供饮用水。大量的河水被用来冷却能源生产工厂。为了保护河流生态系统,河流水温不能提高太多。河水也用于农业生产(灌溉)、工业用水(工艺用水、冷却和清洗)、娱乐用水(例如洗浴用水质量)的需求,以及维持河流中足够的水位以满足水上运输的需要。

9.1.1.2 社会经济系统

荷兰的繁荣和福利很大程度上要归功于其供水系统。这个国家有各种各样特殊的依赖水的生态系统,以及依赖于水的可用性的景观。经济的相当一部分依赖淡水,即农业和园艺工业、食品和化学工业、能源部门、娱乐部门、内陆渔业和航运。约 8.5% 的工作人口从事与水务有关的行业,水是国民经济的重要因素,其总产值约为 1 835 亿欧元(占直接产值的 16%)。

9.1.2 情景

Van den Hurk 等(2014)区分了荷兰的 4 种气候情景,它们结合了全球气温上升和大气环流模式变化的可能值,这些共同跨越了气候的可能变化。预计到 2085 年,年平均气温将上升 1.3~3.7 ℃,潜在蒸发量将增加 2.5%~10%,年平均降水量也有望增加(5%~7%)。这些变化将导致最大潜在降水亏缺预计增加 17%~19%(低温增温情景)和 40%~50%(高温增温情景)。

社会经济前景的未来,决定了各种战略决策对土地使用和水资源(Janssen 等,2006),是由 3 个国家机构——荷兰环境评估署(MNP)、荷兰经济政策研究局(CPB)和国家空间研究所(RPB)。其目的是设想荷兰政府在继续"一切照旧"时可能遇到的挑战。自然环境中的结构性措施通常需要很长时间才能实现,可能代价高昂,并具有长期的后果。因此,政府必须权衡短期成本、收益和风险与未来可能的发展。此外,还需要比较不同世代、社会群体和地区的影响。

众所周知,长期趋势,如家庭规模缩小、人口老龄化、国际移民、经济增长和个人福利增加将显著改变荷兰的自然环境和建筑环境。因此,以下段落中描述的情景分析了这些趋势对荷兰城乡景观各个方面的综合影响,包括住宅和工业用地、交通和运输、能源、农业、自然和景观、水安全以及环境和健康。

鉴于荷兰的国际经济和人口背景,情景发展进程是基于对当前政策的长期影响的评估。

其定性和定量结果应作为空间规划、住房、自然资源、基础设施和环境等政策制定者的参考。通过探索土地利用和生活环境的各个方面在长期(2040 年)可能会如何发展,该研究显示当前的政策目标何时可能难以实现,以及哪些新问题可能会出现。

这种社会经济情景分析的两个极端与为 Delta 方案(Delta 方案,2011)制定的气候变化情景有关。两种极端气候情景(良性和暖化,即欧洲的大气环流有无变化)与两种"极端"的社会经济情景相结合(一种情景是社会经济高度增长,另一种情景是社会经济有所下降)。这些因素加在一起,导致了"可能发生的最坏情况"和"可能发生的最少情况"之间的大范围情况。区分以下情况(Delta 方案,2011;见图 9-2):

良性:温和气候变化"对空间压力较小";

高压:温和气候变化"对空间压力较大";

暖化:快速气候变化"对空间压力较小";

疾速:快速气候变化"对空间压力较大"。

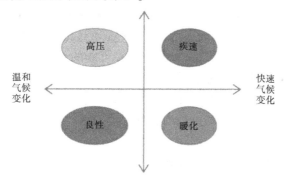

图 9-2　在考虑气候变化和社会经济发展后形成的 4 种情景

在"中速"和"疾速"情况下,人口在 2050 年前大幅增加,经济大幅增长,城市地区以农业用地和园艺用地为代价进行扩张。这些驱动力在 2050 年后继续存在。结合更高的温度,这意味着对饮用水和工业用水的更大需求。此外,能源生产对冷却水的需求增加,城市地区可用的水需要达到更高的质量标准。

对于"低速"和"高速"的场景,人口增长较小,人口规模最终会减少。经济增长有限,导致对饮用水和工业用水的需求减少,但对农业和自然的用水需求将会增加,特别是在气温较高的情况下。

然而,在国家"瓶颈"分析中,以下影响仍有待考虑:①上游国家今后可能会转移更多的水,以应对其境内的干旱事件;②适应气候变化,例如,通过用水技术的进步。

9.1.3　干旱特征:频率和严重程度

1951 年以来,荷兰的干旱变得更加频繁(KNMI 和 PBL,2015)。由于几乎没有历史流量数据,一项全欧洲范围的研究采用了另一种方法来调查干旱,其中包括荷兰。本研究的重点是利用 9 个大尺度水文模型对 1963~2001 年期间的多模型平均总径流量进行模拟,得到的低流量和干旱特征的趋势(Alderlieste 和 Van Lanen,2012)。夏季的大多数月份出现了下降趋势,负值变化范围为-8%~21%;7 d 和 30 d 的最小流量变化约为-15%,平均流量亏缺量增加了约 20%;干旱持续时间增加了 15%,干旱事件的数量几乎没有变化。

Alderlieste 和 Van Lanen(2013)、Alderlieste 等(2014)的研究表明,最极端的 IPCC 气候情况(A2),平均年径流在荷兰预计将增加至 21 世纪的结束,而在 6 月,平均流量将减少(20%~60%)。根据大规模的模型,被迫缩减规模和偏差矫正的 CNRM GCM 数据。当使用 ECHAM GCM 数据(25%~30%)或 IPSL GCM 数据(约 20%)强制模型时,夏季月份的下降幅度较小。预计干旱次数将减少(约 30%),但干旱的平均持续时间将增加 1 倍,平均流量亏缺量将增加 2 倍(驱动 CNRM 的 GCM 数据)。当使用 ECHAM GCM 数据(分别约 80%和 125%)或 IPSL GCM 数据(分别约 90%和 60%)时,持续时间和亏缺量的预期变化较低。应该提到的是,荷兰没有遭受多年干旱。

9.1.4　现有管理框架

在目前的水系统中,淡水的可用性和质量状况在正常情况下得到了很好的管理,而低频率和强度干旱的影响在政策层面上得到了接受。例如,目前将莱茵河分流至主要支流的做法将一直持续到 2050 年。但是,考虑到未来可能的发展,目前的战略将不再适用于长期。Delta 方案将采用的新战略包括:①解决当前和未来的瓶颈,②开发机会。除现有的应对短缺的办法(例如,供水和防治干旱的优先次序)外,有必要制定一项"预防和应对"水资源短缺和盐碱化的新政策。所有这些都是 Delta 方案的一部分(包括 9 个组成部分,其中 1 个是包括干旱管理在内的淡水方案)。

Delta 方案是一项得到广泛支持的执行计划,所有用水用户都对该计划做出承诺。各缔约方将在其计划中采取相关措施,并在其预算中保留所需的财政手段。Delta 计划 2015~2028 年淡水供应所需投资估计为 15 亿~20 亿欧元,其中政府部分约为 5.5 亿欧元。在此期间,执行 Delta 方案的全部资金为 160 亿欧元(每年约 10 亿欧元)。

可靠的供水对于维持适宜的宜居性(生活质量)和健康条件,以及依赖淡水的公司和部门的经济发展至关重要。目的是防止和/或减少未来的损害,并抓住机会继续受益于 Delta 的有利位置。通过 Delta 方案,政府与所有用户和部门一起,主动调查相关各方(国家和地区政府以及用水利益相关方)可以通过"服务水平"积极促进更强大系统的领域。服务水平被定义为"一个地区在正常和干旱条件下淡水的可获得性"(注释为在定义中对"正常"和"干旱"的确切含义存在争议)。政府和用户以区域协定和相关国家协定的形式,共同规定政府在确保水供应方面的责任和义务,以及用户的责任和剩余风险。这涉及地表水和地下水,包括质量和数量。此外,这些协议不仅对水系统有影响,而且对空间规划和用户也有影响。

到 2021 年,将对缺水风险进行监测,以支持系统管理人员和用户之间的对话。这将最终澄清用户能够进行技术或企业调整的基础。

9.2　干旱风险和缓解

9.2.1　干旱脆弱性

荷兰淡水的主要来源不是降水,而是来自莱茵河和默兹河的淡水流入。随着温度和大气环流的变化,莱茵河的平均低流量预计将从约 1 700 m^3/s(1968~1998 年平均)减少到 1 000~1 250 m^3/s(De Wit 等,2008)。水平衡模型(Klijn 等,2010;Kwadijk 等,2008)使用之前的一组气候情景(KNMI'06情景)表明,总体而言,荷兰有足够的水资源可利用(甚至在2050年!),但它不能满足在正确的时间和地点以及好的质量条件下可获取。这将导致干旱年份出现瓶颈,无论是现在还是将来。

干旱的频率、强度和持续时间都将增加,这将导致水资源短缺、水质问题和盐碱化;海平面上升会导致海水入侵。随着生长季节的延长和二氧化碳浓度的升高,潜在的农作物产量将会增加,但降水量的变化和极端事件的流行可能会威胁到收成。依赖于降水的生态系统处于危险之中,自然火灾的风险也在增加。

对上述瓶颈的分析表明,气候变化是其中的一个因素,用水户对气候变化的反应,以及社会和技术发展,是决定瓶颈大小的非常重要的因素。

"干旱年份的瓶颈"对与位置相关的用水者(农业、自然、城市地区)和与网络相关的用水者(航海、能源生产者的冷却水和饮用水)都有影响。很难对缺水的经济影响做出准确的估计,但预计会产生以下影响:

(1)农业和航运业的经济影响似乎最大。在荷兰,人们有一种相对优势的感觉,因为荷兰的干旱没有欧洲其他更容易发生干旱的地区那么严重。

(2)由于供水的干扰或故障,工业将遭受损失,并且可能需要在水处理、冷却等系统上花费更多。缺水可能导致储备能源能力下降,进而导致用户能源成本上升。

(3)饮用水或工业用水的取水点可能需要投资来保证优质水的供应。

(4)在城市地区,缺水将导致城市绿地、建筑和基础设施(地上和地下)的破坏。随着与干旱条件相关的热量增加,宜居性或生活质量将会恶化(例如,热应激),与水相关的娱乐活动也会恶化(例如,由于蓝藻水华)。

到目前为止,根据调查和建模状态,还无法预测准确的需水量和可用水量。

9.2.2 现有的干旱管理框架

荷兰水资源管理中心(WMCN)隶属于基础设施和环境部,是荷兰国家水系统的信息中心。它承揽了所有关于水的监测和建模产品及服务的信息,包括国家干旱管理。WMCN每天提供极端情况的信息,其中包括水资源短缺、水低于正常状态和通量,并向国家和地区的水管理部门提供预测。国家水分配委员会(LCW)是WMCN的一部分,负责处理实际的干旱。

干旱监测在荷兰相对较新,尽管对国家、区域和地方水系统的监测一直很重要。在荷兰,"干旱"一词与淡水供应密切相关,以避免地表水系统中氯离子浓度过高。1976年的干旱引发了第一个"干旱政策",即干旱时水资源分配的优先次序。进行了几项深入的水文和影响研究(所谓的"干旱研究"),以增进对干旱管理的了解。2003年的干旱促进了干旱条件下水资源管理的进一步发展。图9-3是根据1976年的经验拟订的国家水分配优先次序。

在干旱条件下,地表水首先供应给处理安全和防止不可逆损害的部门(见图9-3,"第1类")。降低(旧泥炭)堤的稳定性、防止土壤压实(泥炭土壤)以及对潮湿脆弱的自然环境的影响是重中之重。然后,水被分配给饮用水供应和能源生产(足够的河水用于冷却目的)("第2类")。航运、农业、娱乐业和渔业属于优先级最低的部门("第4类")。在

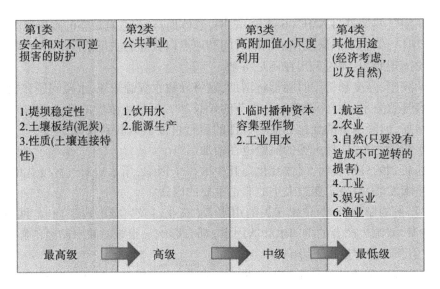

第1类 安全和对不可逆 损害的防护	第2类 公共事业	第3类 高附加值小尺度 利用	第4类 其他用途 (经济考虑, 以及自然)
1.堤坝稳定性 2.土壤板结(泥炭) 3.性质(土壤连接特 性)	1.饮用水 2.能源生产	1.临时播种资本 容集型作物 2.工业用水	1.航运 2.农业 3.自然(只要没有 造成不可逆转的 损害) 4.工业 5.娱乐业 6.渔业
最高级	高级	中级	最低级

图 9-3　干旱条件下荷兰全国范围内水资源分配的优先级排序

各区域,优先排序可能会偏离国家排序。优先排序是政治(部门的重要性)和技术(供水基础设施)决策过程的结果,在任何干旱出现之前结束,并在即将到来或正在发生的干旱期间实施。

LCW 积极主动,及时采取措施优化地表水分配,以减少干旱影响。荷兰分为 6 个地区(见图 9-4),由莱茵河和默兹河供水,这些地区有不同的地表水供应选择,LCW 会见了这些地区的代表。

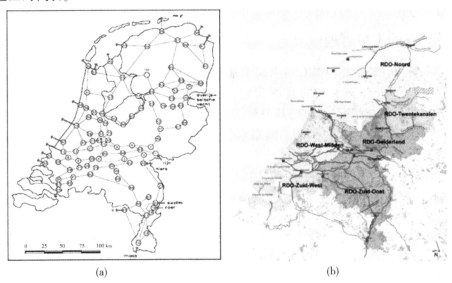

(a)　　　　　　　　　　　　　　(b)

图 9-4　荷兰用于供应淡水的地表水系统(a),以及区域干旱平台的 6 个区域(b)

当莱茵河或默兹河的水位下降时,LCW 开始举行定期会议。召开这样一个会议的另一个原因是河水温度高。区分以下情况,提请 LCW 注意:

预计持续时间超过 3 d 的莱茵河流量(见图 9-5):

(1)5 月<1 400 m³/s。

(2)6 月<1 300 m³/s。

(3)7 月<1 200 m³/s。

(4)8 月< 1 100 m³/s

(5)9 月和 10 月<1 000 m³/s。

(6)默兹河的流量小于 25 m³/s。

(7)莱茵河洛比茨(靠近德国入海口)的温度超过 23 ℃。

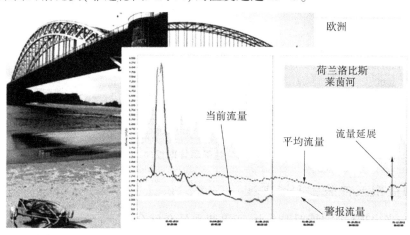

图 9-5　莱茵河的流量和触发 LCW 会议的阈值

LCW 在这一过程中使用的指标和指数简单明了。当河水流量低于规定的阈值,或河水温度高于规定的限值时,可能会出现干旱的负面影响。LCW 没有使用标准化指数,如标准化降水指数、标准化地下水位指数或标准化径流指数。

LCW 没有发布"干旱声明",但区分了 4 种不同的警报级别:

(1)正常水况(地表水、地下水、土壤水)。

(2)潜在的水资源短缺(区域、时间)。

(3)实际水资源短缺(如 2003 年或 2011 年)。

(4)(潜在)因缺水造成的紧急情况。

当(潜在的)干旱出现时,LCW 通过区域磋商:①收集和交流信息;②协调和微调区域措施;③实施国家和区域优先排序。作为世界水资源保护网的一部分,LCW 由公共工程和水资源管理总局、地区水资源管理局协会、国家危机管理协调中心(负责供水和缺水影响的不同部委)、省间协商委员会和荷兰皇家气象研究所等国家和地区部门组成。LCW 在基础设施和环境部的领导下运作。如果 LCW 在技术系统的支持下,无法确定适当的措施,基础设施和环境部长对在缺水引起的紧急情况下做出决定负有最终责任。

LCW 会议期间讨论了荷兰持续干旱的条件(降水不足、地下水位、河流流量、盐浓度和河水温度),并向 LCW 与会者报告了影响(见图 9-6)。

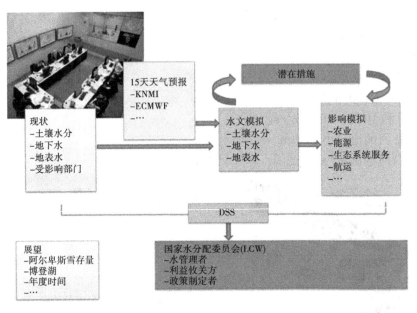

图 9-6　荷兰干旱管理程序

9.2.3　利益相关者参与干旱管理

在荷兰,当出现"极端情况"时,国家协调委员就会采取行动。荷兰共有 3 个国家协调委员会:洪水委员会、干旱委员会和污染委员会。这些委员会协调来自世界媒体理事会(在莱利斯塔德)的信息,以便与所有利益攸关方共享。国家协调委员会就洪水、干旱和污染的预期条件提供可靠和有用的信息。国家协调委员会与肯尼亚国家水管理研究所协调,动员所有可靠的和有用的水资源状况信息,以获得全国水资源状况概览。基于这一全国性综述,国家协调委员会向水资源管理者提供关于需要采取的措施的建议。例如,在洪水风险的情况下关闭监管机构,当缺水迫在眉睫时提高蓄水库的水位,或者采取措施控制污染以减少对环境或饮用水摄入的影响。

WMCN 由 3 个国家协调委员会组成:

洪水威胁国家协调委员会。该委员会在及时提供洪水风险增加的警告和通知受威胁地区方面发挥着关键作用。

国家水分配委员会(LCW)。当干旱持续时间长、河水流量低、水的需求量大于供应量时,这个委员会就开始行动。

国家环境污染协调委员会。当有核污染事件、生物污染事件或化学污染事件的报告时,以及当存在与水相关的风险或危险时,该委员会发挥作用。

WMCN 还提供"水帮助台"服务,主要是为了回答荷兰从事水政策、水管理和水安全问题的(专业)人员提出的问题。这个水帮助台是由荷兰政府、省、市和荷兰区域水当局协会(以前被称为"水委员会协会")创建的。

在事故和灾害管理方面,荷兰被划分为"安全区域"(目前为 25 个)。在这些安全地区,许多公共党派在为危机和灾害做好准备方面进行合作,也在实际危机情况下进行合作。这可以应对任何灾难,例如洪水、动物疾病、恐怖主义或森林火灾。

在安全区域,市政当局和各部门与"危机伙伴"合作,例如:

(1)水资源委员会(当地水资源管理者)。

(2)"荷兰国家水务局"的地区部门,负责主要供水系统的管理。

(3)区域军事命令。

此外,其他(私人)合作伙伴也参与其中,包括医院、红十字会、荷兰铁路系统、能源公司、化学工业。

对于干旱,LCW 是重要的。它的目标是尽可能公平地分配可用的水,并在出现水短缺危机时加以管理。LCW 由以下方面的代表组成:基础设施和环境部、荷兰地区水务局协会(水务局协会)、省际咨询、荷兰国家水务局、KNMI。

当出现"即将到来"的干旱时,应考虑采取预防措施(如增加淡水水库的水位),并在可行的情况下实施。LCW 每两周发布一次"干旱信息",让利益相关者和公众了解情况,这些信息(以及更多)发布在一个公众可访问的网站上。

9.2.4 2015 年干旱监测和管理实例

每当 LCW 召开会议时,首先讨论的话题之一是"降水不足",这是衡量干旱的一个指标,是蒸发和降水之间的差异。图 9-7 显示了 2015 年全年降水不足的发展及其在全国的空间分布。到 7 月底,降水不足达到最大值,并大致持续到 8 月中旬。后来,恢复得很快,到 9 月初,降水不足大约在中位数左右。

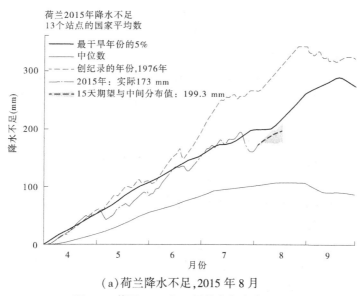

(a)荷兰降水不足,2015 年 8 月

图 9-7　截至 2015 年 8 月的全年降水不足

（b）累计潜在降水盈余（2015 年 4 月 1 日至 2015 年 8 月 3 日）

续图 9-7

这些数据发表在每周一次的《干旱监测》上，该杂志在互联网上公开发布。监视器的消息（#201510,日期为 2015 年 8 月 4 日；KNMI,2015b）还包括其他信息，例如：

（1）上周的降水多少减少了荷兰的降水不足,其值约为 200 mm。与此同时,降水不足再次增加。

（2）莱茵河的流量进一步减少,但仍然足以满足水的需求,并控制海水的盐入侵。由于下雨,河水的情况略有改善。这意味着接下来一周的总体情况保持不变:荷兰西部和南部降水量相对较高,主要河流仍有充足的水供应。

（3）由于干旱情况,水务局和议会保持警惕,采取措施供水或蓄水。在荷兰西部,尽管由于最近的降水情况有所改善,但仍有泥炭堤的检查。

（4）在荷兰南部的部分地区,对从地表水提取的限制仍然存在。

（5）本周初的水温相对较低,但现在分别又上升到了 22 ℃ 和 23 ℃,分别在艾杰斯登（默兹河）和洛比斯（莱茵河）。这些温度现在又在下降。

（6）由于瓦尔河和艾塞尔河水位较低,航行深度低于正常水平。在杜斯堡和埃德的船闸,船只通行有一些限制（更多信息可在互联网上获得）。

9.2.5　2015年旱灾与2003年旱灾的比较

与2003年夏季相比,2015年农业部门的一个决定因素——降水不足230 mm,这并不算极端。

莱茵河的流量在2003年也不是特别低(约780 m³/s),尽管低流量时期很长。干旱不仅限于荷兰,上游国家也深受其害,也就是说,干旱具有欧洲层面。

2003年的水温被记录为极度温暖。事实上,在之前的100年中,水温从未被测量到如此之高(8月初为28 ℃)。这种情况几乎导致削减发电的"步骤计划"(带有减少发电措施的颜色代码,对工业造成严重后果)被激活;为了防止对生态系统的破坏,冷却水的摄入在这样的步骤中受到限制。

2003年,受影响的部门包括:安全(2个泥炭堤因干涸而坍塌);能源生产(冷却水);农业(产量减少,但不一定农民收入减少,因为由于产品供应不足,价格经常上涨);航行(通过船闸的受限通道和河流上的单向交通);自然(例如,由于高水温导致的藻类生长,从而引起鸟类死亡)。

总之,2003年夏天不是一个极端干旱的时期。尽管如此,它还是产生了宝贵的经验教训,包括人们日益认识到,由于气候变化,干旱将成为荷兰的一个结构性问题,水政策和规划总体上需要调查。在2003年之前,"干旱"在某种程度上已经失去了人们的关注(1976年之后),这也是因为发生了一些与洪水有关的灾难。然而,自2003年以来,干旱再次被提上日程;水资源管理需要持续的关注,这是为人类、植物和动物创造一个可持续的栖息地所必需的。

9.2.6　对过去干旱事件的反应及其对减轻干旱影响的效应评估

荷兰最近两次最严重的干旱——1976年的干旱和2003年的干旱,在监管和政策框架上存在显著差异。1976年的干旱是一场通过紧急干预解决的危机,这导致了对用水的"优先排序",并建立了干旱监测系统和LCW。"干旱季节"从4月1日开始,计算蒸发盈余,即降水量减去蒸发量。还对进入该国的河流(莱茵河、舍尔特河、默兹河)的温度和流量进行连续监测。这意味着,从每年4月1日起,就有一个"预警"系统。当出现"即将到来"的干旱时,可以考虑采取预防措施(例如,增加淡水水库的水位),只要可行就可以实施。NCW每两周发布一次"干旱信息"通知利益相关者和公众,这些信息(以及更多)发布在一个免费的网站上。

1976年干旱后引入的"优先级"系统直到2003年才开始使用。从2003年的干旱中得到的一个很好的教训是,与合作伙伴和利益攸关方的沟通对于防止经济损失至关重要。此外,2003年,环境需求没有得到充分解决。这导致了对"优先级"的轻微调整,以解决第一优先级中的"对自然不可挽回的损害"。这尤其适用于珍贵的泥炭地,一旦失去水分,泥炭地就会遭到彻底破坏。

2003年的干旱表明,目前水资源管理系统的运作和政策都已接近极限。虽然短期的重点是系统的灵活性(通过更高的水位和替代供水路线建立贮水),但长期需要一种根本不同的方法。表9-1显示了荷兰干旱政策和监管框架多年来的演变情况。这一新方法正在通过 Delta 方案得到发展,这是一个国家方案,国家政府、各省、各市和水资源委员会在民间社会组织和私营部门的投入下开展合作。它有 9 个分部,其中 1 个是淡水分部。其他细分包括安全、建设和重组、艾塞尔湖地区、河流和沿海地区。

表 9-1　荷兰干旱政策和监管框架的关键要素

手段	关键要素
干旱政策	• 说明:1976 年干旱后形成,为国家水政策(第 4 节)的一部分 • 目标:应对国家和区域干旱,建立用水优先秩序 • 批准年份:自 1985 年生效(2009 年最近更新),国家水计划 2010—2015 包含最新版 • 地理范围:国家水平(莱茵河与默兹河系统) • 责任机构和相关部门:基础设施和环境部,国家政府,联合省,市政和水资源委员会
LCW	• 说明:干旱期间提出国家和区域水管理变化决策建议的委员会 • 批准年份:1976 年干旱之后发展,自此后持续实施 • 地理范围:国家水平(莱茵河与默兹河系统) • 责任机构和相关部门:基础设施和环境部服务国家系统、水务局服务区域系统、水务协会和省级代表
法律框架: 安全区域法	• 说明:指定危机时期执行权力的人 • 目标:为了规定责任 • 批准年份:2010 年至今 • 地理范围:国家水平 • 责任机构和相关部门:内政部、女王的专页、所有相关当权者、市长等
法律框架	• 说明:Delta 项目基金的法律基础 Delta 理事及相关方案
Delta 法案	• 目标:为了防洪和提供清洁水 • 主要政策手段:分配责任和基金 • 批准:2011 年至今 • 地理范围:国家水平 • 责任机构和相关部门:基础设施和环境部、国家和区域政府

2007 年,荷兰政府为可持续和气候稳定的水管理制定了“水愿景”,其中也涵盖了干旱问题。干旱研究的结论是,在主要系统中采取大规模基础设施措施来改变水的流向,以及建造大型水库既不可行,也负担不起。人们发现,在地方一级,成本和效益的平衡可能不同,这意味着解决干旱挑战尤其是地方一级的“量身定制”解决方案问题,同时考虑到水过剩和水质的条件。Delta 方案最近的工作建立在这些发现的基础上,导致了“服务水平”方法。

9.3 结论——未来需求

9.3.1 结论

荷兰最近2次重大干旱发生在1976年和2003年。从其管理中吸取的经验教训导致了一个达到其目的的干旱监测和管理系统。干旱期间的水分配有一个基于优先级的排序。此外,水系统管理部门和用水者在干旱期间每两周举行一次会议,讨论所有干旱问题和需要采取的措施。这导致荷兰的干旱得到了用水者和公众的认可。

荷兰最近发生的2次最严重的干旱在监管和政策框架方面存在显著差异。1976年的干旱是一场通过紧急干预解决的危机。这导致了用水的"优先排序"和干旱监测系统的建立(LCW)。

大干旱随时可能再次发生。应当指出,由于长期的社会经济发展,荷兰现在比1976年或2003年更容易遭受干旱。时间将会告诉我们,干旱管理系统,因为它在这个时间点已经到位,是否能够应对未来比目前发生的更严重或更频繁的干旱。一旦干旱加剧,投资于公共运动和提供公开信息的设施的努力有望改善干旱防备和管理。

9.3.2 通过建立服务水平为未来做准备

总体来说,水系统管理和用户正在协调,通过基于"服务水平"的准备来应对未来的干旱,服务水平被定义为"一个地区在正常和干旱条件下的淡水可用性"。政府和用户以区域协定的形式共同确定这些级别,具体说明政府在确保水供应方面的责任和义务,并确定用户的责任和剩余风险。这涉及地表水和地下水,以及质量和数量。详细说明服务级别的计划时间表如下:

(1)2015年:针对主要系统制定的行动计划,用于定义"服务水平"(流程、起点、方法和与其他流程的关系)。

(2)2015年底:针对"服务水平"(首先是哪些领域,等等)制定的方法计划[由地区(省和水资源委员会)制定]。角色:谁将领导什么,等等。

(3)2017年底:建立第一组区域"服务水平"的可用方法。

(4)2018年:从现实中评估适用性和经验。

(5)直到2021年底:继续建立"服务水平"。

9.3.3 国际维度

国家政府正在努力将淡水问题纳入河流委员会(默兹河和莱茵河)的国际议程,为联合探索荷兰面临的淡水问题创造支持被认为是重要的。在2013年的莱茵河部长会议上,与会者同意将干旱调查作为气候适应战略的一部分。在默兹委员会,一些模型计算已经开始(Delta方案,2013)。荷兰还积极关注欧洲相关准则(如蓝图)的发展。荷兰在这方面的做法是双重的,一方面,利用欧盟联合做法的机会;另一方面,降低欧洲发展不符合国家偏好战略的风险。

参考文献

Alderlieste, M. A. A. and Van Lanen, H. A. J. (2012). Trends in low flow and drought in selected European areas derived from WATCH forcing dataset and simulated multimodel mean runoff. DROUGHT-R&SPI Technical Report No. 1, 110 pp. Available from: http://www. eudrought. org/technicalreports.

Alderlieste, M. A. A. and Van Lanen, H. A. J. (2013). Change in future low flow and drought in selected European areas derived from WATCH GCM forcing data and simulated multimodel runoff. DROUGHT-R&SPI Technical Report No. 5, 316 pp. Available from: http://www. eudrought. org/technicalreports.

Alderlieste, M. A. A. , Van Lanen, H. A. J. , and Wanders, N. (2014). Future low flows and hydrological drought: how certain are these for Europe? In: Hydrology in a Changing World: Environmental and Human Dimensions (ed. T. M. Daniell, H. A. J. Van Lanen, S. Demuth, G. Laaha, E. Servat, G. Mahe, J. F. Boyer, J. E. Paturel, A. Dezetter, D. Ruelland), 60-65. Montpellier, France: IAHS Publ. No. 363.

Andreu, J. , Haro, D. , Solera, A. , Paredes, J. , Assimacopoulos, D. , Wolters, W. , Van Lanen, H. A. J. , Kampragou, E. , Bifulco, C. , De Carli, A. , Dias, S. , Gonzalez Tanago, I. , Massarutto, A. , Musolino, D. , Rego, F. , Seidl, I. , and Urquijo Reguera, J. (2015). Drought indicators: monitoring, forecasting and early warning at the case study scale. DROUGHTR&SPI Technical Report no. 33. Available from: http://www. eudrought. org/technicalreports .

De Stefano, L. , Urquijo, J. , Acácio, V . , Andreu, J. , Assimacopoulos, D. , Bifulco, C. , De Carli, A. , De Paoli, L. , Dias, S. , Gad, F. , Haro Monteagudo, D. , Kampragou, E. , Keller, C. , Lekkas, D. , Manoli, E. , Massarutto, A. , Miguel Ayala, L. , Musolino, D. , Paredes, J. , Rego, F. , Seidl, I. , Senn, L. , Solera, A. , Stathatou, P. , and Wolters, W. (2012). Policy and Drought Responses-Case Study Scale. DROUGHT-R&SPI Technical Report No. 4. Available from: http://www. eudrought. org/technicalreports .

De Wit, M. , Buiteveld, H. , Van Deursen, W. , Keller, F. , and Bessembinder, J. (2008). Klimaatverandering en de afvoer van Rijn en Maas (Climate change and discharge of Rhine and Meuse). Stromingen 14 (1): 13-24.

Delta Programme (2011). Synthese van de landelijke en regionale knelpuntenanalyses. Delta Programme, deelprogramma Zoetwater (Available in Dutch only). Title in English: Synthesis of the national and regional bottleneck analyses.

Delta Programma (2013). Water voor economie en leefbaarheid, ook in de toekomst. Kansrijke strategieën voor zoet water. Bestuurlijke rapportage fase 3. (available in Dutch only). Title in English: Water for economy and quality of life in the future. Promising strategies for freshwater. Administrative reporting phase 3.

Janssen, L. H. J. M. , Okker, V. R. , and Schuur, J. (2006). Welvaart en Leefomgeving, eenscenariostudie voor Nederland in 2040. Centraal Planbureau, Milieu en Natuurplanbureau en Ruimtelijk Planbureau (Available in Dutch only). Title in English: Prosperity and living environment, a scenariostudy for The Netherlands in 2040.

Klijn, F. , Kwadijk, J. , De Bruijn, K. , and Hunink, J. (2010). Overstromingsrisico's endroogterisico's in een veranderend klimaat, verkenning van wegen naar een klimaatveranderingsbestendig Nederland (Available in Dutch only). Title in English: Flood and drought risks in a changing climate, exploring ways to a climateproof Netherlands. Deltares, Delft.

KNMI (2015a). Climate Atlas. Royal Meteorological Institute. De Bilt, The Netherlands: KNMI (www. klimaatatlas. nl, accessed: 15 September 2015).

KNMI (2015b). Webbased information portal on precipitation deficit throughout the years, freely available information for the public. https://www. knmi. nl/nederland nu/klimatologie/geografischeoverzichten/historischneerslagtekort.

KNMI & PBL (2015). Klimaatverandering. Samenvatting van het vijfde IPCC assessment en een vertaling naar Nederland (Climate Change. Summary of the 5th IPCC Assessment and an Interpretation for The Netherlands). Den Haag/De Bilt: PBL/KNMI.

Kwadijk, J., Jeuken, A., and Van Waveren, H. (2008). De klimaatbestendigheid van Nederland Waterland. Verkenning van knikpunten in beheer en beleid voor het hoofdwatersysteem (Available in Dutch only). Title in English: 'Climate proofing of The Netherlands. Exploring tipping points in management and policy for the main water system'. Deltares, Delft.

Van Den Hurk, B., Siegmund, P., and Tank, A. K. (Eds) (2014). KNMI'14: Climate Change scenarios for the 21st Century—A Netherlands perspective; by Jisk Attema, Alexander Bakker, Jules Beersma, Janette Bessembinder, Reinout Boers, Theo Brandsma, Henk van den Brink, Sybren Drijfhout, Henk Eskes, Rein Haarsma, Wilco Hazeleger, Rudmer Jilderda, Caroline Katsman, Geert Lenderink, Jessica Loriaux, Erik van Meijgaard, Twan van Noije, Geert Jan van Oldenborgh, Frank Selten, Pier Siebesma, Andreas Sterl, Hylke de Vries, Michiel van Weele, Renske de Winter, and GerdJan van Zadelhoff. Scientific Report WR201401, KNMI, De Bilt, The Netherlands. www. climatescenarios. nl.

第 10 章　葡萄牙抗旱能力提升

10.1　当地环境

10.1.1　气候和土地利用

　　葡萄牙大陆位于伊比利亚半岛(欧洲西南部),属于温和的地中海气候,年平均气温在中部高地 7 ℃和南部沿海地区 18 ℃之间变化(见图 10-1)。平均而言,约 42%的年降水量出现在冬季的 3 个月,而只有 6%的年降水量出现在 6~8 月(de Lima 等,2013)。最高的值(3 000 mm 以上)出现在大西洋西北地区的高地,最低的值(约 500 mm)出现在南部海岸和领土的大陆东部(低于或约 500 mm)(Miranda 等,2002)。葡萄牙大陆的地理位置有利于经常发生干旱事件,特别是在南部(Pires 等,2010;Santos 等,2010)。北大西洋涛动(NAO)是葡萄牙降水的一个主要驱动因子,也是干旱程度和持续时间的重要指标,其影响具有明显的空间梯度,从北到南递增(Trigo 等,2004)。

图 10-1　葡萄牙大陆高程图(主要特征和土地利用构成)

　　葡萄牙的土地覆盖以森林和农业用地为主(见图 10-1)。过去 30 年的趋势显示森林面积(3.1%)、未开垦土壤(0.9%)、人造土地(2%)和水体(0.3%)的增长(Vale 等,2014),后者增长最快:2000~2006 年共增长了 18 000 hm²,主要是由于建造了大型阿尔奎瓦大坝(瓜迪亚纳河,葡萄牙南部)。由于沿海地区的城市扩张、非法住宅和旅游压力,人工面积增加,牺牲了农业和林地(Vale 等,2014)。另外,在水资源稀缺的边缘地区,农业被遗弃,有利于森林和灌木的侵占(EEA,2006)。作为欧盟政策和市场激励措施的回应,农业集约化也是水资源可利用地区的一个重要进程(Diogo 和 Koomen,2010)。目前,橄榄园和葡萄园占永久作物的66%,约35%的耕地被灌溉(MAOTDR,2007)。

在未来几十年,葡萄牙的城市扩张和土壤封堵性预计会增加(Rounsevell 等,2006),特别是在北部地区和里斯本周围(10%~30%)。相反,预计整个国家的农业用地将继续呈下降趋势(EC,2007),而森林用地的减少只预测在里斯本地区发生(Vale 等,2014)。

10.1.2　水资源-使用和消费

葡萄牙的淡水资源满足国家需求,约80%的水资源仍未开发。在剩余的20%被开采的土地中,54%是地下水,其余是地表水(PCM,2005)。

葡萄牙的用水量相当于167 L/(人·d)。农业是用水水平最高的部门(估计占总需求的75%,约65.5亿 m³/年),但它也负责系统44%的水回收利用(INAG,2001)。大约一半的葡萄牙农场得到灌溉(54%,相当于92 000 个农场),总灌溉面积为464 627 hm²。灌溉用水主要来自地下蓄水层(82%),灌溉系统主要由私人拥有。能源部门也占用水的很大一部分(14%,主要来自于水,因此没有被消耗掉),相当于27%的水返回到系统中(IN-AG,2001)。其余10%的开采水用于城市供水(6%)和工业用水(4%)。水电装机容量约为4 406 MW,年产量为4 533 804 MW·h(2005 年数据)。

北部河流流域和南部河流流域的主要部门分配的用水份额各不相同(见图 10-2)。在北部盆地,城市供水和工业之间基本共享价值,因为其他部门直接从源头(河流、水井等)取水。在南部盆地(主要是阿连特霍的萨多河、米拉河和瓜迪亚纳河),农业在广泛的灌溉基础设施的支持下,是消费量最高的部门(APA,2012)。

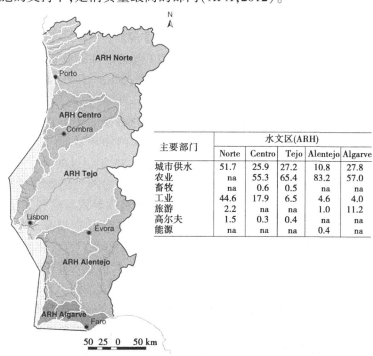

主要部门	水文区(ARH)				
	Norte	Centro	Tejo	Alentejo	Algarve
城市供水	51.7	25.9	27.2	10.8	27.8
农业	na	55.3	65.4	83.2	57.0
畜牧	na	0.6	0.5	na	na
工业	44.6	17.9	6.5	4.6	4.0
旅游	2.2	na	na	1.0	11.2
高尔夫	1.5	0.3	0.4	na	na
能源	na	na	na	0.4	na

图 10-2　葡萄牙各水文区域主要部门消耗的分配水份额(%)(左侧地图)

(农业部门包括可忽略不计的牲畜数量,城市供水包括旅游业,旅游业包括高尔夫球场)

2000 年,供水的市场价值为每年 20 亿欧元,相当于葡萄牙经济的 2%。供水来自淡水抽取(8.37 亿 m^3,69% 来自地表水,31% 来自地下水)和淡水处理(7.56 亿 m^3,74% 来自水处理厂,26% 来自氯漂白站)。供水系统分为直辖市,分别服务于人口(36%)、市政公用事业(29%)、特许经营者(24%)和地方公司(11%)。

所有流域均存在扩散污染和工业污染,但强度不同(INAG,2001;APA,2009;Pereira 等,2009),一些含水层被过度开采,特别是在南部。此外,2000 年葡萄牙的用水效率低,约占总取水量的 41%(INAG,2001)。然而,在过去的几十年,农业用水效率收益已经达到 46% [15 000 m^3/(hm^2·年)](Nuncio 和 Arranja,2011),并且,根据葡萄牙国家高效用水计划(PNUEA),一个更雄心勃勃的目标是,在人类消费用水方面达到短期效益(提高 80%)(PCM,2005)。

葡萄牙打算到 2020 年将水力发电量从水文潜力的 46% 增加到 70%(约 7 000 MW)(Cortes,2013)。根据河流流域管理计划所做的预测(APA,2012),除南部流域外,两个最需要水的部门(农业用水和城市供水)的耗水量在未来将保持不变或减少。旅游业和城市扩张将给这些南部盆地带来额外压力,特别是在过度开采和污染地下水资源已经成为现实的地方(Stigter 等,2013)。此外,灌溉农业面积将继续扩大,主要受益于阿尔奎瓦大坝水库及其附属设施,代价是大规模农业和更环保、更抗旱的土地利用系统(如伊比利亚的"山区")(Maez Costa 等,2011;Jongen 等,2013),这可能会增加冲突。

10.1.3 过去的干旱事件、影响和预测趋势

在过去的 70 年里,葡萄牙大陆经历了 12 次重大干旱事件(见图 10-3);最后一次发生在 2017 年。严重或极端干旱表现出 10~15 年的重现期,持续 1~3 年,影响了一半以上的领土(Pires 等,2010;Sousa 等,2011)。此外,对 20 世纪事件的分析显示,自 20 世纪 80 年代以来,干旱频率和强度有所增加,尤其是 2~4 月(Silva 等,2014;VicenteSerrano 等,2014)。

根据气象数据、受影响地区的范围(葡萄牙大陆 100% 受影响)、连续几个月的严重干旱指数(帕默尔干旱严重指数)以及对不同社会经济部门和环境部门的影响(MAMAOT,2013a),2004~2006 年的干旱事件可被视为葡萄牙过去 75 年记录的所有干旱事件中最严重的一次。到 2005 年水文年度结束时(9 月 30 日),97% 的领土仍处于严重或极端干旱状态(CPS,2006)。2004~2006 年干旱事件的严重性和范围导致家庭和工业用水、能源和农作物灌溉的贮水减少,以及其他不同性质的影响。2005 年长期没有土壤湿度也影响了未灌溉作物,导致小麦产量严重下降(与前 15 年相比下降了 50% 以上)(Gouveia 等,2009)。与平均值(1987~2005 年)相比,重要含水层的水位有所下降,在一些含水层中(如阿尔加维最重要的含水层——克雷恩萨西尔维斯),水位达到了有史以来的最低记录值。此外,在阿尔加维,两个水库完全缺水。2005 年 8 月,约有 10 万人使用替代系统的水(CPS,2006)。在一些河流中,由于水位非常低,鱼类数量严重减少,最近的一项研究表明,2004~2006 年的干旱是南部草原鸟类数量大幅减少的主要原因(Moreira 等,2012)。尽管做出了种种努力,但 2005 年夏天是有记录以来第二糟糕的一年,有 325 000 hm^2 土地被森林大火烧毁(Pereira 等,2013)。非常干燥的森林和消防用水的困难导致了更加强烈

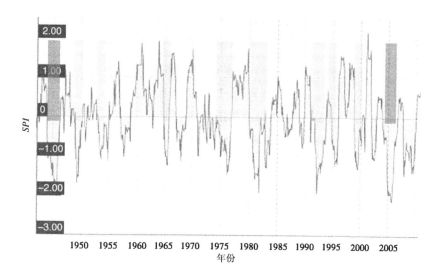

图 10-3　关于 1970~2000 年的参考期(IPMA,2015),根据葡萄牙大陆的标准化降水指数估算
的 60 年的年降水量距平(重大干旱事件突出显示:深灰色—极端;浅灰色—中度或重度)

的火灾现象(CPS, 2006 年;Gouveia 等,2012)。与 2004~2006 年干旱相关的直接成本总
额约为 2.86 亿欧元(CPS, 2006),其中最大的一部分与能源生产减少有关(1.82 亿欧元,
不考虑二氧化碳排放)。

　　气候变化降水模型预测葡萄牙的气候更干燥,雨季更短、更潮湿,随后是一个漫长的
干燥夏季(Santos 等,2002;MAMAOT,2013 b)。温度的上升趋势(Ramos 等, 2011)和降水
的下降趋势将显著影响葡萄牙干旱事件的频率和严重程度(VicenteSerrano 等,2014;van
Lanen 等,2013)。当干旱时,海水入侵可能主要发生在南部,因为靠近海岸的抽水速率增
加和补给减少(Ribeiro, 2013)。预计未来降水量和地下水资源将显著减少,主要发生在
南部河流流域,加上对水的需求增加,这将加剧区域和季节性的水供应不对称,从而导致
更容易遭受干旱(Pereira 等,2009;MAMAOT,2013b)。

10. 1. 4　从 2004~2006 年干旱事件中吸取的教训

　　2004~2006 年的干旱为评估和提高避免、减轻和补偿干旱影响的措施的效力提供了
机会。2005 年 3 月,政府倡议成立了干旱委员会,负责监测干旱的进展情况,并协助减轻
干旱的影响,由此可见这一极端事件的重要性。该委员会由多学科和多部门组成,改善了
数据和信息的流通,并促进了不同部门之间关于用水的协议(Doó 和 Roxo,2009)。此外,
2005 年夏天,葡萄牙和西班牙共同成立了一个委员会,管理两国共有的河流流域的水库,
并促进相关信息的交流。因此,2004~2006 年的干旱非常能说明在国家水务局(目前是
葡萄牙农业和海洋部的环境署,APA)协调下的国家实体之间以及国家之间合作的重要
性。此外,自 2004~2006 年干旱事件以来,许多供水实体开始实施应急计划,葡萄牙和西
班牙之间关于共享水资源的信息交流得到了巩固。表 10-1 显示了在 2004~2006 年极端
干旱事件期间最大程度减少干旱影响的一些措施和过程。

表 10-1　2004～2006 年干旱期间对尽量减少干旱影响做出最大贡献的措施和过程

措施或程序
成立干旱委员会(决策利益相关者协调小组)
法律变更(特殊和过渡安排)
城市地区负责任用水宣传活动
提高一些灌溉周边地区(如阿尔加维)的水价
投资以提高效率和减少城市供水损失
将处理过的废水用于花园灌溉并加强灌溉
葡萄牙和西班牙政府之间的良好理解
所有公共供水实体的监管以提高效率和减少分配网络的水损失

10.2　干旱监测和管理的现行方法

10.2.1　干旱监测系统

目前,葡萄牙有两个干旱监测系统,由两个不同的实体管理:①干旱观测站;②国家水资源信息系统(Sistema Nacional de Informação de Recursos Hídricos, SNIRH),下文将讨论这两个系统。

干旱观测站成立于 2009 年,由葡萄牙海洋和大气研究所(IPMA,农业和海洋部)协调,数据(降水和温度)是由全国气象站网络收集的。气象干旱的发生是基于 SPI 和 $PDSI$(主要河流流域和葡萄牙大陆的平均值)计算的。农业干旱的发生是根据土壤含水量(%)计算的。$PDSI$ 基于 3 种降水发生情景预测未来一个月的干旱:①降水低于平均水平,只有 20% 年份的降水值(十分位 2);②50% 年份的降水量(十分位 5);③高于平均值的数值,只有 20% 的年份达到(10 月 8 日)。2002 年以来,IPMA 每天也计算葡萄牙的火灾天气指数(FWI)。可以在 http://www.ipma.pt/pt/oclima/observatoriosecas 上在线咨询干旱观测站,并使用其月度气候报告。

1995 年以来,国家水资源信息系统由 APA 协调和管理。国家水资源信息系统利用 4 个国家站网监测水资源,包括气象站(742 个)、水文站(419 个)、地表水质量站(275 个)和地下水站(1 487 个)网。收集到的数据可以在网上免费查阅,并从 http://snrh.pt 下载。SNIRH 内部的干旱监测和预警子系统(Sistema de Vigilanca e Alerta de Secas,SVAS)是由 APA 开发的。气象干旱和水文干旱是根据降水、径流、水库蓄水、地下水蓄水和水质进行监测的,相关数据见 http://snirh.pt,这些信息(包括地图、图表和表格)发表在 APA 编辑的《水文资源月报》中。

10.2.2　现有干旱管理框架

葡萄牙没有正式批准旱灾申报程序,该国一直将旱灾作为一项危机事件来处理。从

2004～2006 年的干旱开始,所采取的过程如下:当气象灾害监测机构探测到气象干旱时,该实体通知干旱委员会进行水库管理,由干旱委员会主要根据某些水库,特别是多用途水库的蓄水水平分析情况。干旱水库管理委员会是一个全国性的常设委员会,干旱和洪水的情况下通过定期会议,包括重要的利益相关者如水库主要用户实体、国家民防管理局(ANPC)、农业和农村发展的总指挥部(DGADR)、水和废物的监管实体(ERSAR)及自然保护和森林研究所(ICNF)。

如果发现干旱,该委员会向政府提出建议,宣布进入干旱状态,并制定干旱监测和影响缓解方案。经政府批准后,建立管理干旱的体制解决方案,包括 2 个行动层面:①负责政治和战略问题的干旱委员会;②技术和业务问题工作组。该组织模式侧重于利用信息和通信技术,向所有当局、经济主体和一般公众永久提供信息。为此目的在互联网上建立并管理一个网站,来自监控的所有可用信息用于支持规划和决策。

根据河流、水库和地下水的可用性以及不同用户的需水量,利用实时数据对干旱演变进行评估。在干旱期间,对水库和含水层的贮水进行详细监测,并根据严重程度的三个级别采取适当措施:A1—预先预警,相当于中度干旱;A2—预警,检测到严重干旱时;A3—应急响应,极端干旱出现时。采取的措施从节水和动物饲料储存的宣传运动,到仔细分析新的取水应用、灌溉限制(永久作物的灌溉限制)或水库清除鱼类等。在最高一级,可以根据目前的需要执行特别措施,如水库之间的调水,或建设应急基础设施和新水井。当干旱监测结果显示降水和水库蓄水水平正常时,干旱委员会提出干旱结束的声明,这也需要得到政府的批准。干旱委员会停止其活动,发布了一份干旱平衡报告,其中载有取得的主要成果和教训。

10.3　改善抗旱准备和干旱管理

10.3.1　利益攸关者参与干旱管理

利益攸关者参与水管理进程迄今为止仅限于在各级水资源管理倡议中进行协商。但是,由于公营和私营不同部门承诺在今后几十年减少费用和增加资源使用,这种情况正在逐渐改变。当宣布干旱时,不同经济部门的代表在技术工作组和干旱委员会中与国家机构和地方行政部门合作。通过这些代表将信息传递给其他本地终端用户。与此同时,大多数最终用户(例如能源和供水的公共/私营公司和农民协会)一直在制定应对气候变化和干旱等相关事件的战略。一些人从事旨在改善水资源保护和再利用的研究与开发项目(如 Jacinto 等,2011;Nuncio 和 Arranja,2011;Jongen 等,2013),或建立干旱应对能力,特别是在南部河流流域(Jacobs 等,2008;Manez Costa 等,2011;Stigter 等,2013;Ribeiro,2013)。在 FP7 干旱——R&SPI 项目下,约有 20 个利益攸关方参与了评估过去干旱影响和应对措施的过程,确定过去和未来的主要脆弱性,并选择应对未来干旱的最佳措施(Kampragou,2015)。这一办法的成果为改善葡萄牙的抗旱准备工作提供了一个普遍接受的框架。

未来几十年,社会经济因素比气候变化更可能成为干旱脆弱性的主要驱动因素,特别是在南部盆地,因为它们依赖农业和旅游业。因此,最大的挑战是能够在需要的地方和时间提供水。因此,利益相关者参与水资源和干旱管理将是非常重要的。

10.3.2 干旱脆弱性:分析 SPI_s 作为未来干旱影响的指标

根据利益相关者的看法,社会、技术/经济和制度/政治维度的大多数脆弱性因素在未来的重要性将最终降低,而环境因素被认为在未来几十年将维持或增加其重要性(Kampragou 等,2015)。环境驱动因素的累积相关性被认为是不受国家或国际机构控制的外部演变(例如气候变化)的结果,以及执行的政策(例如对扩散污染或取水的控制)的低影响或敏感性的结果。

据报道,葡萄牙大陆过去发生的最重要的干旱影响是农业损失(特别是旱作作物产量的减少)、公共供水中断和野火。尽管人类用水和农业用水的供水系统预计将得到改善,但农业损失和野火范围预计在未来都将增加(Bedia 等,2014;Sousa 等,2015)。增强抗旱准备的一种方法是确定缺水对最大限度地扩大影响至关重要的特定时期。人们认为,探索气象干旱指标(如 SPI)和表示干旱影响的变量之间的联系,是葡萄牙和其他气候条件相似的国家改善季节性干旱影响预警系统的一个步骤。

葡萄牙采用的方法是将作物产量和野火范围的长期数据系列(分别摘自欧盟统计局和欧洲火灾数据库)与 SPI_s(来自应用于 ERA 数据的 WATCH 数据方法)联系起来,该方法显示,不同时间尺度上的不同干旱累积期($SPI1-6$)在解释年度烧毁面积或作物产量的变化方面可以发挥重要作用(Bifulco 等,2014;Rego 等,2015)。例如,冬雨与更大的燃烧面积呈正相关,因为冬季结束时剩余的水有利于生物量的积累,而生物量在地中海夏季容易燃烧(Pellizzaro 等,2007;Gouveia 等,2012)。因此,对 2 月 $SPI1$ 的评估可以提供重要的预警信息,以决定是否在随后的 4 个月内采取措施减少草本生物量,从而降低野火风险(Bifulco 等,2014)。此外,5~7 月的累计降水不足($SPI3$)是葡萄牙和其他欧洲地区野火范围的良好预测指标(Stagge 等,2014)。因此,它可以实时使用,但需要一些预测准备时间,以评估森林火灾的可能主要风险,并在未来几个月采取实地措施。

SPI_s 和作物产量异常之间也发现了显著的相关性,尽管它们因作物类型而显著不同。雨水灌溉的冬季谷物受到冬季降水的负向影响,受到春雨的正向影响(见表 10-2)。根据模拟结果,小麦和橄榄树将因干旱而经历最大的产量变化。这些作物主要集中在该国南部,目前受到诸如 CAP 补贴等外部因素的影响(Rego 等,2015)。

要了解干旱对葡萄牙这些作物的生产者和消费者的影响,就必须研究作物产量和价格之间的关系。正如经济理论所预期的,已确定的作物产量变化(见表 10-2)与价格变化(与前一年相比的任何一年)呈正相关。这种供应弹性对玉米、小麦和大米(在较小程度上)尤其重要。此外,价格的相对变动与数量的相对变动呈弱的负相关关系,玉米的这种相关性比小麦和水稻的相关性更明显(价格弹性更高)。无论如何,在作物产量低的年份(受干旱事件影响的年份),价格上涨只能部分补偿生产者的产量损失(水稻 4.5%、小麦 11.5%、玉米 29.1%),而这些价格上涨由消费者承担。对葡萄牙主要作物进行的研究得出的结论是,一般来说,生产者反应迅速,倾向于根据作物以前价格的变化调整其作物产量。此外,有全球市场的作物和那些与小型当地市场相关的作物之间,干旱影响的迹象和程度会有所不同(Rego 等,2015)。

表 10-2　通过回归模型(GLM)预测 $SPI=-1$(严重干旱)和 $SPI=-2$(极端干旱)的作物产量变化

作物	选取的预测因子	产量距平(%)	
		$SPI=-1$	$SPI=-2$
小麦	12 月 $SPI3$(前提是 5 月 $SPI3=0$)	18	36
	5 月 $SPI3$(前提是 12 月 $SPI3=0$)	−16	−32
黑麦	3 月 $SPI3$	8	15
玉米	5 月 $SPI2$	−3	−6
土豆	8 月 $SPI1$	−8	−16
稻	8 月 $SPI3$	−7	−14
橄榄树	11 月 $SPI6$(前提是 8 月 $SPI1=0$)	22	45
	8 月 $SPI1$(前提是 11 月 $SPI6=0$)	−14	−29
葡萄园	8 月 $SPI2$(前提是 6 月 $SPI2=0$)	−6	−11
	6 月 $SPI2$(前提是 8 月 $SPI2=0$)	6	12

10.3.3　加强国家干旱信息系统

监测系统目前的输出成果质量良好,并已有效用于监测最近的严重干旱事件(2004~2005 年和 2012 年)。然而,干旱监测的可操作性因缺乏关于若干开发系统的信息而受到限制;此外,地下水抽取量和水量的记录也不完整,特别是私人灌溉系统。2008 年后,由于缺乏资金,监测站的定期维护急剧减少,约 70%的自动配药系统监测网络停止运行,特别是水文站和水质站。此外,国家水资源信息系统更加面向洪水评估,因此无法提供详细的数据,从而无法使用全国统一的分类系统进行干旱评估。此外,目前的指标不包括社会经济影响评估。

APA 目前正在开发一套基于评价指标的干旱预警和管理系统,但尚未得到应用(Do Ó,2011;Vivas 和 Maia,2011)。一项旨在创建和校准一个全球指标以识别干旱的研究也正在进行中,该研究不仅使用气象和水文数据,而且还使用干旱影响指标,然而这一全球指标尚未正式公布和应用。

加强国家干旱信息系统的具体措施应包括:

(1)利用可靠的、结构良好的网络,特别是针对地下水和私人灌溉区,改进对现有水资源的监测方案。

(2)建立监测项目,为跨界水域建立结构良好的信息网络。

(3)发展一个永久性的干旱预报、预警、监测系统,并提供每个部门在数量和质量方面的水供应和水需求的实时信息。

(4)界定干旱开始和结束的阈值指标,以及负责实施这些指标的机构。

(5)将干旱指数与干旱影响联系起来,制定一个全球干旱指标(如综合社会经济指数),用于评估与干旱有关的风险。

(6)在制定干旱指标时考虑到区域和地方的具体情况。

10.3.4　政策差距及改善干旱防备和管理的措施

在葡萄牙,目前的干旱管理仍然基于危机管理方法。直到2017年,还没有专门针对干旱制定的政策或规划,立法已经过时或缺失,流域管理计划也不包括干旱管理规划。干旱规划是通过一套政策和管理工具来解决的。此外,干旱管理相关主题分散在不同受影响部门(如城市供水和灌溉农业)的几项法规中,并跨越多个市政应急计划(见表10-3)(Do Ó,2011)。此外,为保护和可持续利用葡萄牙-西班牙河流域(跨界水域)而制定的措施非常通用。此外,它们缺乏水资源监测和管理方法的统一——基于不断交流信息、建立共同目标、监测网络和社会经济指标。

表10-3　涵盖葡萄牙干旱规划的主要政策和管理工具

手段	尺度
葡萄牙-西班牙河流域保护与可持续利用合作合约(1998)	葡萄牙-西班牙河流域
国家水规划(2002)	国家的
国家水法(2005)	国家的
干旱委员会(2005和2012)	国家的
国家用水效能提升计划(2006)	国家的
流域规划(2001)和流域治理规划(2011~2012)	流域的
市政应急计划	市政的
灌溉区域调度计划	当地的
水资源专门管理规划	当地的
气候变化适应国家策略ENAAC(2010)	民族的
供水和污水处理策略计划(PEAASAR 2200/06和2007/12)	国家的

尽管如此,特别是在2004~2006年干旱之后,基于旱灾防备和长期减少风险的前瞻性方法受到越来越多的关注(Afonso,2007)。若干国家方案证明需要制定行动计划,加强抗旱准备,列出适应措施,重点是增加水库容量,确保规划和法律措施以及提高水利用效率(PCM,2005;MAMAOT,2013a,2013b)。2012年干旱之后,成立了一个常设工作组,以制定干旱行动计划,观察三个操作层面:预防、监测和应急,以及负责实现它们的实体的定义。根据干旱-R&SPI项目的成果,该行动计划应详细阐述以下长期选择,以降低葡萄牙的干旱敏感性,建设应对能力,并改善实际干旱管理:

(1)由水库管理委员会监督的每个公共水资源管理单位的应急计划(采用协调的方法),以确保采取协调的方法和统一的准则。

(2)对水库的开发制度进行法律界定,对水资源的使用进行量化,以确保国际流域的生态流量和改善干旱期间的冲突缓解/管理。

（3）建立一个中央组织，在干旱频率和强度增加的情况下制定适应性管理计划；此类计划应明确界定公共行政的行动、表达和责任水平，确保干旱时需要实施的措施能够预先实施。

（4）改进所有部门的节水最佳做法，包括将处理过的废水重新用于灌溉和工业废水的回收，以补充节水措施。

（5）提高用水效率和节水计划，包括：①在多雨年份对过度开采的含水层进行人工补给；②减少城市供水系统的漏水；③在农业中更有效地利用水资源（例如，通过新的耕作方法和选择对水资源要求较低的作物），以及传播关于这些主题的知识，特别是在受干旱影响较大的地区。

（6）实施国家投资计划，建设"绿色"和"蓝色"基础设施，利用欧洲团结基金和区域发展基金方案中确定的投资优先事项。

节水和节水方案都应在实施的不同阶段得到有效的监测计划的支持，以便对其进行持续评估和改进。

10.4 结　论

葡萄牙的干旱一直被当作一场危机来处理，为克服过去的干旱事件而采取的措施主要是针对农业和城市供应部门，通常需要付出高昂的经济和环境代价（例如改进和建造水库）。在干旱期间增加供水必须作为一项长期战略加以解决，特别是在缺水地区。这样的战略还需要考虑具体的面向环境的措施，在节水和水资源高效利用方案中推广最佳农业做法和清洁技术。因此，投资以克服水资源管理工具框架内的体制和政策差距是至关重要的。此外，欧盟委员会目前制定的保护和维护"绿色和蓝色基础设施"的政策（EC，2012，2013），应该至少在一个水资源保护框架战略中，评估和探索缓解干旱。

参考文献

Afonso, J. R. (2007). Water scarcity and droughts: main issues at European level and the Portuguese experience. In: Water Scarcity and Drought—A Priority of the Portuguese Presidency (ed. MAOTDR), 93-103.

APA (2009). Relatório do Estado do Ambiente 2009. Agência Portuguesa do Ambiente. [Online] Available from http://sniamb. apambiente. pt/infos/geoportaldocs/REA/rea2009. pdf (accessed 10 December 2010).

APA(2012). Regional hydrographic management plans. Final Technical Report. Part 4—Prospective scenarios MAMAOT. [Online] Available from http://www. apambiente. pt/? ref = 16&subref = 7&sub2ref = 9&sub3ref = 834 (accessed 10 December 2012).

Bedia, J., Herrera, S., Camia, A., Moreno, J. M., and Gutiérrez, J. M. (2014). Forest fire danger projections in the Mediterranean using ENSEMBLES regional climate change scenarios. Climatic Change 122(1-2):185-199.

CPS(2006). Relatório de Balanço. Seca 2005. Comissão para a seca. [Online] Available from http://www. drapc. minagricultura. pt/base/geral/files/relatorio_seca_2005. pdf(accessed 10 December 2010).

Bifulco, C. , Rego, F. C. , Dias, S. , and Stagge, J. H. (2014). Assessing the association of drought indicators to impacts. The results for areas burned by wildfires in Portugal. In Advances in Forest Fire Research (ed. D. X. Viegas), 1054-1060. Coimbra, Portugal: Imprensa da Universidade de Coimbra.

Cortes,R. (2013). River Regulation and Climate Change in Portugal: New Challenges to Preserve Biodiversity. Paper presented to 3rd Workshop DROUGHT-R&SPI 11 October 2013 ISA, Lisbon.

de Lima, M. I. L. P. , Espírito Santo, F. , Ramos, A. M. , de Lima, J. L. M. P. (2013). Recent changes in daily precipitation and surface air temperature extremes in mainland Portugal, in the period 1941-2007. Atmospheric Research 127: 195-209.

De Stefano,L. ,Reguera,J. U. ,Acácio,V. ,Andreu,J. ,Assimacopoulos, D. , Bifulco, C. , De Carli,A. , De Paoli,L. ,Dias, S. ,Gad,F. ,Monteagudo,D. H. ,Kampragou, E. , Keller, Lekkas, D. ,Manoli,E. ,Massarutto,A. , Ayala, L. M. , Musolino, D. , Arquiola, J. P. , Rego, F. , Seidl, I. , Senn, L. , Solera, A. S. , Stathatou,P. , and Wolters, W. (2012). Policy and drought responses-case study scale. DROUGHT-R&SPI Technical Report No. 4.

Diogo, V. and Koomen, E. (2010). Explaining landuse change in Portugal 1990-2000. 13th AGILE International Conference on Geographic Information Science, 1-11. Guimarães, Portugal.

Do Ó, A. (2011). Gestão transfronteiriça do risco de seca na bacia do Guadiana: analise comparativa das estruturas nacionais de planeamento. Ⅶ Congreso Ibérico sobre Gestión y Planificación del Agua 'Ríos Ibéricos + 10. Mirando al futuro tras 10 años de DMA', Talavera de la Reina. [Online] Available from http://www. fnca. eu/images/documentos/Ⅶ% 20C. IBERICO/Comunicaciones/A8/02 DoO. pdf (accessed 10 December 2010).

Do Ó, A. and Roxo, M. J. (2009). Drought response and mitigation in Mediterranean irrigation agriculture. In: Water Resources Management, 515-524. WIT Press, Southampton.

EC(2007). Scenar 2020—Scenario study on agriculture and the rural world. European Communities Report, p. 232.

EC(2012). Blue Infrastructure (BI) Blue Growth Opportunities for Marine and Maritime Sustainable Growth. EU Commission Communication. Brussels, COM (2012) 494 Final, 13. 9. 2012.

EC(2013). Green Infrastructure (GI)—Enhancing Europe's Natural Capital. EU Commission Communication. Brussels, COM (2013) 249 Final, 6. 5. 2013.

Gouveia, C. M. , Trigo, R. M. , and DaCamara, C. C. (2009). Drought and vegetation stress monitoring in Portugal using satellite data. Natural Hazards and Earth System Sciences 9(1):185-195.

Gouveia, C. M. , Bastos, A. , Trigo, R. M. , and DaCamara, C. C. (2012) 'Drought impacts on vegetation in the pre and postfire events over Iberian Peninsula'. Natural Hazards and Earth System Sciences 12: 3123-3137.

INAG (2001). Plano Nacional da Água. Instituto da Água Ministério do Ambiente e Ordenamento do Território. [Online] Available from http:// www. cm sever. pt/ambiria/Download. aspx? ent =ambi_anexo&id = 43(accessed 10 December 2010).

Jacinto, R. , Cruz, M. J. , and Santos, F. D. (2011). Adaptation of a Portuguese Water Supply Company (EPAL) to Climate Change: Producing SocioEconomic and Water Use Scenarios for the XXI Century (31 Oct-4 Nov). YSW, International Water Week Amsterdam 2011.

Jacobs, C. , Wolters, W. , Todorovic, M. , and Scardigno, A. (2008). Mitigation of Water Stress

Through New Approaches to Integrating Management, Technical, Economic and Institutional Instruments. Aquastress Integrated Project. Report on Water saving in Agriculture, Industry and Economic Instruments. Part A—Agriculture. 58 pp.

Jongen, M. , Unger, S. , Fangueiro, D. , Cerasoli, S. , Silva, J. M. N. , and Pereira, J. S. (2013). Resilience of montado understorey to experimental precipitation variability fails under severe natural drought. Agriculture, Ecosystems & Environment 178: 18-30.

Kampragou, E. , Assimacopoulos, D. , Andreu, J. , Bifulco, C. , de Carli, A. , Dias, S. , Gonzalez Tanago, I. , Haro Monteagudo, D. , Massarutto, A. , Musolino, D. , Paredes, J. , Rego, F. , Seidl, I. , Solera, A. , Urqujo Reguera, J. , and Wolters, W. (2015). Systematic classification of drought vulnerability and relevant strategies—case study scale. DROUGHT-R&SPI Technical Report No. 24, Athens, Greece, p. 43.

MAMAOT (2013a). Seca 2012. Relatório de balanço. Ministério da Agricultura, do Mar, do Ambiente e do Ordenamento do Território. 132 pp. [Online] Available from http://www. portugal. gov. pt/media/916024/ Relatorio_Balanco_GTSeca2012_v1. pdf (accessed 10 December 2013).

MAMAOT (2013b). Estratégia de adaptação da agricultura e das florestas às alterações climaticas. Portugal Continental. Ministério da Agricultura, do Mar, do Ambiente e do Ordenamento do Território. 88 pp. [Online] Available from http://www. apambiente. pt/_zdata/Politicas/AlteracoesClimaticas/Adaptacao/ENAAC/ RelatDetalhados/Relat_Setor_ENAAC_Agricultura. pdf(accessed 10 December 2013).

Máñez Costa, M. A. , Moors, E. J. , and Fraser, E. (2011). Socioeconomics, policy, or climate change: what is driving vulnerability in southern Portugal? Ecology and Society 16 (1): 28. [Online] Available from http://www. ecologyandsociety. org/vol16/iss1/art28/ (accessed 10 December 2011).

MAOTDR (2007). Programa Nacional da Política de Ordenamento do Território. Ministério do Ambiente, do Ordenamento do Território e do Desenvolvimento Regional, Lisboa.

Miranda, P. , Coelho, F. E. S. , Tomé, A. R. , and Valente, M. A. (2002). 20th century Portuguese climate and climate scenarios. In: Climate Change in Portugal. Scenarios, Impacts and Adaptation Measures— SIAM Project (ed. F. D. Santos, K. Forbes, and R. Moita) ,23-83. Gradiva, Lisboa.

Moreira, F. , Leitão, P. , Synes, N. , Alcazar, R. , Catry, I. , Carrapato, C. , Delgado, A. , Estanque, B. , Ferreira, R. , Geraldes, P. , Gomes, M. , Guilherme, J. , Henriques, I. , Lecoq, M. , Leitão, D. , Marques, A. T. , Morgado, R. , Pedroso, R. , Prego, I. , Reino, L. , Rocha, P. , Tomé, R. , Zina, H. , and Osborne, P. E. (2012). Population trends in the steppe birds of Castro Verde for the period 2006-2011. Consequences of a drought event or land use changes? Airo 22: 79-89.

Nuncio, J. and Arranja, C. (2011). Water management in collective irrigation districts: water use quantification and irrigation systems efficiency. In: Leão and Ribeiro (eds.) O uso da agua em Agricultura, 43-54. INE, I. P. , Lisbon, Portugal.

PCM (Presidency of the Council of Ministers) (2005). Programa Nacional para o Uso Eficiente da Água— Bases e Linhas Orientadoras (PNUEA). Resolução do Conselho de Ministros n. 113/2005, 30 June. [Online] Available from http://www. iapmei. pt/iapmeileg 03. php? lei = 3550 (accessed 10 December 2010).

Pellizzaro, G. , Cesaraccio, C. , Duce, P. , Ventura, A. , and Zara, P. (2007). Relationships between seasonal patterns of live fuel moisture and meteorological drought indices for Mediterranean shrubland species. International Journal of Wildland Fire 16 (2): 232-241.

Pereira, H. M. , Domingues, T. , Vicente, L. , and Proença, V . (Eds.) (2009). Ecossistemas e bem estar humano. Avaliação para Portugal do Millennium Ecosystem Assessment, 734 pp. Escolar Editora. Lisboa.

Pereira, M. G. , Calado, T. J. , Dacamara, C. C. , and Calheiros, T. (2013). Effects of regional climate change on rural fires in Portugal. Climate Research 57: 187-200.

Pires, V . , Silva, A. , and Mendes, L. (2010). Risco de secas em Portugal Continental. Territorium 17: 27-34.

Ramos, A. M. , Trigo, R. M. , and Santo, F. E. (2011). Evolution of extreme temperatures over Portugal: recent changes and future scenarios. Climate Research 48: 177-192.

Rego, F. , Bifulco, C. , Dias, S. , Massarutto, A. , Musolino, D. , and Carli, A. (2015). Crop yields and prices as affected by drought. In: International Conference on Drought, Research and Science-Policy Interfacing. Book of Abstracts and Program (ed. D. Monteagudo and J. Andreu), 123-125. Valencia, Spain: University of Valencia. March 2015.

Ribeiro, L. (2013). Groundwater: availability and prospects for an integrated and sustainable use of water resources. In: Leão and Ribeiro (eds.) O uso da agua em Agricultura, 55-56. INE, I. P. , Lisbon, Portugal.

Rounsevell, M. D. A. , Reginster, I. , Araújo, M. B. , Carter, T. R. , Dendoncker, N. , Ewert, F. , House, J. I. , Kankaanpa, S. , Leemans, R. , Metzger, M. J. , Schmit, C. , Smith, P. , and Tuck, G. (2006). A coherent set of future land use change scenarios for Europe. Agriculture, Ecosystems and Environment 114: 57-68.

Santos, F. D. , Forbes, K. , and Moita, R. (Eds.) (2002). Climate Change in Portugal. Scenarios, Impacts and Adaptation Measures—SIAM Project, 456 pp. Lisboa: Gradiva.

Santos, J. F. , PulidoCalvo, I. , and Portela, M. M. (2010). Spatial and temporal variability of droughts in Portugal. Water Resources Research 46: W03503. doi: 10. 1029/2009WR008071.

Silva, Á. , de Lima, M. I. P. , Espírito Santo, F. , and Pires, V. (2014). Assessing changes in drought and wetness episodes in drainage basins using the standardized precipitation index. Die Bodenkultur 65(3-4): 31-34.

Sousa, P. M. , Trigo, R. M. , Aizpurua, P. , Nieto, R. , Gimeno, L. , and GarciaHerrera, R. (2011). Trends and extremes of drought indices throughout the 20th century in the Mediterranean. Natural Hazards and Earth System Science 11: 33-51. doi: 10. 5194/nhess11332011.

Sousa, P. M. , Trigo, R. M. , Pereira, M. G. , Bedia, J. , and Gutiérrez, J. M. (2015). Different approaches to model future burnt area in the Iberian Peninsula. Agricultural and Forest Meteorology 202: 11-25.

Stagge, J. H. , Dias, S. , Rego, F. , and Tallaksen, L. M. (2014). Modeling the effect of climatological drought on European wildfire extent. Geophysical Research Abstracts 16: EGU201415745.

Stigter, T. , Bento, S. , Varanda, M. , Nunes, J. P. , and Hugman, R. (2013). Combined assessment of climate change and socioeconomic development as drivers of freshwater availability in the south of Portugal. Transboundary water management across borders and interfaces: present and future challenges. In: Proceedings of the TWAM2013 International Conference &Workshops, pp. 1-6. [Online] Available from http://ibtwm. web. ua. pt/congress/Proceedings/papers/Stigter_Tibor. pdf (accessed 10 December 2013).

Trigo, R. M. , PozoVazquez, D. , Osborn, T. J. , CastroDiez, Y. , GamizFortis, S. , and EstebanParra, M. J. (2004). North Atlantic oscillation influence on precipitation, river flow and water resources in the Iberian Peninsula. International Journal of Climatology 24: 925-944.

Vale, M. J. (Coord.) (2014). Uso e ocupação do solo em Portugal continental: Avaliação e Cenarios

Futuros. Projeto LANDYN. DireçãoGeral do Território (DGT), Lisboa. [Online] Available from http://www. dgterritorio. pt/a_dgt/investigacao/landyn/ (accessed 10 December 2014).

van Lanen, H. , Alderlieste, M. , van der Heijden, A. , Assimacopoulos, D. , Dias, S. , Gudmundsson, L. , Haro Monteagudo, D. , Andreu, J. , Bifulco, C. , Rego, F. , Parede, J. , and Solera, A. (2013). Likelihood of future European drought: selected European case studies. DROUGHT-R&SPI Technical Report No. 11. [Online] Available from http://www. eu drought. org/ (accessed 10 December 2013).

VicenteSerrano, S. M. , LopezMoreno, J. I. , Beguería, S. , LorenzoLacruz, J. , Sanchez Lorenzo, A. , GarcíaRuiz, J. M. , AzorinMolina, C. , MoranTejeda, E. , Revuelto,J. ,Trigo, R. , Coelho, F. , and Espejo, F. (2014). Evidence of increasing drought severity caused by temperature rise in southern Europe. Environmental Research Letters 9(4):044001 (9 pp.). doi:10. 1088/17489326/9/4/044001.

Vivas, E. and Maia, R. (2011). A gestão de escassez de agua e secas enquadrando as alterações climaticas. The water scarcity and droughts' management framing climate change issues. Recursos Hidricos 31(1): 25-37.

第 11 章　意大利波河流域的干旱管理

11.1　一般背景

11.1.1　自然和社会经济系统

波河流域面积 74 700 km²(三角洲面积 4 000 km²),总人口约 1 700 万。平均人口密度为 225 人/km²,高于意大利的平均密度(180 人/km²)。

波河流域是意大利最大的水文流域。它横跨意大利 7 个地区,1 个蒂契诺州(瑞士)和法国的一些地区(见图 11-1)。大约 3 200 个城市、一些大城市聚集点(如米兰和都灵)和几个中等城市中心是领土的一部分。

图 11-1　波河流域:区域和省级行政边界(资料来源:波河流域管理局)

波河全长 652 km,有 141 条支流。波河流域年平均降水量为 1 200 mm,最大降水量出现在春季。年总降水量为 780 亿 m³。波河的年平均流量(1923 ~ 2006 年)为 1 500 m³/s。该地区高山湖泊的总可用水量约为 10.4 亿 m³,流域的年平均气温在阿尔卑斯山区约为 5 ℃,在中高山区和其他地区为 5~10 ℃。

波河流域是一个在经济方面高度发达的地区:由于高密度和分布范围广泛的农业、制造业和服务活动(29%的意大利工业和服务公司所在地),意大利创造的 34%的附加值来自波河流域。此外,还有几个部门的专业,如机械、纺织和服装以及食品,波河流域的食品创造的增加值占意大利部门增加值的 41%。

就农业而言,有几个数字表明它在波河流域的重要性。全国约 35%的农业生产来自该流域,而55%的意大利牲畜仅来自流域的5个省。波河流域约有270万hm²土地被划分为"利用农业用地"(约占流域总面积的40%),其中59%是灌溉的。农业由永久性饲料作物组成,覆盖约85%的灌溉利用农业面积(谷物玉米32.5%、水稻14.5%)和乔木作物(果园4.5%、园艺3.6%)(波河流域管理局,2009)。

波河流域的另一个重要部门是电力工业,特别是水力发电和火力发电,这两个部门在干旱管理方面具有重要意义,这两个部门的加氢需求很高。流域内约有890座水电站,水力发电总装机容量略高于8 GW,相当于意大利总发电量的48%。大部分装机容量集中在少数几个厂。意大利大约46%(19 TW·h)的水力发电来自波河流域。同样重要的是火力发电,事实上,波河流域大约有400座火力发电厂,总装机容量为19 GW(45%的装机容量集中在8座电厂)。来自流域的热能总量相当于意大利总发电量的32%(76 TW·h)(波河流域管理局,2009)。

11.1.2　干旱特征与水资源可利用性

近几十年来,波河流域夏季平均降水量显著减少(见图11-2);与此同时,降雨强度(因此,洪水的数量)在增加。雨水日数减少,尤其是春季和夏季,导致枯水期河流流量减少(减少最严重的年份为1980~2010年)。此外,自1960年以来,年平均气温上升了约2℃,增加了农业和发电的用水需求(主要是由于空调)。

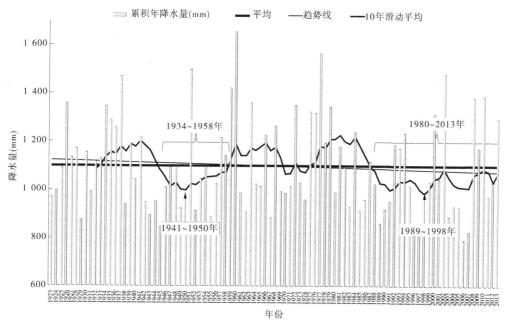

图11-2　波河流域1923~2013年年降水量

分析该流域全年水量的分布,似乎在6月底之前没有降水的情况下,分布在自然调节的高山湖泊和人工水库中的全部蓄水能力足以满足水需求(农业、工业、电力生产、家庭使用)。春季3~4月的干旱期通常足以启动下一个灌溉季节的特别水管理措施,除非连续出现降水。同样,灌溉季节(4~6月)开始时的干旱期会导致所有多余的累积水资源提前释放。在过去几十年里,波河流域发生的主要干旱事件发生在2003年、2005/2007年、2012年和2015年。

11.1.2.1 2003年和2005/2007年的干旱事件

2003年,在经历了一个几乎没有下雪的冬天之后,春季降水非常罕见,尤其是5月和6月。因此,在伦巴第和艾米利亚—罗马涅的平原地区以及亚平宁地区,水流量的减少幅度为50%~75%,在皮埃蒙特地区为60%~65%。水的短缺由于季节平均气温的升高而进一步加剧,7月24日和25日的强降水,以及8月中旬的降水,减轻了干旱的严重性,使情况恢复正常。

2006年,同样是在5~7月,由于降水量小和积雪融化有限(由山区非常低的温度造成),出现了低水位,尽管没有2003年那么低。不久之后,在2007年2~5月期间,再次出现缺水,因为在2006年最后几个月和2007年1月,降水和降雪大多低于季节平均水平(20%~40%)。2007年2~5月,波河的水流量低于2003年和2006年同期的记录水平。2007年6月,由于频繁的强降水,正常情况得以恢复。

11.1.2.2 2012年和2015年的干旱事件

最近的干旱/缺水事件发生在2012年和2015年。2012年,从秋季持续到春季的严重干旱造成了对下一个灌溉季节的一些担忧,然而,由于春季和初夏雨量充沛,这种担忧消退了。在蓬特拉戈斯科罗站(位于费拉拉省的艾米利亚罗马涅)测得的流量只有在灌溉季节结束时才低于400 m³/s,没有给农民或其他用户造成问题。总体来说,波河的冬季干旱没有造成大的影响,因为1月的低流量是正常的,这是由于雨水少或霜冻。

特别是2015年的事件,显示了一些有趣的特征,因为缺水发生在正常气象条件下,记录到6月底。SPI指数在3个月和6个月的表现清楚地突出了这一事实(见图11-3和图11-4)。

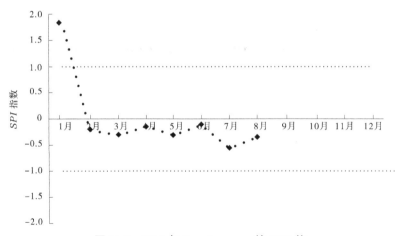

图 11-3　2015年Pontelagoscuro的SPI3值

只有当查看1个月的SPI值(见图11-5)时,我们观察到的值对应于7月的中度干燥情况。

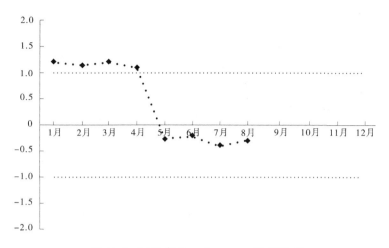

图 11-4　2015 年 Pontelagoscuro 的 *SPI*6 值

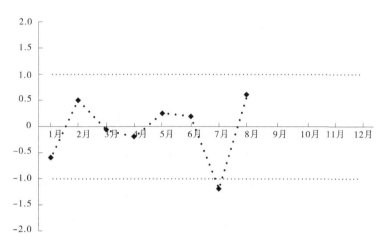

图 11-5　2015 年 Pontelagoscuro 的 *SPI*1 值

尽管降水情况并不表明缺水的发生,但高温的持续及其异常持续时间,无论是每日最低水平还是最高水平,都导致了与自然蒸发率相当高相关的所有部门(民用、灌溉、水电)用水量的激增。最后,积雪也受到了热浪的影响,热浪将冰点的高度推至历史最高值,超过海平面 5 200 m。从水文角度来看,所有这些因素,加上降水的适度缺乏,导致整个流域的河流流量显著减少。

在波河流域,从 6 月中旬到 8 月第一周,水文测验流量呈下降趋势,达到显著的低水平。图 11-6 显示了波河在 Pontelagoscuro 的月平均流量值,该值以 2002~2011 年的 10 年和 1921~1970 年的 50 年为参考期进行计算,然后与 2015 年 1~8 月的月观测值进行比较。

数据显示,1~5 月,逐月出口流量处于正常趋势,而观测值低于 6 月的长期平均值。7 月出现了最危急的情况,月平均流量大大低于正常流量。降水的出现和同时的需水量的减少导致 8 月临界值较低,即使仍然低于长期平均值。

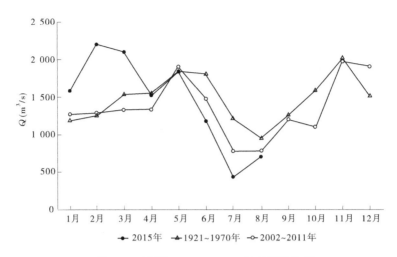

图 11-6 波河 Pontelagoscuro 的月平均流量

11.2 干旱风险和缓解

11.2.1 干旱脆弱性

对过去十年干旱事件的分析表明,尽管由于蓄水能力大和水流调节,该地区具有相当大的系统恢复力,但波河流域仍易受干旱影响。缺乏干旱管理计划是一个关键的脆弱性因素,这种缺乏造成了所谓的"体制脆弱性"。意大利的法律制度为地区政府解决干旱管理问题提供了若干规划工具,例如水保护计划(Piani di Tutela delle Acque),但除 EmiliaRomagna 和 Veneto 的情况外,这些都不在地区政府实施的大多数水资源规划中。尤其是埃米莉亚·罗马涅地区(Emilia Romagna Regie,2005)在其水资源保护规划中确定了受干旱风险威胁的地区,目前正在起草一项干旱管理计划,其中包括建立一个监测系统;经济、社会和地域影响及脆弱性分析,以及干旱危机应对措施的定义。

除水资源管理框架的缺陷外,干旱脆弱性还取决于该地区的社会经济特征。波河流域的经济部门消耗的最高量水是农业(见表 11-1),鉴于灌溉面积的 1 355 258 hm²(Zucaro,2013),占年度水需求的体积超过 1 600 万 m³/年,超过 80% 的年度水需求总量用于波河流域。这是意大利农业如此重要的一个地区,广义上说,是意大利北部经济系统如此重要的一个部门,正如第一段所讨论的,波河流域干旱管理的重要性是显而易见的。

农业供水主要由灌溉和排水联合总会保证,该联合总会管理由密集的运河网组成的供水计划。地面灌溉是最常见的灌溉系统(几乎 50% 的灌溉面积),尽管这被认为是低效的和不灵活的,因为它轮流工作。事实上,盆地北部的农业得益于靠近阿尔卑斯山,以及湖泊、冰川和阿尔卑斯水库。然而,这种在水供应方面的地理优势也成为盆地北部的一个障碍,因为与盆地南部相比,它在更有效的技术方面得到的投资要少得多。

表 11-1　按用途分列的年需水量(Autorita di bacino del fiume Po, 2009)

利用类型	总量(×10⁶ m³/年)	地表水(%)	地下水(%)
饮用	2 500	20	80
工业 *	1 537	20	80
灌溉	16 500	83	17
总量	20 537	63	37

注：* 能源生产除外。

　　此外,蓄水基础设施分布不足和灌溉网络扩展有限是波河流域灌溉农业的另一个关键方面,甚至专家和利益相关者也经常抱怨这些(见 Assimacopoulos 等,2014,第 6.3 节)。然而,高水平的作物多样化,也与若干高质量的农业食品价值链的存在有关,是另一个重要特征,可能使波河流域的农业不那么脆弱。

　　就其他部门而言,工业部门的加氢需求逐渐减少,主要原因是引入了具体的环境法规,制造过程中对加氢需求较低的技术的使用越来越多。另外,电力工业,特别是水力发电,仍然是高度加氢需求。发电厂老化(其中 65%在 1950 年前开始运营)以及缺乏空间发展规划(尤其是小型发电厂)增加了其潜在的脆弱性。水电预计将增长,因为它是减少温室效应的最佳替代能源之一。

11.2.2　干旱管理框架:现状和持续变化

　　波河流域干旱管理计划(PoDMP)和区域/子流域干旱管理计划(MDPs)的制定正在《波河水量平衡计划》的范围内进行(波河流域管理局,2015a),该计划于 2017 年被采纳。PoDMP 的结构符合欧洲环境总署(2009)提供的指南。鉴于流域或区域/地方各级缺乏任何干旱管理计划,以往干旱事件(2003 年、2005 年/2007 年、2012 年和 2015 年)的主要应对/反应是基于双重方法,允许引入已经运行的工具,并基本上被水资源管理人员和利益攸关方接受。

　　一方面,做出反应的基础是所有利益攸关方自愿达成协议,目的是维持灌溉和火力发电厂的最低水流量,使用高山水力水库的水,并促进节约用水和有效地用水用于灌溉。

　　2003 年干旱事件期间成立了一个名为 Cabina di Regia 的技术委员会,定期开会分析实时情况,并提出不同的需求,以便协调旨在减少地方和流域一级重大影响的水管理工作。从那时起,每年灌溉季节开始时,Cabina di Regia 至少召开一次会议,并根据观察数据和预测,制定当年的水管理大纲。在缺水的情况下,卡比纳迪雷吉亚继续定期开会,重新评估情况,并利用最新信息做出决定。Cabina di Regia 受益于一个大大增强的预警和干旱建模系统,名为"波河流域干旱预警系统",被用作决策过程中的一个主要工具(波河流域管理局,2015b)。这些行动导致签署了一项谅解备忘录,主要是由作为干旱管理关键机构的波河流域管理局推动的。继在国家一级被公认为良好做法的地区管理局的活动之后,意大利环境部和国家民事保护部推动在意大利的每个地区管理局内设立类似的委员会,将职权范围扩大到对水平衡的永久控制;这促成了一项新的谅解备忘录,也涉及国家行政一级,于 2016 年 7 月 13 日生效。

另一方面,宣布干旱情况下的紧急状态是国家政府的责任,任命一名专员来开展这种非常和紧急的活动,协调国家和区域一级的几个临时政府机构。

虽然上文所述的方法已被证明是有效的,但它有一些限制,主要是由于反应性而非主动行动的优势。

已发现的主要差距是:缺乏关于整个流域干旱脆弱性和影响的全面和共享的知识,这必然导致对水资源的近似实时管理,而《荒漠化公约》管理计划将这些差距作为紧急行动加以解决;缺乏一个“先验”的定义和每个行动者可以提出的行动时间,以及随之而来的影响。此外,对实施成本效益方法至关重要的影响的经济评估只能在脆弱性和影响评估完成后才能实施。另一个要点是缺乏干旱和长期干旱条件的定量定义,这是世界粮食首脑会议第 2000/60 号决议所要求的,以便根据第 4.6.5 条获得对世界粮食首脑会议目标的豁免。

为了克服这些差距,新的《公共秩序管理计划》提出了简单而有效的工具,这些工具已经在起草《公共秩序水平衡计划》的公众参与过程中提出并分享。

第一项措施旨在加强监测系统 DEWSPo,使其也能够用于区域节点,这是由系统的分布式架构所实现的,该系统允许用户通过客户端界面进行访问。该行动包括培训专业人员使用系统的本地节点(已经存在),以确保数据的持续更新和对本地结果的合理评估。这一行动将导致整个流域的有效网络管理,事实上,这已经从艾米利亚·罗马涅和伦巴第之间的一项协议开始,在波河流域管理局的参与下继续进行。

另一项重要措施是影响和脆弱性评估,由波河流域管理局和地方行为者在大学和地方行政部门的参与下为地区和较低地区开展。主要工具称为“干旱比重计”,是一个共享的可视化工具,用于显示低流量期对河流流量的影响,适用于整个流域。它由一张全河的专题地图组成,在每一个参考断面上,主要影响相对于排放值来表示,以便形成水资源管理的效果(上游抽取或排放的效果等)。对所有的上下游用户都是透明的。根据 SiccIdrometro,将确定实时管理期间在每个本地节点执行的行动草案,并提交给 Cabina di Regia 会议讨论。

此外,一项具体研究预计将设定干旱和长期干旱之间的阈值。

其他措施包括缓解行动的定义、建立实时监测取水的综合网络(与预警系统相联系),以及对干旱影响和用水进行经济评估。

除整套措施的完整性和与欧洲指令的一致性外,我们认为这些工具的价值在于在整个水用户和管理人员系统中共享目标、使用和设计,以一种包含所有利益相关者和不同治理级别的强包容性的方式,这将提高对波河流域干旱和水资源短缺的认识,并选择公认的措施。除其他措施外,还应强调的是,在未来 5 年内,在征得所有波河水用户同意的情况下,将在灌溉季节实施涉及净减少抽取量的措施。

11.2.3 对 2003 年旱灾事件的政策反应:定性评价

2003 年干旱事件造成的水资源短缺对农业(农民不得不提前开始灌溉)和公共供水(在亚平宁山脉附近的一些地区)都产生了负面影响。高温也导致高能耗,迫使电力公司在高峰期生产。许多使用地表水进行生产的火力发电厂受到缺水的严重影响,其中一些电厂在 6 月无法工作,导致几次服务中断(此外,当时其他电厂因翻修而关闭)。卡比纳·迪·雷吉亚决定在一定时期内减少 10%的灌溉用水配额,同时从阿尔卑斯山的水库中每天释放一定量的水,直到 7 月底的暴雨恢复正常情况。研究发现,由于价格上涨的影响,主要的经济后果由农产品的最终消费者承担。相反,对农民来说,价格上涨带来的收益的绝对值比作物产量减少造成的损失大得多(Massarutto 和 De Carli,2009;Musolino 等,2015)。关于发电,生产者没有遭受任何损失,因为水力发电没有减少(由于 8 月的降水,阿尔卑斯山的水库再次蓄满);相反,消费者承受了一些与服务中断相关的成本(Massarutto 等,2013)。

对 2003 年干旱事件的反应是通过针对波河流域专家和利益攸关方的一些实地定性调查(问卷调查和直接访谈)进行评估的。这些调查得出的总体情况大多是积极的,因为受访者指出了干旱管理工作的几个好的方面。尽管如此,也有人提出了一些批评意见,这些批评意见往往与缺乏一个明确的和正式的体制框架来管理波河流域的干旱有关(同样是"体制脆弱性")。

2003 年和 2005/2007 年干旱事件干旱管理评估的重点是三个主题:参与和协调、信息和沟通、政策措施的实施和效果。

总体而言,对第一个主题(参与和协调)的努力给予了积极评价。据认为,就行为者的类型和数量而言,利害关系方参与干旱事件管理的范围足够广(见图 11-7)。用户和管理人员,以及几个潜在的利益冲突,都在谈判桌上有广泛的代表,特别是在紧急阶段。据受访者称,几乎所有行为者都参与了这一进程:唯一没有充分参与的行为者是环境组织、农民协会以及一些区域和地方政府(省)和地方机构。这种广泛参与的好处是,它能够在行动者之间建立一个网络,并帮助他们更好地交流信息,在此之前,行动者是孤立的。

负责干旱管理,改善决策过程。这样做,它可以被认为是一个"原型"的未来可能结构的干旱管理在波河流域。然而,有人提出了一些批评意见,主要涉及该机构的非正式性质。这些问题包括每个成员扮演的角色不明确;机构、政治和技术能力的重叠;缺乏会议日程安排;确定优先事项的困难。还赞赏建立了由公共行政当局领导的负责协调工作的非正式机构,因为它代表了一个独特的机构。

就信息和通信问题而言,利益攸关方强调,他们对干旱期间(利益攸关方和公众)水资源数据和信息的可获得性感到满意。这同样适用于有关计划和采取的措施的信息。然而,他们没有正面评价关于环境影响及(干旱和应对措施的)社会和经济影响的现有信息。因此,据一些专家说,不清楚干旱事件引起的实际利益冲突是什么。

关于政策措施的效果及其实施评价,实地定性调查显示,大多数设计和实施的措施都产生了积极影响(见表 11-2)。关于战略措施,同样,最受赞赏的措施是建立区域信息中心和联合协议,以及建立利益攸关方之间的日常信息交流系统。相反,数据收集活动以及区域政府执行战略措施的情况没有得到利益攸关方的特别赞赏。关于业务措施,所有需求管理措施都被认为得到了令人满意的规划和实施(措施的设计和实施是对其进行最佳评估的标准,而启动时间和对减少影响的贡献是得分较低的标准)。至于供水管理措施,从湖泊和阿尔卑斯山水电站水库中释放的水得到的评价最高,而对取水的控制得到的评价最低。

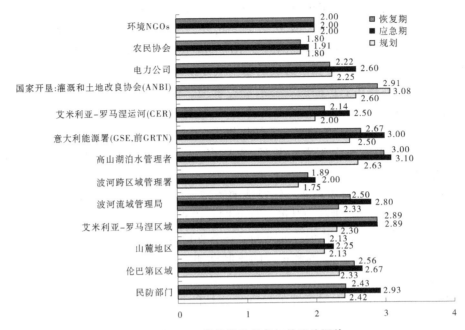

图 11-7　利益相关者参与的平均评价

（评级：4—非常合适；3—充足；2—不太合适；1—不充分）

表 11-2　波河流域战略措施和运营供需管理措施质量评价

战略措施	总分*	排名
通过签署自愿协议(谅解备忘录)建立包括利益攸关方的委员会	2.71	1
建立平均水量和径流日信息交换系统	2.61	2
为联合管理干旱事件响应行动,各有关利益攸关方定义并签署自愿协议(谅解备忘录)	2.55	3
调查、收集和提供所有相关数据,以便进行情况监测	2.29	4
颁布执行《国家议定书》所需的政府法令	2.15	5
需求管理措施	总分*	排名
电力生产控制	2.63	1
由于全国开垦,灌溉和土地改善协会可以调节从其衍生产品中取水,因此灌溉用水量减少10%	2.46	2
可中断客户(电力)的计划中断	2.44	3
计划轮流中断零售(电力)	2.30	4
供给管理措施		
高山水力水库下泄的水量增加,并将额外的水量直接转移到湖泊下游	2.62	1
波河跨区域机构对其下辖河流的取水控制	1.89	2

　　受访者提出的另一个问题是,在干旱期间,干旱管理可用的财政资源很少。在自然灾

害期间,艾米利亚罗麦格纳只有少数农民可以利用第 225/92 号法律获得补贴贷款和社会保障付款豁免。然而,他们还强调,参与干旱管理的人力资源准备充分,技术熟练,他们可以合作,并从一些研究中心和专门实体获得外部支持(关于干旱管理的研究和分析可以受益于水力学和水文学专家的合作,但不能受益于经济学家和社会科学家的投入)。

最后,大多数受访者说,2003 年的干旱事件对参与干旱管理的所有行为者起到了一轮培训的作用。事实上,随后的 2005/2007 年干旱事件得到了更好的管理,原因有几个,主要与 2003 年获得的经验有关,以及从当时经历的成功和失败中吸取的教训。2005/2007 年,现有的知识和信息更加完整和详细;根据 2003 年的经验,优先用途已经很明确;有一个权威可以做决定;相关利益攸关方更有力和更广泛的参与,以及更多的协调;公众的高度关注。

11.3 结 论

最近的干旱事件为波河流域的干旱管理提供了重要的经验教训。例如,他们展示了收集所有相关决策者、经理和用户的重要性;分享信息和想法;由一个独特的公共机构共同协调决策。另一个重要的教训是,需要系统地收集水文气象变量的数据和信息,以便评估、监测和预测干旱(在这样做之后,波河流域管理局现在能够开发和使用预测模型)。此外,根据外部环境/环境(技术和经济,如作物、灌溉期、电价等的变化)的快速变化,保持规划流程更新的重要性被突出了出来。

然而,该系统仍然以反应性方法为特征。因此,下一步是从被动应对转向主动应对,设计主动的结构性措施,以便提前预防干旱的负面影响(Kampragou 等,2015)。这意味着,除了反应性措施(如从高山水库和湖泊中释放的水),也应该考虑需求方面和供应管理措施,旨在减少波河流域的社会经济和环境系统的脆弱性。例如,控制非法撤资,改善灌溉技术,投资基础设施和技术节水(例如存贮地下水)及评估可能的新的替代措施(如壁垒对盐水在波河三角洲,沿着河和壁垒或大坝在不同的点)是一些关键的政策选择,利益相关者和专家经常指出和强调。这种积极主动的做法还包括促进对干旱影响进行综合和综合评价,包括社会和环境影响评价及经济影响分析。

所有这些行动都被认为是增加波河流域准备工作战略的必要组成部分,应规划和执行这些措施,以便更好地应对干旱事件带来的风险。新的干旱管理计划将是制定这一未来战略和解决本文件所强调的体制脆弱性问题的基础。

参考文献

Assimacopoulos, D., Kampragou, E., Andreu, J., Bifulco, C., de Carli, A., De Stefano, L., Dias, S., Gudmundsson, L., HaroMonteagudo, D., Musolino, D., ParedesArquiola, J., Castro Rego, F., Seidl, I., Solera, A., Urquijo, J., van Lanen, H., and Wolters, W. (2014). Future drought impact and vulnerability—case study scale. DROUGHT-R&SPI Technical Report No. 20. [Online] Available from www.eudrought. org/technicalreports (accessed 7April 2018).

Autorita di bacino del fiume Po (2005). Protocollo d'intesa "Attivita" unitaria conoscitiva e di controllo del Bilancio idrico volta alla prevenzione degli Eventi di magra eccezionale nelbacino Idrografico del fiume Po, 8 June 2005.

Autorita di bacino del fiume Po (2009). Il territorio del fiume Po. L'evoluzione dellapianificazione, lo stato delle risorse e gli scenari di riferimento, Edizioni Diabasis, Reggio Emilia.

Autorita di bacino del fiume Po (2015a). Piano di Bilancio Idrico del distretto idrografico delfiume Po. Allegato 3 alla Relazione Generale. Piano per la gestione delle siccità e DirettivaMagre. Parma, 8 July 2015. Available from: http://www. adbpo. gov. it/it/pianidibacino/pianobilancioidrico (accessed 29 February 2016).

Autorita di bacino del fiume Po (2015b). Piano di Bilancio Idrico del distretto idrografico delfiume Po. Allegato 4 alla Relazione Generale. Drought Early Warning System Po-Sistema dimodellistica di distretto. Parma, 8 July 2015. Available from: http://www. adbpo. gov. it/it/pianidibacino/pianobilancioidrico (accessed 29 February 2016).

Autorita di bacino del fiume Po (2016). "Istituzione dell'Osservatorio Permanente sugliutilizzi idrici nel distretto idrografico del Fiume Po". Protocollo d'Intesa, ROMA, 13 luglio 2016.

De Stefano, L., Urquijo, J., Acacio, V., Andreu, J., Assimacopoulos, D., Bifulco, C., De Carli, A., De Paoli, L., Dias, S., Gad, F., Haro Monteagudo, D., Kampragou, E., Keller, C., Lekkas, D., Manoli, E., Massarutto, A., Miguel Ayala, L., Musolino, D., Paredes Arquiola, J., Rego, F., Seidl, I., Senn, L., Solera, A., Stathatou, P., and Wolters, W. (2012). Policy and drought responses—case study scale. DROUGHT-R&SPI Technical Report No. 4. [Online] Available from www. eudrought. org/technicalreports (accessed 26 February 2016).

European Environmental Agency (2009). Water resources across Europe—confronting water scarcity and drought. EEA Report No. 2/2009.

Kampragou, E., Assimacopoulos, D., De Stefano, L., Andreu, J., Musolino, D., Wolters, W., Van Lanen, H., Rego, F., and Seidl, I. (2015). Towards policy recommendations for future drought risk reduction. In: Drought: Research and Science-Policy Interfacing (ed. J. Andreu, A. Solera, J. ParedesArquiola, D. HaroMonteagudo, and H. van Lanen). Leiden, the Netherlands: CRC Press, Taylor & Francis Group, A Balkema Book.

Massarutto, A. and De Carli, A. (2009). I costi della siccità: il caso del Po, Economia delle fonti di Energia e dell'Ambiente, 2. Pp. 123-143.

Massarutto, A., Musolino, D., Pontoni, F., De Carli, A., Senn, L., De Paoli, L., Rego, F. C., Dias, S., Bifulco, C., Acacio, V., Andreu, J., Assimacopoulos, D., Ayala, L. M., Gad, F., Monteagudo, D. H., Kampragkou, E., Kartalides, A., Paredes, J., Solera, A., Seidl, I., andWouters, W. (2013). Analysis of historic events in terms of socioeconomic and environmental impacts. DROUGHT-R&SPI Technical Report No. 9. [Online] Available from www. eudrought. org/technicalreports (accessed 9 March 2016).

Musolino, D., Massarutto, A., and De Carli, A. (2015). Expost evaluation of the socio economic impacts of drought in some areas in Europe. In: Drought: Research and Science-Policy Interfacing (ed. J. Andreu, A. Solera, J. ParedesArquiola, D. HaroMonteagudo, and H. van Lanen). Leiden, the Netherlands: CRC Press, Taylor & Francis Group, A Balkema Book.

Regione Emilia Romagna (2005). Piano di Tutela delle Acque. [Online] Available from http://ambiente. regione. emiliaromagna. it/acque/informazioni/documenti/pianodidutela delleacque (accessed 11 March 2016).

Zucaro, R. (eds) (2013). Analisi territoriale delle criticita: strumenti e metodi per l'integrazione delle politiche per le risorse idriche. Volume I—Applicazione nel Nord e Sud Italia, INEA (accessed 7 April 2018).

第12章 西班牙朱卡河流域的主动及参与式干旱规划和管理经验

12.1 介 绍

朱卡河流域地区(JRBD)位于西班牙东部,面积为 42 989 km²(见图 12-1)。它由几个相邻的流域组成,从北部的 Cenia 河流域,到南部的 Vinalopo 河流域和 Alacanti 河流域,最终流入地中海。平均降水量为 493 mm/年,但在时间和空间上变化很大。许多地区可划分为半干旱地区,而有些地区则是干旱地区。两个主要的流域是朱卡河(22 378 km²)和它的北部邻居图里亚(6 913 km²)。平均总径流量为 3 250 hm³/年(朱卡河 1 300 hm³,图里亚河 285 hm³),具有地中海流域特有的不规则水文特征。因此,干旱和洪水的发生是很常见的,有时甚至两者同时发生。

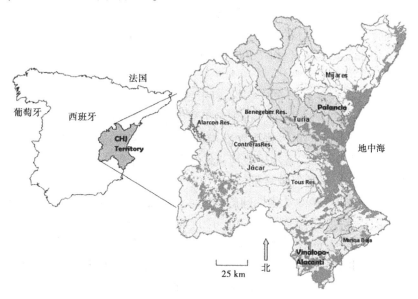

图 12-1 西班牙 Jucar 河流域地区位置

JRBD 的常住人口为 430 万,主要城市为瓦伦西亚(都市区 150 万)、阿利坎特(33 万)、卡斯泰隆(18 万)和阿尔巴塞特(17 万)。

主要的经济活动是旅游业(260 万晚/年)、灌溉农业(40 万 hm²,主要是柑橘水果和蔬菜)、水力发电(装机容量 1 417 MW)、航运和商业,以及若干工业部门(汽车、家具、瓦片等)。灌溉农业占用水需求的近 80%。一般而言,农业需求似乎已确立或正在减少,而城市/工业需求则预计将上升。

在巴伦西亚沿海平原,朱卡河和图里亚河有它们的最后部分,在两个河口之间,有一个叫作"阿尔布费拉"的浅水湖,以及相关的湿地区域。湖泊和湿地都依赖于属于两个流域的灌溉区的回流,也依赖于平原下面的沿海含水层的地下水流。

与现有自然资源相比,人口和经济活动对水的需求较高,导致该地区大部分流域的水资源开发指数非常高,从而导致水资源紧张和缺水,同时带来了较高的环境压力和水质恶化,这些问题在干旱时期更加严重。

在本章中,对干旱特征和最近的极端事件的分析主要是针对朱卡河流域,而不是整个JRBD。究其原因,在上一个极端事件(2004～2008年)中,受影响最大的流域是朱卡河流域,其获得的主要经验是对该流域的干旱治理。

关于JRBD的更详细的信息可以在Hidrografica del Jucar的一项研究中找到(CHJ,2004)。

12.2　干旱特征

12.2.1　过去干旱

从气象和水文两方面对JRBD的干旱事件进行了表征。气象学方法研究降水的演变,而水文方法考虑河流的流量和水库的蓄存量。更多这方面的信息可以在Van Lanen等(2013)中找到,与一个非常详细的描述不同类型的干旱的JRBD使用多个指标和建立新的提议可用Villalobos(西班牙语)(2007),更重要的是结果的提取并反映在Andreu等(2007)的研究中。

由于JRBD的气候特征和高年际变化,对干旱的研究是在年度基础上进行的,因为较低尺度的研究将得出干旱的高频率。每年对干旱发生情况进行研究的另一个原因是流域内现有水库的规模,因为它们可以将水贮存数年,在干燥期释放水。此外,CHJ的主要关切是持续性干旱,即由于水库、蓄水层或河流缺乏可用水而无法充分满足水需求的情况。

12.2.1.1　JRBD过去干旱的气象特征

利用1940/1941～2008/2009年期间的年降水量数据,对朱卡河流域管理局全境的降水量进行了气象干旱特征分析。图12-2显示了朱卡河流域管理局辖区内年降水量的演变。年平均降水量为493 mm/年,年降水量33次(48%)高于平均水平,36次(52%)低于平均水平。必须强调的是,连续2年或2年以上降水低于平均水平的概率很高。

图12-3显示了1940/1941～2008/2009年期间12个月标准化降水指数(SPI12)(McKee等,1993)的演变。与前面的图类似,可以观察到长时间的干旱,然后是相对潮湿的天气。也可以看出1980年以前和1980年以后的差异,1980年以前几乎每年都是干年和湿年交替出现,而1980年以后干旱期更长。由于缺乏较长的数据记录,很难确定这是全球气候变化的影响还是准时的气候异常,尽管最近进行的气候研究(Lavorel等,1998;VicenteSerrano等,2004),预测该地区干旱的变异性和严重性会增加。

12.2.1.2　JRBD的水文干旱特征

水文干旱特征仅局限于朱卡河流域,而不是整个JRBD流域。图12-4显示在1940/1941～2008/2009年间,朱卡河最后一个水塘(杜斯水塘)对应位置的年总流量。

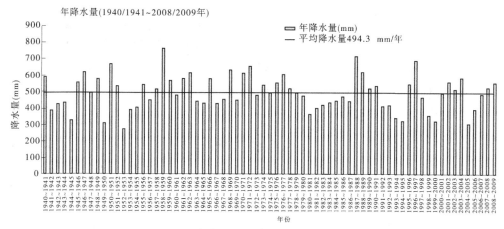

图 12-2 朱卡河流域管理局辖区内的年降水量

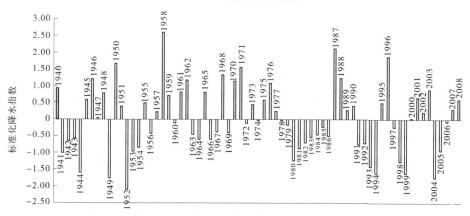

图 12-3 朱卡河流域管理局管辖范围内 12 个月 *SPI* 的演变

值得注意的是,自 1980 年起,每年入流会突然大幅减少。1980 年以前年均入流 1 734 mm³/年,1980 年以后年均入流 1 196 mm³/年。目前,1980 年以来平均流入的减少已被认为是一个永久的事实,关于干旱的计算是考虑到两个不同的时期。这与上一节所考虑的气象方面是一致的。

为了确定最小入流周期的强度和持续时间,将其与最小降水周期和水库平均年蓄积量进行比较,使用了"标准化入流指数"。计算过程与计算 *SPI* 的方法相同,但使用 1940/1941~1979/1980 年期间的最高平均值和 1980/1981~2008/2009 年期间的最低平均值。朱卡河流域的结果如图 12-5 所示。

可见,水文干旱是非常频繁的,而且大多是多年发生的。极端干旱发生在 1940~1942 年、1952~1957 年(6 年)、1979~1983 年和 1992~1995 年。上一次极端干旱开始于 2004/2005 年,持续了 4 年,是有记录以来第二严重的干旱,也是现代最严重的干旱,比 20 世纪 40 年代的需水量要高得多。

在朱卡河流域,水文干旱也被其他方法所描述,例如,游程分析(Yevjevich,1967)。

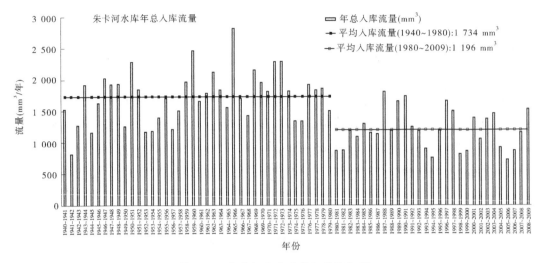

图 12-4　朱卡河各水库的年总流入量

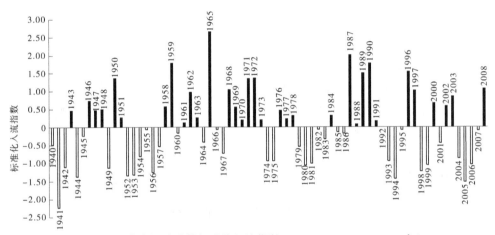

图 12-5　朱卡河流域的标准化入流指数(1940/1941~2008/2009 年)

这种特征非常便于估算水文干旱的持续时间、强度和规模(总量亏缺)等统计数据,这对分析业务性干旱和设计减少脆弱性的措施具有重要意义(Sanchez Quispe 等,2000;Villalobos,2007)。阈值分析也被用于朱卡河流域,为了校验那些在综合水文情景中由传统自回归-滑动平均(ARMA)模型或人工神经网络方法(Ochoa Rivera 等, 2007)形成的干旱相关统计特征,以及描述预期未来气候变化下的干旱情况。

12.2.1.3　干旱影响

如前所述,最近的极端干旱发生在 1992~1995 年和 2004~2007 年。由于 JRBD 中的水文年是从 10 月到翌年 9 月,通常按水文年计算大多数变量。因此,图 12-3 中的 *SPI* 值为水文年,因此,前两次极端干旱覆盖水文年 1992/1993~1994/1995 年和 2004/2005~2007/2008 年。还应该澄清的是,本章主要关注水文干旱,以及所谓的"业务性干旱",或水资源干旱。因此,干旱对未灌溉土地及森林的影响和管理没有包括在内。

1992~1995 年事件中最重要的影响是对农业(水供应的限制、产量的减少、一年生作物的损失和对多年生作物的永久损害)、水质(天然地表水、水库和地下水的水质恶化;藻类水华增加—有毒物种;地表水的富营养化;地表水温度升高,氧饱和度降低;地表水污染负荷增加;地表水和地下水的盐度增加)、水力发电(产量减少)和环境(水生物种,包括濒危/受保护物种的死亡率增加;野生动物的迁徙和聚集;外来入侵水生物种数量增加;观察对珍稀/濒危保护河岸和湿地物种的不利影响以及生物多样性的丧失;湿地退化)。还应强调的是,在1994年和1995年夏季的2个月中,由于与Mancha Oriental含水层的水力联系发生逆转,阿尔巴塞特平原上约30 km长的朱卡河干涸,导致河流向含水层的水净流失。当然,在这种情况下,水管理因地区/地方用户冲突而变得复杂。

在2004/2005~2007/2008年的第二次干旱事件中,大多数影响的重要性都很小(低等级影响),这表明当时的抗旱准备和管理有了很大改善,下文将对此进行讨论。在灌溉农业中,虽然遇到了一些限制,但只导致产量的小幅下降,尽管在许多地区,灌溉更加复杂(如转弯),在一些地区,由于使用替代资源,水的价格更高。水力发电的产量减少了。干旱导致流域下游、水库和地下水的天然地表水水质恶化;藻类水华增加(有毒物种);地表水的富营养化;地表水温度升高,氧饱和度降低;地表水污染负荷的增加。在环境系统中,影响不那么严重,尽管水生物种(包括濒危/受保护物种)有一些死亡,水面附近的物种浓度有所增加。阿尔布菲拉湿地的状况没有进一步恶化;相反,在干旱期结束时,情况略有改善。还应强调的是,干旱管理使阿尔巴塞特平原的朱卡河流域保持水流成为可能,这主要归功于朱卡河流域管理局从Mancha Oriental含水层的地下水用户处获得临时水权的措施,以及阿拉尔孔水库的管理,下文对此有所描述。

尽管尚未正式对朱卡河流域的干旱影响进行经济量化,但Massarutto等(2013)进行了一项研究,估计了1992/1993~1995/1996年和2004/2005~2007/2008年干旱事件对农业和电力部门的经济影响。一个有趣的结论是,经济损失主要由消费者而不是生产者承受,尽管一些间接成本在分析中没有量化,并且可能增加总成本并改变生产者和消费者之间的比例。

12.2.2 未来干旱

西班牙国家气象局(AEMET)和西班牙政府研究所(CEDEX)水文研究中心(CEH)联合对气候变化的影响进行了评估,并对未来的干旱进行了探索。AEMET(2008)利用4种著名的全球环流模型(ECHAM4、CGCM2、HadCM3和HadAM3)计算了A2和B2排放情景下未来的降水和温度预测。使用4种不同的区域划分方法(FIC、SDSM、PROMES和RCAO)对获得的GCM结果进行了缩小。预测结果一致,最高气温逐渐升高,特别是在内陆地区,最低气温升高幅度较小,在21世纪每日温度波动增大。然而,降水预测显示出很大的分散,尽管西班牙南部似乎有降水减少的趋势,呈南北梯度,在这个梯度上,还有一个东西梯度。这导致伊比利亚半岛东南部盆地的降水大量减少。这项研究的结论是,由于区域化方法带来的不确定性,降水预测不是很可靠。造成这种不确定性的主要原因之一是伊比利亚半岛位于高纬度和低纬度之间的过渡地带,在高纬度地区降水量有增加的趋势,而在低纬度地区降水量有减少的趋势。更详细的信息可以在Van Lanen等(2013b)中找到。

CEDEX(2010)利用这些气候预测和降水径流模型评估了气候变化对西班牙河流流域自然径流的影响,他们的结论是,水文干旱在所有时期都会变得更加频繁。

12.3　干旱脆弱性与风险评估方法

在联合抗旱会议中,人们很早就认识到,虽然与水文变量有关的经典指数可以告诉我们干旱的自然状况,但它们无法说明可能的影响或为使其最小化所采取措施的效率。因此,出于实际目的,为了更好地理解干旱相关的可靠性、风险、脆弱性和恢复力,定义业务指标和使用模型的结果(理想地集成到决策支持系统——DSSs中)是非常方便的。事实上,在朱卡河案例中,这是在2个时间范围内完成的。对于长期(流域和干旱规划),定义了具体的脆弱性标准(脆弱性),并用于评估和分类不同用水方式对干旱的脆弱性(可接受和不可接受),从而提出长期的主动措施,以降低脆弱性和提高恢复力。对于短期(实时干旱管理),DSSs利用流量预测,以确定性和概率的方式预测持续干旱的短期(12~24个月)影响。这提供了一个很好的风险指标,供参与性会议使用,以确定和改进计划中为每一种情况设想的措施的适用程度,并通过发展支助事务测试其有效性,下文将对此加以讨论。

12.3.1　规划阶段脆弱性评估

在制定流域计划时,朱卡河流域的利益攸关者和管理人员同意,如果某一特定需求符合某些特定的可靠性/脆弱性标准,则该需求对干旱的脆弱性有低(可接受的)或高(不可接受的)。

在城市需求的情况下,如果满足以下条件,该标准将脆弱性定义为高:

(1)1个月的预期最大亏缺超过月需求的10%。

(2)10年累积的预期最大亏缺超过年需求的8%。

另外,对于农业需求,如果满足以下条件,确定其脆弱性的标准被定义为高:

(1)一年的预期最大亏缺不能超过年度需求的50%。

(2)连续两年的预期最大亏缺不能超过年度需求的75%。

(3)连续十年的预期最大亏缺不能超过年度需求的100%。

脆弱性标准的评估借助于Aquatool DSS Shell开发的系统管理仿真模型(Andreu等,1996)。正常的过程包括向模型输入一组或多组水流场景和水需求场景。沿着系统产生的流量将与其管理规则有关,不同需求中以缺水为代表的供应失败将决定系统是否能符合脆弱性标准(见图12-6)。

最后,河流流域计划中提出的水的分配和措施方案使得所有用水的脆弱性都很低,同时满足环境目标,包括达到良好的生态状况和地表水体的生态流量。

12.3.2　管理阶段脆弱性评估(实时)

在管理阶段,对干旱脆弱性的评估有两种互补的方式:

(1)如特别干旱计划(SDP)所述,使用标准化的有效干旱监测指标($SODMI_s$)。这是

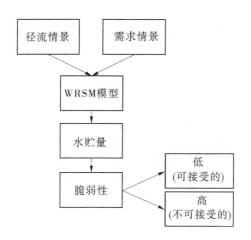

图 12-6 朱卡河流域干旱脆弱性计算过程

每月通过下文解释的程序系统地执行的。这些指标显示在联合成果数据库的地图上,通过干旱阶段的定义,与在每个干旱阶段适用的措施相联系,构成了干旱管理积极方法的预警系统装置。

(2)使用 DSSs 对风险和脆弱性进行更精确的确定性和概率性评估,进而对拟采用措施的程度进行更精确的估计。

SODMIs 应用:

SODMI 系统由 CHJ 开发(Estrela 等,2004)。从本质上讲,SODMIs 利用 CHJ 自动数据采集系统提供的关于水库、含水层、河流和降水状态的实时信息,为流域中某些选定元素生成标准化指数。

然后,这些指数被合并成每个流域的单一标准化指数。SODMI 系统本质上具有水文水资源系统特征,其实际应用取决于其作为流域水资源管理决策工具的能力。

每个选定变量的状态索引(I_e)的值有以下表达式:

$$\text{If} \quad V_i \geqslant V_{av} \rightarrow I_e = \frac{1}{2}\left(1 + \frac{V_i - V_{av}}{V_{max} - V_{av}}\right) \tag{12-1}$$

$$\text{If} \quad V_i < V_{av} \rightarrow I_e = \frac{1}{2}\left(1 + \frac{V_i - V_{min}}{V_{av} - V_{min}}\right) \tag{12-2}$$

式中:V_i 为变量在月份 i 中的值;V_{av} 为所考虑的历史序列中变量的平均值;V_{max} 和 V_{min} 分别为所考虑历史序列中变量的最大值和最小值。

盆地的复合指数定义为每个选定变量 I_e 值的加权和。然后,使用这些复合指数,定义了 4 个不同的干旱水平或情景:

(1)正常(绿色):$I_e \geqslant 0.5$。

(2)预警报(黄色):$0.5 > I_e \geqslant 0.3$。

(3)警报(橙色):$0.3 > I_e \geqslant 0.1$。

(4)紧急(红色):$0.1 > I_e$。

对于朱卡河流域,干旱指数是从 12 个不同的变量中计算出来的,选择这些变量是因为它们与干旱状况相关。图 12-7 描述了 2001 年 10 月至 2009 年 10 月朱卡河流域干旱指数的演变。Acacio 等(2013)和朱卡河流域干旱计划(CHJ,2007)提供了关于这一指标体系的更多信息。

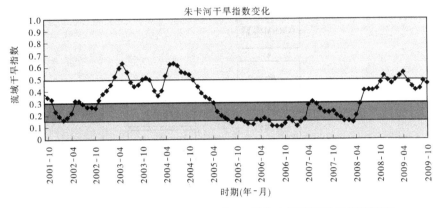

图 12-7 2001 年 10 月至 2009 年 10 月朱卡河流域干旱指数演变

在 CHJ,不仅对朱卡河流域本身,而且对构成 CHJ 领土的其他 6 个相邻流域都计算了海平面上升指数,并在地图上显示为监测和预警系统,每月更新一次,如图 12-8 所示,Ortega 等(2015 年)报告的那样。

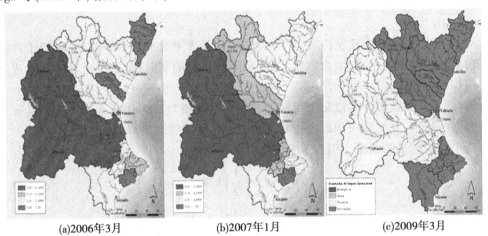

(a)2006年3月 　　　　　(b)2007年1月 　　　　　(c)2009年3月

图 12-8 对应于 2006 年 3 月、2007 年 1 月和 2009 年 3 月的 CHJ 流域土壤侵蚀指数

反过来,该信息被用作西班牙流域水资源系统国家干旱监测系统的输入。因此,在"自下而上"的方法中,流域伙伴关系向水资源总局提供干旱指标和情景,以便汇编和出版每月国家监测报告和干旱地图。

12.3.3 DSSs 用于实时干旱管理

SODMI 系统为早期预警和抗旱行动以及公众对风险的认识提供了有用的信息。然而,为了管理干旱,需要一个更详尽和详细的信息系统,以便更好地评估风险,评估可用于减轻风险的措施的有效性,并减轻干旱对既定用途和环境的影响。因此,除使用 SODMIs 来监测实际干旱外,CHJ 又向前迈进了一步,证明 DSS 对于流域的实时管理非常有用,特别是在干旱事件及其相关冲突局势期间。如前文所述,Aquatool DSS 允许开发和使用实时管理模型,这些模型能够评估干旱风险与主动措施和被动措施的有效性(Capilla 等,1998)。事实上,它经常应用于朱卡河流域的管理。

为了决定实时的水分配,每个流域都有一个水分配委员会(WAC),该委员会每月开一次会。根据情况,委员会决定从每个水源调出多少水,水库还有多少水。这些是参与委员会,由 CHJ 技术人员代表用户,提供决策信息,包括风险评估模型的结果(见图 12-9)。干旱风险的方法和评估中描述 Andreu 和 Solera(2006),并使用 Aquatool SIMRISK 模块,得到感兴趣的所有变量的概率分布(如水需求亏缺、水库存蓄量、生态流量亏缺)承担每个月的时间范围(如 12 个月、24 个月、36 个月)。这种风险评估方法的水文输入是通过对观测变量进行随机建模获得的,生成多个等概率和条件的水流序列,这些序列随后被输入到模型中。对于这种模型,OchoaRivera(2002)提出的进展被用来生成一系列不仅尊重历史流量值的基本统计数据,而且也尊重历史的干旱特征。

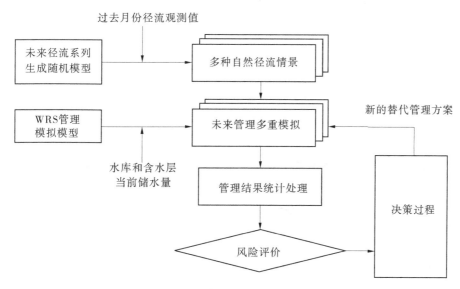

图 12-9   朱卡河流域风险评估方法方案

DSS 可以以表格或图形形式显示这些结果,突出显示水需求和水库蓄水的概率和百分位数的演变(见图 12-10)。可以得到任意时刻的状态或质量变量的累积分布函数。如果估计的风险低到可以接受的程度,那么就没有必要采取措施。但是,如果估计的风险被认为高得令人无法接受,那么就必须采取一些措施。在这种情况下,拟订了一套措施的替代办法,并对风险的改变和措施的效率进行了评估。这个迭代过程可以继续,直到最终达到一个可接受的风险值,并且过程结束。由于 Aquatool 包含的模型和数据管理模块,该方法可以直接应用于任何复杂的水资源系统。事实上,其他西班牙流域也实现了这一点,如 Tajo 和 Segura。如果没有 DSSs 的发展,在对管理和基础设施方面的决策后果有如此完整的看法的情况下,评估风险将是非常困难的,如果不是不可能的话(Andreu 等,2013)。

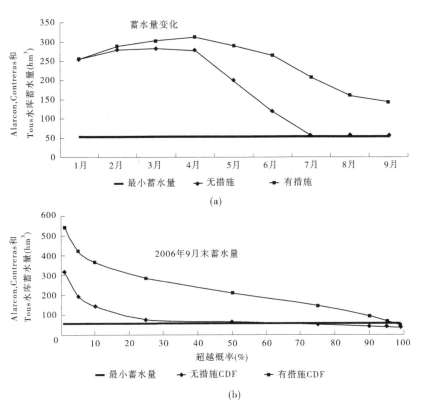

图 12-10　2006 年水库蓄水演化的确定性和概率性和预测—没有措施和有商定的措施

12.4　主动参与式干旱管理

12.4.1　JRBD 干旱适应性培养

　　2000 多年来,人类一直在不断适应缺水情况,并在面对干旱时变得更不脆弱、更有弹性。通过基础设施、管理、法律发展、机构和伙伴关系发展以及规划等方式实现了适应。基础设施(如灌溉系统、沟渠和水库)自古以来就在发展,但在 20 世纪出现了很大的增长(大型水库、水井、调水等)。复杂管理的一个例子是在若干流域联合使用地表水和地下水,其中一些是自 19 世纪后期以来的。农民的组织具有重要的历史意义,从公元 1000 年左右的水法庭的存在就可以看出这一点(事实上,巴伦西亚水法庭仍然以完全合法的权力运作)。然而,1936 年朱卡河流域伙伴关系(Confederacion Hidrografica del Jucar,CHJ)取得了重大进展,这是由国家、农业用户、城市用户和水力发电用户共同创建的。从那时起,水资源的管理就以全流域为基础(水文部门),而不是沿政治部门(地区)进行。CHJ是随着时间的推移而发展起来的,目前有来自社会各方面的代表,也有来自区域和地方政府、非政府组织和其他公益代表。法律发展与西班牙水法(1879 年和 1985 年)和欧洲水框架指令(2000 年)相联系。

适应干旱的重要作用已经由计划活动发生在西班牙从 1902 年(当时只有基础设施规划),继续在 1933 年和 1940 年,演变成一个更现代、更全面的版本自 20 世纪 80 年代以来,最终以 1998 年 JRBD 计划,最近 2014 年 JRBD 计划。如上文所述,这些计划通过指标评估旱灾的脆弱性,并采取措施,以获得流域地区现有所有用水的"可接受的"(低)脆弱性,这已经是采取更积极的干旱管理办法的开始。

最后,由于 1992~1995 年影响到西班牙大部分流域地区的极端干旱,2001 年西班牙水法强制实施了 SDP 的发展,并于 2007 年最终确定,这引发了对干旱管理的全面积极的方法。

12.4.2 干旱规划和管理的制度、法律和规范框架

如前所述,朱卡河流域伙伴关系(CHJ)是负责流域规划的流域组织,其一些主要目标是(有计划地)分配经济用途和环境用水,以及选择/确定基础设施和管理方面的必要措施,以在干旱期间提供可接受的(低)脆弱性水平。CHJ 境内的每个流域都由一个水资源委员会管理,这是一个参与性的委员会,它决定将向每个用户输送的实际水量。朱卡河流域的水资源委员会几乎每月召开一次会议,根据具体情况(水文、蓄水等)。输送的水对应于正常(计划)值或受限值。

为了在紧急情况下管理干旱,一个重要的机构发展是 1981 年(在另一次极端干旱期间)根据皇家法令成立了常设干旱委员会,其中包括国家代表、受影响省份的省长、CHJ技术主任和水务委员会(当时不属于 CHJ)。后来,在 1983 年、1994 年和 2005 年的极端情况下,也成立了常设干旱委员会。随着时间的推移,委员会的组成发生了变化,如今,常设干旱委员会包括 CHJ 的代表,地区政府(卡斯蒂利亚拉曼查、巴伦西亚和加泰罗尼亚地区),农业、工业和城市用水部门,农业部,西班牙地质研究所,非政府环境组织和工会的代表。该委员会显然是一个参与性委员会,大多数利益攸关方都有代表,其主要任务是:

(1)在干旱期间就水资源管理做出决定,以实现不同部门、同一部门不同用户群体的利益与环境需求之间的平衡,并减轻干旱的影响。

(2)进行持续监测,以控制决策的执行,并跟踪干旱的演变及其对用户、水质和环境的影响(朱卡河下游和 Albufera 湿地的水质是关键问题,以及中游朱卡河的低流量和 Albufera 湿地的低流入量)。

(3)批准开展应急工作,以加强对用水、连通性的控制和效率,并开发其他水源(如干旱井、直接处理的废水回用等),以提高供应的可靠性。

根据皇家法令,只要有需要,就会设立 PDC,赋予 PDC 临时的特殊权力,如在必要时推翻水权地位,以便在经济使用和环境之间找到平衡,并公平分配水。这对这些紧急情况的治理非常有帮助。

然而,如上文所述,在 2000 年(由于 1992~1995 年的极端干旱),西班牙法律规定,所有流域合作伙伴都应设计可持续发展目标,这是对积极应对干旱的真正推动。JRBD 的SDP(CHJ,2007 年)包括监测早期干旱探测、干旱阶段定义以及在每个阶段应用的措施,这将在本章后面进行解释。

该框架中的另一个重要因素是科学政策接口(*S&PI*),该接口从 20 世纪 80 年代开始

在 CHJ 中逐步发展起来。从那时起,研究人员和技术人员开发了不同类型的模型,通过回答与水规划有关的实际问题,帮助 CHJ(和其他西班牙河流域伙伴关系)的决策,从而有助于提高关于流域和水资源系统的知识,对措施方案有效性的评估,以及对风险的估计(CHJ,1998,2014;Andreu 等,2007;OchoaRivera 等,2007;ParedesArquiola 等,2010;Ferrer 等,2012;Haro 等,2012,2014;Lerma 等,2013;PulidoVelazquez 等,2013;PérezMartín 等,2014)。自 20 世纪 90 年代以来,所有这些都被纳入友好的决策支持系统,决策者可以系统地使用这些系统,既用于定期规划,也用于定期实时管理和干旱管理(Andreu 等,1996,2013)。

此外,据 Andreu 等(2009)报道,在 CHJ 内部已经发生了重要的知识经纪,一项主要成就是在一个参与委员会中联合开发了朱卡河流域的决策支持系统,该委员会旨在分析项目的可行性。委员会把 4 个月的定期会议审查的所有组件和模型包含在 DSS,导致一种改进版本的朱卡河流域被各方认为水系统是一个常见的共同愿景,和作为一个可靠的工具来评估选择。DSS 的这个更新版本是使用 Aquatool DSS(Andreu 等,2009)外壳开发的,并方便了委员会中的每一方使用。这大大有助于促进透明度、参与和谈判,这些都是解决冲突的必要因素。它还有助于在非技术团体中创建关于技术、模型和工具的更有信心和理解的氛围。此外,以 DSS 为驱动力,使辩论更加理性,而不是以观点或政治立场为基础的辩论。这一经验为 2005~2008 年朱卡河流域干旱事件的管理铺平了道路。这种解决问题和冲突的参与性办法非常有利于干旱管理和缓解进程的发展。

利益相关者的参与:

如前所述,所有利益相关者都在 CHJ 和 PDC 中表示。因此,它们的代表对与干旱规划和实时干旱管理有关的活动的参与程度很高。此外,在相应的理事会最后辩论和批准会议之前,所有规划活动都有一个宣传阶段。然而,在新闻阶段,个人更强烈和积极地参与是可取的。

12.4.3　SDP 中包含的措施

正如 Estrela 和 Vargas(2012)更详细地解释的那样,SDP 的目标是保证城市需求的水资源可用性,避免或尽量减少对水体状况的负面影响,并尽量减少对经济活动的负面影响。为了实现这些目标,可持续发展目标定义了已经描述的 SODMI 和相应的干旱情景定义,不仅可以用作监测系统,也可作为一个早期预警系统,因为它建立了一个联系干旱场景和一套接近完成的预期和缓解措施,适应不同的场景。

在正常情况下,这些措施来源于正常的管理实践。随着干旱的发展和接近更严重的情况,措施从控制和信息转向保护和限制。这些措施由 CHJ 通过 WAC 制定和实施,直到触发警报情景。然而,当出现紧急情况时,就会设立 PDC,并在 PDC 机构中采取措施,如前所述,这些机构拥有特别权力,以改善水冲突时的治理。

可持续发展计划所包括的主要措施可分为不同的类别:结构措施(新抽水井、新管道、使用新的海水淡化装置等)和非结构措施(改变用户优先级、节约用水和减少需求、加强地表水和地下水的联合使用等)。以下案文将在描述对朱卡河流域最近一次极端干旱的反应时讨论一些措施。

最后,SDP 还包括一个管理和跟踪系统,允许分析措施的实施,在没有达到既定目标的情况下使用纠正措施。它还包括义务编写后续报告,并在每一次干旱发生时进行分析。

12.4.4 对过去干旱事件的响应及其对缓解干旱影响的效应评估

Andreu 等(2013)详细报告了 2004/2005～2007/2008 年朱卡尔河流域的干旱事件。如图 12-5 所示,这次水文干旱事件是朱卡河流域有记录以来最严重的历史事件之一。如果我们考虑到对水的需求比以前更高,由干旱造成的不平衡可能是历史上最严重的。2004/2005 水文年的阿拉贡、孔特拉斯和图斯水库合流总水量最低,排名第三,而 2005/2006 年则排名最低。

当时,CHJ 的干旱监测系统已经在运行,2004 年 10 月,当指标进入预警情景时,发出了预警。2005 年 2 月,在一个干燥的秋冬季之后,用决策支持系统进行的概率预测给出了一个预警信号,概率大于 50% 的水文年将以低蓄水量(水库容量的 10%～20%)结束。作为回应,鼓励在农业用途中节约用水,巴伦西亚平原沿海蓄水层的"旱井"已准备好投入使用,并钻了新的旱井。除减少施用量外,通过与地下水联合使用,地表水的农业使用进一步减少。有趣的是,下游盆地这些井的能源消耗不是由传统用户支付的,而是由初级权利用户和城市用户支付的,他们把地表水作为交换而受益。在 2004/2005 水文年结束时,水文状况没有改善,监测系统进入紧急情况,成立了一个方案数据中心。2006 年 3 月,国家气象局提供了如图 12-8(a)所示的图像,表明朱卡河流域出现了最严重的紧急情况。用决策支持系统获得的水库蓄水演变的确定性和随机预测如图 12-10 所示。如图 12-10 所示,如果不采取额外措施,相对于前一年采取的措施,则朱卡河流域 3 个主要水库的总蓄水量将达到 55 hm³ 以下(环境和技术允许的最低值),193 hm³ 以上的活动结束概率将小于 5%。因此,分配给灌溉的地表水减少到传统用户正常供应量的 43%,减少到初级水权正常供应量的 30%。约 40 hm³ 的地下水补充供应已经启动,62 hm³ 的补充供应来自湿地地区稻田的水循环(在非常严格的水质控制下,以避免盐度超过容许限度)。另一项措施是将图里亚盆地向巴伦西亚大都市地区的供水量增加到 49 hm³/年,从而减少朱卡河的供水量。为了在不损害图里亚盆地储量的情况下实现这一目标,各方同意将约 36 hm³ 经充分处理的废水直接供应给图里亚盆地下游的传统农业用户,作为地表水的部分替代品。此外,CHJ 向 Mancha Oriental 含水层的农业用户临时购买了 50 hm³ 的水权,以避免抽取地下水,从而减少了从朱卡河中游向含水层的渗水,并改善了环境流量。采取这些措施的决定是基于决策支持系统的结果。图 12-10 显示了从 2006 年 4 月应用这些措施计算出的水库蓄水演变的确定性和随机预测。从图 12-10 中可以看出,最终蓄存量得到了显著改善(在确定性预测中从 55 hm³ 增加到 143 hm³,50% 的概率以超过 210 hm³ 结束),包括措施在内的计划得到了批准和实施。

其他措施包括提高用水效率(加快了正在建设的 1 条主要管道和 2 条分配管道,并加以改造,以替代旧的主要运河和朱卡河下游传统农民的沟渠),地表水引水控制装置的改进。对重点区域的环境保护采取了专项监测方案,重点是朱卡河中游,该地区 Mancha Oriental 含水层地下水的开采可能导致河流枯竭,甚至导致河床干涸,朱卡河下游,城市废水的低流量和高污染负荷会造成严重问题;还有 Albufera 潟湖,它的流入依赖于灌溉收益

(额外的流入来自 26 hm³ 处理过的废水,经过营养去除和绿色过滤)。朱卡河下游采取了水质改善措施(如除藻、人工曝气等)。虽然不是干旱管理的具体措施,但正在建设的污水处理厂投入使用,大大减少了上述污染负荷。最后,为了控制采水量、水位和水质,在措施中还包括了专门的地下水监测程序。

在 2006/2007 水文年和 2007/2008 水文年,朱卡河的总水文流量高于 2005/2006 水文年,但仍低于平均值,且分布不规则。结果,流域上游的水库蓄水量减少,加剧了朱卡河中游的低流量问题。因此,PDC 批准的 2007 年和 2008 年运动计划,采取了与 2006 年运动非常相似的措施,但力度更大,以便实现与 2006/2007 水文年相同程度的干旱缓解和环境保护。在图里亚盆地,由于水文流量低,情况从 2006 年 3 月的预警转为 2007 年 1 月的预警(见图 12-10)。2008 年 9 月 30 日,由于持续采取措施和水文条件稍有改善,朱卡河流域的水库总蓄水量为 260 hm³,这是自 2004 年以来的最好结束。此外,在 2008/2009 水文年,充足的降水使流域接近正常,如图 12-10 所示,2009 年 3 月的 SODMI。经过一个非常潮湿的冬天后,到 2010 年 3 月,朱卡河流域已经恢复正常。

12.5　结　论

本章介绍了 JRBD 的一个案例研究,其中干旱、缺水和反复发生的多年气象和水文干旱事件在几个世纪中不断促进适应。从历史上看,发展基础设施、机构、法律框架和水资源规划工作的主要目标之一是减少脆弱性和提高复原力。1992~1995 年的极端干旱促使人们转向采取积极主动的办法,从而建立了一个可持续发展方案,并制定了一个综合干旱行动指数,用于确定从正常到紧急的干旱情况,并作为一个早期预警系统,将附加于每个情景的预定义措施付诸行动,以减少脆弱性和增强复原力。这些措施包括提高用水效率、节水实施、地表水和地下水的联合利用,由因采取措施而受益的使用者向放弃地表水的使用者提供经济补偿,公开招标购买水权以保护环境,灌溉闸水再循环,再生废水直接回用,改善用水、水质和水体生态状况的控制,以及干旱事件后的行动回顾和分析。

朱卡河流域伙伴关系负责所有有关的水资源规划活动,社会所有部门都被纳入伙伴关系,这一事实加强了利益攸关方的参与。此外,还在紧急情况下设立了一个具有特殊权力的参与性 PDC,以改善治理方面的情况。

更好地实现这些目标的一个重要原因是,几十年来,科学政策接口已经得到了推广,模型和 DSSs 已经在 CHJ 的科学家和实践者之间合作开发,包括针对利益攸关方的知识中介,以便通过决策支持服务对流域有一个共同的愿景,有助于建立透明和信任的气氛。事实表明,这种 DSSs 构成了一种补充和更精确的预警系统,具有风险的概率评估和减少风险措施的效力,有助于改进所采用的措施,并在水冲突情景中达成共识。

在 2004/2005~2007/2008 年的真实极端干旱事件中,这种积极主动的方法也得到了利益相关者自己的认可,并取得了成功的结果(De Stefano 等,2013)。

然而,尽管本案例研究在朱卡河流域的现状和结果在干旱规划和管理方面相当好,许多研究都承认(例如,Schwabe 等,2013;De Stefano 等,2013),仍然可以也必须在以下方面进行改进:①该方法对 JRBD 中其他流域的适用性;②朱卡河流域自身措施的加固;③指标监测体系的完善(如 Ortega 等,2015);④加强制度和法律方面的工作。

参考文献

Acacio, V . , Andreu, J. , Assimacopoulos, D. , Bifulco, C. , di Carli, A. , Dias, S. , Kampragou, E. , HaroMonteagudo, D. , Rego, F. , Seidl, I. , and Vasiliou, E. (2013). Review of current drought monitoring systems and identification of (further) monitoring requirements. DROUGHT R&SPI Technical Report 6.

AEMET (2008). Generacion de escenarios regionalizados de cambio climatico para España. Madrid.

Andreu, J. and Solera, A. (2006). Methodology for the analysis of drought mitigation measures in water resources systems. In: Drought Management and Planning for Water Resources, 1e(ed. J. Andreu, G. Rossi, F. Vagliasindi, and A. Vela), 133-168. Boca Raton: CRC Press.

Andreu, J. , Capilla, J. , and Sanchís, E. (1996). AQUATOOL, a generalized decision support system for waterresources planning and operational management. Journal of Hydrology 177(3-4): 269-291.

Andreu, J. , FerrerPolo, J. , Perez, M. , Solera, A. , and ParedesArquiola, J. (2013). Drought planning and management in the Jucar River Basin, Spain. In: Drought in Arid and SemiArid Regions, 1e (ed. K. Schwabe), 237-249. Dordrecht: Springer Science+Business Media.

Andreu, J. , Perez, M. , Ferrer, J. , Villalobos, A. , and Paredes, J. (2007). Drought management decision support system by means of risk analysis models. In: Methods and Tools for Drought Analysis and Management, 1e (ed. G. Rossi, T. Vega, and B. Bonnacorso), 195-216. Dordrecht: Springer.

Andreu, J. , Perez, M. , Paredes, J. , and Solera, A. (2009). Participatory analysis of the Jucar Vinalopo (Spain) water conflict using a decision support system. In: 18th World IMACS Congress and MODS-IM09 International Congress on Modelling and Simulation (ed. R. S. Anderssen, R. D. Braddock, and L. T. H. Newham), 3230-3236. [Online] Available at http://mssanz. org. au/modsim09/I3/andreu_b. pdf (accessed 11 March 2016).

Capilla, J. E. , Andrew, J. , Solera, A. , and Quispe, S. S. (1998). Risk based water resources management. WIT Transactions on Ecology and the Environment,26:10.

CEDEX (2010). Evaluacion del impacto del cambio climatico en los recursos hidricos enregimen natural. Madrid.

CHJ (1998). Plan Hidrologico de Cuenca del Jucar. Valencia.

CHJ (2004). Jucar Pilot River Basin, Provisional Article 5 Report Pursuant to the Water Framework Directive. Valencia.

CHJ (2007). Plan especial de alerta y eventual sequia en la Confederacion Hidrografica del Jucar. Valencia.

CHJ (2014). Propuesta de Proyecto de revision del plan hidrologico. Ciclo de planificacion hidrologica 2015-2021. Valencia.

De Stefano, L. , Urquijo, J. , Krampagkou, E. , and Assimacopoulos, D. (2013). Lessons learnt from the analysis of past drought management practices in selected European regions:experience to guide future policies. In: 13th International Conference on Environmental Science and Technology. [Online] Available at http://environ. chemeng. ntua. gr/en/UserFiles/files/0255. pdf (accessed 11 March 2016).

Estrela, T. , Fidalgo, A. , Fullana, J. , Maestu, J. , Pérez, M. A. , and Pujante, A. M. (2004). Júcar pilot river basin, provisional article 5 report pursuant to the water framework directive. Confederación Hidrografica del Júcar, Valencia.

Estrela, T. and Vargas, E. (2012). Drought management plans in the European Union. The case of Spain. Water Resources Management 26 (6): 1537-1553.

Fernandez, B., Andreu, J., and SanchezQuispe, S. (1998). Analisis de sequias en sistemas complejos sometidos a regulacion y gestión. In: X VIII Congreso Latinoamericano de Hidraulica, Memorias, Avances en Hidraulica 1 (ed. A. A. Aldama, J. Aparicio, M. Berezowsky, C. Cruiskhank, R. Domínguez, R. Fuentes, J. A. Maza, C. Menéndez, D. Pérez Franco, and G. Sotelo). México: IAHRAMHIMTA.

Ferrer, J., PérezMartín, M., Jiménez, S., Estrela, T., and Andreu, J. (2012). GISbased models for water quantity and quality assessment in the Júcar River Basin, Spain, including climate change effects. Science of the Total Environment 440: 42-59.

Haro, D., Paredes, J., Solera, A., and Andreu, J. (2012). A model for solving the optimal water allocation problem in river basins with network flow programming when introducing non linearities. Water Resources Management 26 (14): 4059-4071.

Haro, D., Solera, A., Paredes, J., and Andreu, J. (2014). Methodology for drought risk assessment in withinyear regulated reservoir systems. Application to the Orbigo River System (Spain). Water Resources Management 28 (11): 3801-3814.

Lavorel, S., Canadell, J., Rambal, S., and Terradas, J. (1998). Mediterranean terrestrial, ecosystems: research priorities on global change effects. Global Ecology and Biogeography Letters 7(3):157.

Lerma, N., ParedesArquiola, J., Andreu, J., and Solera, A. (2013). Development of operating rules for a complex multireservoir system by coupling genetic algorithms and network optimization. Hydrological Sciences Journal 58(4):797-812.

McKee, T. B., Doesken, N. J., and Kleist, J. (1993). The relationship of drought frequency and duration to time scales. In: Proceedings of the 8th Conference on Applied Climatology(Vol. 17, No. 22, pp. 179-183). Boston, MA, USA: American Meteorological Society.

OchoaRivera, J. C., GarcíaBartual, R., and Andreu, J. (2002). Multivariate synthetic streamflow generation using a hybrid model based on artificial neural networks. Hydrology and Earth System Sciences Discussions 6(4): 641-654.

OchoaRivera, J., Andreu, J., and GarcíaBartual, R. (2007). Influence of inflows modeling on management simulation of water resources system. Journal of Water Resources Planning and Management 133 (2): 106-116.

Ortega, T., Estrela, T., and PerezMartin, M. (2015). The drought indicator system in the Jucar River Basin Authority. In: Drought: Research and Science-Policy Interfacing, 1e (ed. J. Andreu, A. Solera, J. ParedesArquiola, D. HaroMonteagudo, and H. Van Lanen), 219-224. Leiden: CRC Press.

ParedesArquiola, J., AndreuÁlvarez, J., MartínMonerris, M., and Solera, A. (2010). Water quantity and quality models applied to the Jucar River Basin, Spain. Water Resources Management 24 (11): 2759-2779.

PérezMartín, M., Estrela, T., Andreu, J., and Ferrer, J. (2014). Modeling water resources and river-aquifer interaction in the Júcar River Basin, Spain. Water Resources Management 28(12): 4337-4358.

PulidoVelazquez, M., AlvarezMendiola, E., and Andreu, J. (2013). Design of efficient water pricing policies integrating basinwide resource opportunity costs. Journal of Water Resources Planning and Management 139 (5): 583-592.

SanchezQuispe, S., Solera, A., and Andreu, J. (2000). Gestion de sistemas de recursos hidricos basado en la evaluacion del riesgo de sequia. In: X IX Congreso Latinoamericano de Hidraulica. Cordoba.

Schwabe, K. AlbiacMurillo, J., Connor, J. D., Hassan, R., and Meza Gonzalez, L. ed. (2013). Drought in Arid and SemiArid Regions,471-507. Dordrecht: Springer.

Van Lanen, H. A. J., Alderlieste, M. A. A., Acacio, V., Andreu, J., Garnier, E., Gudmundsson, L. ,Monteagudo, D. H., Lekkas, D., Paredes, J., Solera, A., Assimacopoulos, D., Rego, F. ,Seneviratne, S., Stahl, K., and Tallaksen, L. M. (2013a). Quantitative Analysis of Historic Droughts in Selected European Case Study Areas (No. 8, p. 61). Wageningen Universiteit.

Van Lanen, H. A. J., Alderlieste, M. A. A., Van Der Heijden, A., Assimacopoulos, D., Dias, S., Gudmundsson, L., Monteagudo, D. H., Andreu, J., Bifulco, C., Gero, F., Paredes, J., and Solera,A. (2013b). Likelihood of Future Drought Hazards: Selected European Case Studies (No. 11, p. 52). Wageningen Universiteit.

VicenteSerrano, S., GonzálezHidalgo, J., De Luis, M., and Raventós, J. (2004). Drought patterns in the Mediterranean area: the Valencia region (eastern Spain). Climate Research 26:5-15.

Villalobos de Alba, Ángel Alfonso. (2007). Analisis y seguimiento de distintos tipos de sequía en la cuenca del río Jucar. Universitat Politècnica de València.

Yevjevich, V. (1967). An objective approach to definitions and investigations of continental hydrologic droughts. Hydrology Papers (Colorado State University) 23: 1-18.

第 13 章　希腊赛罗斯的干旱风险与管理

13.1　介　绍

　　赛罗斯岛位于希腊爱琴海的基克拉德群岛中心(见图 13-1)。由于 2 个不同的原因而闻名于世:①它的物理特征,即岛上存在蓝片岩和榴辉岩相岩石(Keiter 等,2004);②其社会经济特征,即与基克拉迪群岛其他旅游岛屿相比,其工业和行政服务特征。赛罗斯港是 19 世纪希腊最重要的港口之一,它支持了贸易和工业的发展,从而增加了当地人的福利。今天,赛罗斯岛是南爱琴海地区的行政中心,该地区以及基克拉迪斯州的许多行政部门都设在岛上。

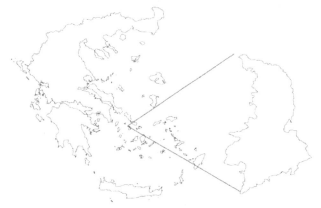

主要特征:
面积:84 km²
常住人口:21 507(2011年普查)
人工地面:3.1 km²
农业面积: 43.5 km²
森林和半自然面积: 38.2 km²

图 13-1　希腊赛罗斯的位置

　　赛罗斯的主要经济活动是农业、服务业(公共服务就业)、贸易/商业、航运和旅游业。有许多生产新鲜蔬菜的温室分布在当地市场,也出口到其他地区。Neorion 造船厂是该岛的重要经济来源,过去几十年来,由于该岛靠近雅典和比雷埃夫斯港,旅游业也有所增长。
　　赛罗斯是一个半干旱的地中海岛屿(Massas 等,2009),降水量小(1970~2010 年期间平均 293 mm,范围 0~596 mm)。由于缺乏重要的地表水体,水资源短缺进一步加剧。因此,赛罗斯岛是最早采用海水淡化来支持家庭用水供应的岛屿之一,受益于工业和航运部门的技术能力,第一个装置于 1989 年安装在该岛的首府赫穆波利斯。截至 2015 年,已投产机组 13 台,总产能 8 340 m³/d,满足了国内大部分需求。灌溉需求主要由地下水覆盖。总体来说,赛罗斯的水平衡是负的(见表 13-1),其中农业亏缺最高。
　　因此,水管理的主要目标过去是,现在仍然是,解决缺水问题,确保水的供应。尽管基克拉迪地区是希腊最容易发生干旱的地区之一(根据 Tigkas,2008,在 1955~2002 年期间,干旱发生的频率相当于 45%),但没有特别重视处理赛罗斯的干旱事件。到目前为止,当局已采取以危机为基础的管理办法,目的是暂时增加供水(例如从内地运来的水)或通过限制使用(农业和家庭用水)来减少需求。

表 13-1 赛罗斯的供水和需求

部门	需求(m^3)	覆盖率(%)	
		海水淡化	地下水
城市用途(包括家庭、养牛、工业和公共用途)	1 855 053	49.4	21.5
农业	1 896 552	—	54.2

下文简要介绍了赛罗斯目前的干旱管理框架,并讨论了评估未来减少干旱风险备选方案所采用的方法。

13.2 赛罗斯的干旱

13.2.1 过去干旱

有相当多的方法来分析和表征干旱事件(例如,见 Keyantash 和 Dracup 的评论,2002)。利用侦察干旱指数对基克拉迪斯的干旱特征进行了几项研究(例如,Tigkas,2008;Tsakiris 和 Vangelis,2005):十分位数(如 Kanellou 等,2008)、帕默尔干旱严重程度指数(如 Kanellou 等,2008;Dalezios 等,2000)和标准化降水指数(如 Karavitis 等,2011;Livada 和 Assimakopoulos,2007)。对于赛罗斯,选择了以下 3 种方法来分析过去的干旱事件:

(1)标准化降水指数(SPI,McKee 等,1993),计算了 5 个不同尺度(1 个月、3 个月、6 个月、9 个月和 12 个月)的降水不足,以分析降水不足的短期影响和长期影响。

(2)阈值分析(Yevjevich,1967;Hisdal 等,2004),使用降水数据代替径流数据。通常,Q_{80} 或 Q_{90} 百分位数(分别超过数据集 80% 和 90% 的值)用于干旱分析。然而,对于 Syros 来说,这些百分位数等于零,这将导致在数据集中识别所有月份的干旱状况。本书选取了两个可变的月阈值,分别为:①月降水量的第 50 百分位(Q_{50});②月平均降水量。

(3)降水资料的趋势分析:①Mann-Kendall 检验(S 统计和 Z 统计,Mann,1945;Kendall,1975);②森氏斜率(Q,Sen,1968);③相对于平均值的百分比变化(T,%;Stahl 等,2010,2012)。

表 13-2 总结了 $SPI3$ 和 $SPI12$ 情况下的 SPI 结果,分别对应降水不足的短期效应和长期效应。据估计,1970 ~ 2010 年期间近 40% 的月份发生了干旱,严重和极端事件仅在 $SPI12$ 的情况下计算。阈值法的结果也证实了这一结果,因为在岛上持续时间少于 1 年的干旱事件更为频繁(见图 13-2)。

在 95% 显著性水平检验无趋势假设(零假设)或趋势假设。统计上具有显著意义的趋势用粗体表示。趋势分析表明,全年大部分月份降水量有显著增加的趋势。值得注意的是,如果将时间周期分为 2 个子周期(1970 ~ 1990 年和 1991 ~ 2010 年),趋势分析结果将有所不同,特别是对降水的趋势分析。第二季年平均降水高度有所增加(337 mm V_s 244 mm),这解释了降水高度增加的趋势(见表 13-3)。

表 13-2　基于 *SPI* 的 1970~2010 年 Syros 旱涝周期频率

SPI 值	类别	SPI3 的频率	SPI12 的频率
0	湿润状况	266(58.8%)	268(61.8%)
0~0.99	轻微干旱	149(33.0%)	100(23.0%)
−1~−1.49	中度干旱	37(8.2%)	20(4.6%)
−1.50~−1.99	严重干旱	0(%)	36(8.3%)
≤−2	极端干旱	0(%)	10(2.3%)

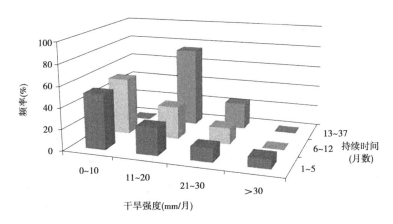

图 13-2　不同干旱持续时间下的干旱强度

表 13-3　赛罗斯降水趋势分析结果

变量	Z	Q	P 值	趋势	T(%)	趋势 (1970~1990 年)	趋势 (1991~2010 年)
$P_{年}$	2.99	7.200	0.003	趋势(↑)	93.3	无趋势	趋势(↑)
$P_{1月}$	1.44	0.594	0.003	无趋势	46.8	无趋势	无趋势
$P_{2月}$	0.69	0.256	0.150	无趋势	19.6	无趋势	趋势(↑)
$P_{3月}$	1.49	0.504	0.488	无趋势	51.5	无趋势	无趋势
$P_{4月}$	1.32	0.156	0.135	无趋势	36.5	无趋势	无趋势
$P_{5月}$	2.07	0.022	0.185	趋势(↑)	9.6	无趋势	无趋势
$P_{6月}$	1.89	0	0.039	无趋势	0.0	无趋势	趋势(↑)
$P_{7月}$	2.23	0	0.059	趋势(↑)	0	无趋势	趋势(↑)
$P_{8月}$	2.91	0	0.026	趋势(↑)	0.0	无趋势	无趋势
$P_{9月}$	2.38	0	0.004	趋势(↑)	0.0	无趋势	趋势(↑)
$P_{10月}$	2.33	0.350	0.017	趋势(↑)	49.9	无趋势	趋势(↑)
$P_{11月}$	2.08	0.691	0.020	趋势(↑)	77.3	无趋势	无趋势
$P_{12月}$	2.93	1.795	0.038	趋势(↑)	120.6	无趋势	趋势(↑)

13.2.2 未来干旱

赛罗斯未来干旱研究一直是欧盟资助的 FP7 干旱 – R&SPI 项目的一个研究主题。利用 3 种不同 GCMs 和 6 种大尺度水文模型模拟的多模式平均流量,分析了 2 种 SRES 情景(A2、B1)的未来干旱特征(持续时间和亏缺量)(van Lanen 等, 2013; Alderlieste 等, 2014)。结果表明,由于降水深度的降低,近期(2021～2050 年)和远期未来(2071～2100 年)的持续时间和亏缺量都将增加。

13.2.3 关键信息

对过去和未来干旱的分析证实,有必要提高对干旱危害的认识。干旱事件经常发生(预计仍将会发生),而且持续时间长。因此,必须区分缺水和干旱;加强对长期干旱事件的防备;支持干旱监测、预报和预警。

13.3 干旱风险和缓解

赛罗斯没有指导地方一级干旱管理的国家干旱政策(见表 13-4)。因此,赛罗斯负责水管理的当局集中精力应对长期缺水问题。唯一与干旱相关的管理方法是宣布该岛进入"紧急状态"(危机管理),这仅涉及请求紧急资金(以及过去从大陆调水)。

表 13-4　赛罗斯的干旱管理框架

组成部分	描述
法律框架	• 第 1739/1987 号"水资源管理"法 • 关于水质的第 1650/1986 号 • 环境保护法 • 欧洲框架指令 2000/60/EU • 第 3199/2003 号"水资源保护和管理"法 • 国家防荒漠化行动计划(NAPCD)
主管机关	• 环境和能源部 • 南爱琴海地区水务局 • 塞罗斯埃尔穆波利直辖市 • 塞罗斯给排水市政企业
政策或 监管缺口	• 缺乏可靠的监测网 • 缺乏对干旱脆弱性的研究 • 对海岛地区已建立干旱指数的适用性/实用性的评估有限 • 责任分裂 • 缺乏有关干旱管理的机构能力建设 • 缺乏连贯的补偿政策,特别是对干旱的补偿,因为农业方面的损害补偿计划主要针对更容易监测和确定的其他极端事件(如热浪、洪水等) • 资金分配不均(用户/自治市之间)

利用 DPSIR 方法对赛罗斯的干旱脆弱性和管理进行了分析(见图 13-3)。缺水、大量抽取地下水主要用于农业、对干旱认识有限以及缺乏干旱规划是造成干旱脆弱性的主要因素。

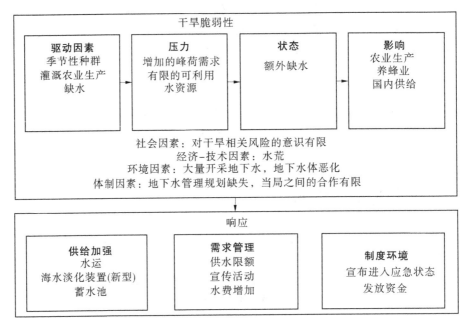

图 13-3　分析赛罗斯干旱脆弱性和管理的 DPSIR 框架

过去应对干旱措施的选择(见表 13-5)与干旱的类型(如气象、水文)或严重程度(如轻度、严重和极端)无关;相反,它主要取决于是否有财政资源。这些措施只部分解决了脆弱性的根本因素,主要是为了增加供应。当地利益攸关方根据减轻干旱影响的有效性对它们进行了评估,其效率排序如下:

(1)用水限制。

(2)安装新的海水淡化装置。

(3)蓄水池贮水(雨水收集)。

(4)宣传活动。

(5)对农民的补偿。

(6)海水淡化厂补充供应灌溉用水。

通过采用基于风险的评估方法评价了今后减少干旱风险的备选办法。已根据缺水(及其相应的经济损失)的风险和水系统的脆弱性来评价各种备选办法。评估的步骤如下:

(1)水平衡模型用于估算水亏缺[针对基准条件(2010 年)和未来(2011~2050 年),在 3 种情况下(基准条件、最佳方案开发方案和最差方案开发方案)],以及替代性干旱缓解方案。

(2)城市和农业部门的经济损失估算[$DEIs$,式(13-1)]。国内部门的损失估计为满足水需求的替代成本(足够质量的替代水供应),农业部门的损失估计为干旱期间供水减少导致的作物产量和收入减少(假设市场价格不变)。作物产量的估计基于 Smith 和 Steduto(2012)。

表 13-5　过去 2 个干旱期的措施一览表

干旱期	1999~2001 年(严重干旱)	2007 年(干旱与热浪)
影响	• 农业:大麦、蔬菜、酿酒葡萄减产 • 家畜:饲料减产 • 养蜂业:蜂蜜量减产 • 可利用水资源减少	• 影响农业 • 影响蜂蜜产量
响应	• 定期限制用水 • 内地调水 • 建设雨水收集装置 • 宣传活动	• 新的海水淡化装置 　现有装置维护 • 从海水淡化补充供应灌溉 • 水价 • 跨区域短期调水 • 增加地下水抽取 • 宣传活动

(3)经济损失风险的估计[RLs,式(13-2)]。已经开发了干旱严重程度—持续时间—频率曲线,以估计给定重现期 T 和持续期 D 发生干旱事件的概率。

(4)水系统脆弱性的计算[V_s,式(13-3)],假设基准条件下的脆弱性等于 1。

$$DEI_s = f(DI_{T,D} WQ_s P_s) \tag{13-1}$$

$$RL_s = P_{T,D} DEI_s \tag{13-2}$$

$$V_s = \frac{\text{执行选项 } RL_s}{\text{当前状态 } RL_s} \tag{13-3}$$

式中,$DI_{T,D}$ 为重现期 T 和持续期 D 的干旱强度;$P_{T,D}$ 为重现期 T 和持续时间 D 发生干旱事件的概率;WQ_s 为特定部门的水供应(或短缺);P_s 为特定部门的经济影响的参数;DEI_s 为干旱对特定部门的经济影响;RL_s 为经济损失的风险。

未来减少干旱风险的备选方案清单是根据过去应对缺水和干旱的做法、利益攸关方的建议,以及之前为发展部进行的一项研究(题为"南爱琴海水区水资源管理系统和工具的开发",2000~2008 年)中的建议。已选定 5 个备选方案供进一步评估:①蓄水池内的灌溉用水;②直接将废水用于灌溉(DWWI);③用蓄水池收集雨水供家庭使用(CD);④废水回用作地下水补给(WWG);⑤脱盐(DES)。图 13-4 显示了每一种备选方案对减少重现期为 5 年、持续时间为 20~24 个月的干旱事件脆弱性的贡献,因为对过去和未来干旱特征的分析表明,重点应放在长期事件上。对不同持续时间和重现期的干旱事件也取得了类似的结果,这表明赛罗斯综合水和干旱管理的长期战略应包括加强农业供应和保护地下水的备选办法。作为一种选择,海水淡化仍然是城市部门的可靠解决方案。

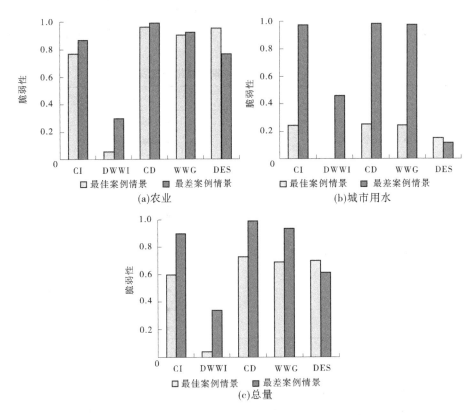

图 13-4　实施未来干旱风险缓解方案后干旱脆弱性的变化

(对于 5 年重现期和 20~24 个月持续时间的干旱事件,发生概率为 22%)

13.4　吸取的教训——参与式干旱管理的必要性

为赛罗斯进行的分析旨在查明与干旱有关的风险,并提出今后减少风险的措施。为了更好地反映岛屿的干旱管理框架,当地利益攸关方通过具体行动参与了这一进程(见图 13-5)。通过一系列访谈(共 9 次)、问卷调查和讲习班,收集了关于干旱认识、过去的干旱影响、应对措施以及利益攸关方参与水和干旱管理的信息。此外,利益攸关方对赛罗斯水平衡模型的发展做出了贡献,并为今后减少干旱风险建议了措施。

所有利益攸关方普遍指出,解决水资源短缺问题是水管理人员面临的主要挑战和优先事项。过去为应付缺水而采取的措施对干旱管理产生了积极的影响,因此,地方利益攸关方没有广泛承认需要采取单独的管理办法。然而,在介绍了关于干旱特征和影响的研究结果之后,当地人已经接受了对干旱管理的需要,认为这是保护水资源和维持岛上经济活动(农业)的一种手段。

利益相关者确定了 3 种可以改善水和干旱管理的主要做法:①淡化;②蓄水池贮存水;③废水回用(地下水补给或灌溉)。对这些备选办法进行了模拟,并对它们对减轻干旱的预期贡献进行了量化。所有这些选择的实施将导致脆弱性的减少,第 1 个和第 3 个

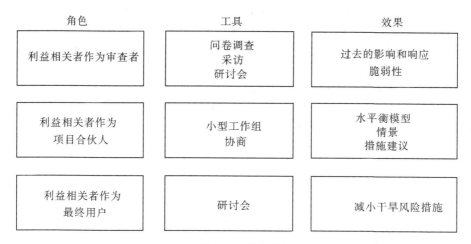

角色	工具	效果
利益相关者作为审查者	问卷调查 采访 研讨会	过去的影响和响应 脆弱性
利益相关者作为 项目合伙人	小型工作组 协商	水平衡模型 情景 措施建议
利益相关者作为 最终用户	研讨会	减小干旱风险措施

图 13-5 涉众参与

选择是最有希望的。

事实证明，当地利益攸关方的参与在制定建议方面很重要，因为这有助于纳入对当地条件的了解，并提出适合当地情况的建议。目前的水管理框架（第 3199/2003 号法律）预见到利益攸关方的参与进程，这一进程迄今仅限于水管理计划的协商。需要更正式的程序来改善信息的获取，并使利益攸关方能够积极参与规划。

参考文献

Alderlieste, M. A. A. , van Lanen, H. A. J. , and Wanders, N. (2014). Future low flows and hydrological drought: how certain are these for Europe? In: Hydrology in a Changing World: Environmental and Human Dimensions (ed. T. M. Daniell, H. A. J. van Lanen, S. Demuth, G. Laaha, E. Servat, G. Mahe, J. F. Boyer, J. E. Paturel, A. Dezetter, and D. Ruelland), 60-65. Montpellier, France: IAHS Publ. No. 363.

Dalezios, N. R. , Loukas, A. , Vasiliades, L. , and Liakopoulos, E. (2000). Severity-duration-frequency analysis of droughts and wets periods in Greece. Hydrological Sciences Journal 45(5): 751-770. doi: 10.1080/02626660009492375.

De Stefano, L. , Urquijo, J. , Kampragkou, E. , and Assimacopoulos, D. (2013). Lessons learnt from the analysis of past drought management practices in selected European regions: experience to guide future policies. 13th International Conference on Environmental Science and Technology (5-7 September 2013). Athens, Greece.

Hellenic Ministry of Development (2008). Development of Systems and Tools for Water Resources Management in the Hydrological Department of the Aegean Islands, 2001-2008.

Hisdal, H. , Tallaksen, L. M. , Clausen, B. , Peters, E. , and Gustard, A. (2004). Drought characteristics. In: Hydrological Drought: Processes and Estimation Methods for Streamflow and Groundwater (ed. L. M. Tallaksen and H. van Lanen), 139-198. Elsevier: Developments in Water Science 48.

Kanellou, E. , Domenikiotis, C. , Hondronikou, E. , and Dalezios, N. (2008). Indexbased drought assessment in semiarid areas of Greece based on conventional data. European Water 23 (24): 87-98.

Karavitis, C. , Alexandris, S. , Tsesmelis, D. , and Athanasopoulos, G. (2011). Application of the standardized precipitation index (SPI) in Greece. Water 3: 787-805. doi:10. 3390/w3030787.

Keiter, M. , Piepjohn, K. , Ballhaus, C. , Lagos, M. , and Bode, M. (2004). Structural development of highpressure metamorphic rocks on Syros island (Cyclades, Greece). Journal of Structural Geology 26: 1433-1445.

Kendall, M. G. (1975). Rank Correlation Methods, 4e. , London, UK: Charles Griffin.

Keyantash, J. and Dracup, J. A. (2002). The quantification of drought: an evaluation of drought indices. Bulletin of the American Meteorological Society 83: 1167-1180.

Livada, I. and Assimakopoulos, V. D. (2007). Spatial and temporal analysis of drought in Greece using the standardized precipitation index (SPI). Theoretical and Applied Climatology 89: 143-153. doi:10. 1007/s007040050227z.

Mann, H. B. (1945). Nonparametric test against trend. Econometrica 13: 245-259.

Massas, I. , Ehaliotis, C. , Gerontidis, S. , and Sarris, E. (2009). Elevated heavy metal concentrations in top soils of an Aegean island town (Greece): total and available forms, origin and distribution. Environmental Monitoring and Assessment 151: 105-116. doi:10. 1007/s1066100802532.

McKee, T. B. , Doesken, N. J. , and Kleist, J. (1993). The relationship of drought frequency and duration to timescales. 8th Conference on Applied Climatology (17-22 January 1993). Anaheim, California, USA.

Sen, P. K. (1968). Estimates of the regression coefficient based on Kendall's tau. Journal of the American Statistical Association 63: 1379-1389.

Stahl, K. , Hisdal, H. , Hannaford, J. , Tallaksen, L. M. , van Lanen, H. A. J. , Sauquet, E. , Demuth, S. , Fendekova, M. , and J. Jódar (2010). Streamflow trends in Europe: evidence from a dataset of nearnatural catchments. Hydrology and Earth System Sciences 14: 2367-2382.

Stahl, K. , Tallaksen, L. M. , Hannaford, J. , and van Lanen, H. A. J. (2012). Filling the white space on maps of European runoff trends: estimates from a multimodel ensemble. Hydrology and Earth System Sciences Discussions 9: 2005-2032.

Smith, M. and Steduto, P. (2012). Yield response to water: the original FAO water production function. In: Crop yield response to water. FAO Irrigation and Drainage Paper No. 66 (ed. P. Steduto, T. C. Hsiao, E. Fereres, and D. Raes), 6-13. Rome: Food and Agriculture Organisation of the United Nations.

Tigkas, D. (2008). Drought characterization and monitoring in regions of Greece. European Water 23 (24):29-39.

Tsakiris, G. and Vangelis, H. (2005). Establishing a drought index incorporating evapotranspiration. European Water 9(10):3-11.

Yevjevich, V. (1967). An Objective Approach to Definitions and Investigations of Continental Hydrologic Droughts. Hydrology Papers 23. Colorado State University, Fort Collins, USA.

van Lanen, H. A. J. Alderlieste, M. A. A. , Van Der Heijden, A. , Assimacopoulos, D. , Dias, S. , Gudmundsson, L. , Haro Monteagudo, D. , Andreu, J. , Bifulco, C. , Gero, F. , Paredes, J. , and Solera, A. (2013). Likelihood of future drought hazards: selected European case studies. DROUGHT-R&SPI Technical Report No. 11. Available from http://www. eu drought. org/technicalreports (last accessed on 8/02/2016).